U0151737

烟用材料
化学分析

李中皓
牛佳佳　主编

中国轻工业出版社

图书在版编目（CIP）数据

烟用材料化学分析/李中皓，牛佳佳主编. --北京：中国轻工业出版社，2020.5
ISBN 978-7-5184-2734-5

Ⅰ.①烟… Ⅱ.①李… ②牛… Ⅲ.①卷烟—材料—化学分析 Ⅳ.①TS452

中国版本图书馆 CIP 数据核字（2020）第 031262 号

责任编辑：张　靓　　责任终审：滕炎福　　封面设计：锋尚设计
版式设计：砚祥志远　　责任校对：吴大鹏　　责任监印：张　可

出版发行：中国轻工业出版社（北京东长安街 6 号，邮编：100740）
印　　刷：三河市国英印务有限公司
经　　销：各地新华书店
版　　次：2020 年 5 月第 1 版第 1 次印刷
开　　本：720×1000　1/16　印张：18.75
字　　数：370 千字
书　　号：ISBN 978-7-5184-2734-5　　定价：78.00 元
邮购电话：010-65241695
发行电话：010-85119835　传真：85113293
网　　址：http://www.chlip.com.cn
Email：club@chlip.com.cn
如发现图书残缺请与我社邮购联系调换
190910K1X101ZBW

本书编写人员

主　　编　　李中皓　牛佳佳

副 主 编　　范子彦　杨　飞　刘珊珊　邓惠敏

编　　委　　朱凤鹏　杨　进　范多青　贺　琛

　　　　　　叶长文　陈　宸　王　源　王庆华

　　　　　　张建平　曹昌清　王　菲　张承明

　　　　　　边照阳　王　颖　赵　乐　王洪波

　　　　　　王加忠　焦　俊　罗　嘉　郭丽娟

主　　审　　唐纲岭

序言
PREFACE

　　"提高烟草制品的质量"是《中华人民共和国烟草专卖法》的明确要求。作为卷烟不可或缺的重要组成部分，烟用材料的科技进步，在一定程度上体现了烟草科技的发展水平。自 20 世纪 90 年代开始，中国烟草行业就开始搭建烟用材料相关产品的烟草行业标准体系，旨在规范相关产品的技术要求，满足加工适应性和保障产品质量安全。

　　检验检测是烟用材料行政监管体系的重要依托。烟用材料检测是卷烟消费品质量安全控制、监督、评价的技术基础。当前，烟用材料质量检测是化学分析、物理分析和生物分析技术的有机统一，物理分析侧重于相关产品物理性能的测试，生物分析侧重于有害微生物的筛查和相关产品生物毒理学评价，化学分析侧重解决烟用材料安全卫生指标的检测，其中尤以有害化学污染物的分析为主要组成。

　　李中皓副研究员和牛佳佳高级工程师长期从事化学分析方法研究、分析方法标准制修订、标准物质研制、能力验证计划实施、实验室管理以及测试结果统计应用等工作。作者与其同事将这些经验与烟用材料化学分析这一主题联系起来，总结并撰写了该书。该书总结了烟用材料相关产品标准、介绍了化学分析方法验证与确认、实验室比对与能力验证、标准物质的基础知识，解读了 7 个典型的化学检测方法。其中该书采用了大量烟用材料化学检验的实例和原始数据，使该书具有很好的可读性、参考性和实践性。

　　该书的出版，有助于烟用材料乃至烟草制品领域的分析测试工作者、实验室管理人员、产品质量控制人员掌握烟用材料的标准要求，学习化学分析相关基础知识，了解与烟用材料能力验证与标准物质的评价技术，提升相关领域工作者的实践能力与管理水平。

中国工程院院士

2019 年 7 月

前言
PREFACE

烟用材料是指除烟草之外，在烟草制品加工和包装过程中所使用的材料。烟用材料是卷烟产品的重要组成和卷烟降焦减害技术的重要载体。烟用材料的检测是卷烟消费品质量和安全控制、监督、评价的技术基础，是贯彻执行烟用材料产品标准的保证。当前，烟用材料的质量检测是化学分析技术、物理分析技术的有机统一，物理分析侧重于相关产品物理性能的测试，化学分析则侧重解决烟用材料安全卫生指标的检测。随着检测分析仪器和科学技术的发展，色谱、质谱、光谱等分析技术在烟草检验领域应用日益广泛和成熟，所建立的相关检测方法为烟草行业的产品质量监督和风险预警防控工作提供了有力保证。

本书共分为五章。第一章分类介绍了主要烟用材料产品及其基本特点，梳理了相关产品标准与检测方法标准的变迁和要求；第二章介绍了化学分析方法验证与确认的基础知识与评价方式方法，并以烟用材料化学检验领域的实例进行了有针对性的解读和说明；第三章介绍了实验室比对与能力验证的基础知识，并着重介绍了相关评价的常用统计方法；第四章介绍了标准物质的相关概念和基础知识，并介绍了三种烟用材料化学分析用的国家标准物质；第五章对烟用材料现行的相关检测方法标准进行了释义解读，并介绍了七种烟用材料典型的化学检测方法。

本书内容丰富、全面，技术说明详尽、细致，具有较强的科学性、知识性、实用性和参考性。应用大量烟用材料化学检验领域的实例对国家标准和实验室认可等系列文件进行解读，是本书编写的一大亮点。

本书可作为烟用材料化学检验基础知识的科普性教材和工具书。

本书在编写过程中得到了国家烟草质量监督检验中心、中国烟草标准化研究中心、郑州烟草研究院、上海烟草集团有限责任公司、云南中烟、福建中烟、河南中烟、贵州中烟、湖南中烟等单位专家和技术人员的大力支持和帮助，在此表示衷心的感谢！本书在编写过程中查阅参考了大量的国内外相

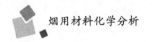

关领域的标准、论文、论著和研究成果，在此谨表谢意。

由于时间仓促及编者水平的限制，本书难免有不当之处，恳请读者给予批评指正。

编者

目 录

CONTENTS

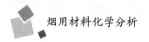

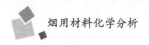

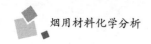

第一章
烟用材料及其产品标准

第一节　概述

　　烟用材料（Material for tobacco products）是指除烟草之外，在烟草制品加工和包装过程中所使用的材料。烟用材料是生产卷烟产品不可或缺的重要组成部分，在卷烟产品开发、产品结构调整、减害降焦等领域发挥着重要作用，同时，烟用材料的产品质量和生产成本直接影响着卷烟产品的质量和成本。

　　烟用材料的类别很多，按照不同的分类方式有不同的分类结果。按照大类来分，烟用材料可分为卷烟用纸、卷烟包装材料、烟用胶、烟用三乙酸甘油酯、烟草添加剂、烟用丝束等 6 个大类，每一大类又有不同的分支，共计 17 小类，具体见表 1-1。

表 1-1　　　　　　　　　　　　烟用材料分类

类别	名称
卷烟用纸	卷烟纸
	滤棒成型纸
	烟用接装纸
卷烟包装材料	烟用内衬纸
	烟用框架纸
	卷烟条与盒包装纸
	烟用封签纸
	烟用包装膜
	烟用拉线
	瓦楞纸箱

续表

类别	名称
烟用胶	烟用水基胶
	烟用热熔胶
烟用三乙酸甘油酯	烟用三乙酸甘油酯
烟草添加剂	香精香料
	其他功能性添加剂
烟用丝束	二醋酸纤维丝束
	聚丙烯纤维丝束

第二节　卷烟纸

一、定义

根据 GB/T 18771.3—2015《烟草术语　第 3 部分：烟用材料》[1]，卷烟纸的定义如下：

卷烟纸（cigarette paper）——用于包裹烟丝成为卷烟烟支的专用纸。

机制雪茄烟纸（cigar wrapper）——用于卷制机制雪茄烟的卷烟纸。

低引燃倾向卷烟纸（low ignition propensity cigarette paper）——按一定方式添加阻燃材料，以便控制卷烟自由燃烧倾向且能满足引燃性能测试规定要求的卷烟纸。

低侧流烟气卷烟纸（sidestream smoke reducing cigarette paper）——含有某些特殊成分，能以吸附、分解等方式控制卷烟侧流烟气释放量的卷烟纸。

二、产品简介

1. 品类

卷烟纸是一种专供包卷烟草制作香烟的薄页型纸。卷烟纸纸质洁白（白度为82%~87%），柔软细腻，不透明度高，具有较高的纵向抗张强度、一定的透气性和适宜的燃烧速度。卷烟纸的主要原料是漂白麻浆，也掺用部分漂白木浆或草浆，经高黏状打浆、加填（碳酸钙）和少量助燃剂（用以协调卷烟纸和烟草丝的燃烧速度），在长网造纸机上抄造后，切卷成盘。纸面上有罗纹印记（由机上水印辊或机外干压辊压成），以增加透气度和改善外观。

　　通常按照卷烟纸的种类、定量、透气度、燃烧性、罗纹、原料、特殊要求等项目对卷烟纸品种进行分类，如表 1-2 所示。

表 1-2　　　　　　　　　　卷烟纸品种分类

序号	项目	内容
1	种类	机制用纸：按质量等级分为 A、B、C 三等
		手工用纸：通常为平张卷烟纸
2	定量	$24 \sim 47 g/m^2$；国内常用 $26.5 \sim 30 g/m^2$
3	透气度	$25 \sim 200 CU$
4	燃烧性	按燃烧性能分为普通卷烟纸和快燃卷烟纸等
5	罗纹	按罗纹方式分为横罗纹、竖罗纹、斜罗纹、格罗纹、无罗纹等
6	原料	按原料组成分为木浆（W）、麻浆（F）、混合浆（M）等
7	特殊要求	按卷烟个性品种要求，分为彩色、香味等

　　注：定量是指每一平方米纸或纸板的质量，以 g/m^2 表示。

　　透气度是指物体或介质允许气体通过的程度，可以通过测量单位体积或截面在单位时间和特定压力下透气量的大小而获得数值。

　　除此之外，还有专供雪茄生产的机制雪茄烟纸，以及近年来出现的一些具有特殊功能的卷烟纸，如低引燃倾向卷烟纸和低侧流烟气卷烟纸。低引燃倾向卷烟纸是通过一定方式在纸基中添加阻燃材料，以便控制卷烟自由燃烧倾向但仍具备基本的引燃性能的卷烟纸。低引燃倾向卷烟纸是在低引燃倾向卷烟（Low Ignition Propensity cigarette，简称 LIP 卷烟）上使用的功能性卷烟纸。许多国家和地区（如加拿大、美国、澳大利亚、欧盟、南非、新西兰、韩国等）已经制定或正在制定 LIP 卷烟的相关法规，以求减少卷烟引燃其他物品的可能性[2]。目前，低引燃卷烟纸生产采用的最广泛方法是在卷烟纸上涂布阻燃带（见图 1-1），通过减少氧气的传输来达到卷烟熄灭的目的。

图 1-1　卷烟纸阻燃带示意图

低侧流烟气卷烟纸是指在卷烟纸中添加某些特殊成分，能以吸附、分解等方式减小卷烟侧流烟气释放量的卷烟纸。

2. 规格

（1）卷烟盘纸 分切成盘状、直接供卷烟机卷烟使用的卷烟纸。盘纸规格要求见表1-3。

表1-3 卷烟盘纸规格要求

规格		宽度/mm	长度/m		卷芯/mm		盘径/mm
					内径	壁厚	
种类	现常用	26.5	现常用	5000	Φ120	4~5	490~550
	原常用	27.0	其他（根据定量变化）	3500			
	双盘	53、54		4000			
				4500			
	其他	17、19、22、24~54		5500			
				6000			
允差		±0.25	≥15		+0.5	±0.1	≤550

（2）卷筒纸 未分切成盘状的卷烟纸。

（3）平张 用于手工卷制卷烟的卷烟纸，其规格为：382mm×762mm，508mm×762mm，即15in×30in，20in×30in；根据不同国家手工卷烟习惯切成各种小规格。

（4）规格可根据供需双方协商。

3. 包装形式

（1）卷烟纸 为了保护卷烟纸不受损伤，用包条纸将卷烟盘纸外层包覆，用胶带将搭口粘牢，然后采用纸箱和托盘包装。

箱装：通常每箱10盘。每5盘为1组，用包装纸包裹，每箱两组，纸箱内衬塑料薄膜，防止卷烟纸受潮。

托盘：通常每托盘为120盘、140盘或160盘。采用拉伸膜缠绕包装。

（2）平张 每令500张，每件用包装纸和塑料编织布包裹捆扎，并用夹板或托板打包。

三、产品标准

卷烟纸产品标准从1978年第一版《QB 31—1978 卷烟纸》发布以来，已经历经六个版本，当前有效的版本是 2017 年发布的《GB/T 12655—2017 卷烟纸基本性能要求》，不仅技术指标进行了大幅度地删减，标准名称也由"卷烟纸"修改为"卷烟纸基本性能要求"。表 1-4 列出了卷烟纸标准的历次版本的技术要求。

表 1-4　　　　　　　　　　　　我国历年的卷烟纸产品标准

标准号	等级	定量/（g/m²）	抗张强度/（kN/m）	伸长率/%	透气度/（mL/min）	白度/%	不透明度/%	燃烧度/mm	尘埃度/（个/m²）	接头（个/盘）
QB 31—1978[3]	特号	23±1.5	≥0.766	≥1.4	120~300	≥85	—	—	≤100	≤10
	一号	24±1.5	≥0.721	≥1.2	150~400	≥80	—		≤200	≤10
	二等品	23±1.65	—	—	150~450	≥75	—		≤260	
QB 933—1984[4]	全麻纸	25±1.0	≥0.915	≥1.6	≤50	≥85	—	≥Φ120	≤40	≤5
	二等品	25±2.0				≥83	—		≤52	≤7
GB/T 12655—1990[5]	A1	25±1.2	≥0.95	≥1.6	31.8~61.2	82~87	≥73	≥60	≤40	≤5
	A2		≥0.92		61.2~100					
	B1		≥0.88		24.7~61.2		≥70	≥60	≤50	≤5
	B2		≥0.85		61.2~100					
	C	25±$^{1.5}_{1.0}$	≥0.78	≥1.4	36.5~110.6	82~87	≥68	—	≤60	≤7
	D	25±$^{1.5}_{1.0}$	≥0.75	≥1.2	42.4~110.6	80~85	≥68	—	≤70	≤7
	二等品	25±$^{2.0}_{1.0}$	≥0.72	—	—	78~85	—	—	—	≤8
GB/T 12655—1998[6]	A1	26.5±1.0	>0.89	>1.2	±12%（CU）	87	>73	>60	<40	<1
	A2	—	—	—	±15%（CU）	—	—	—	—	<2
	B	26.5±1.2	>0.87	—	±20%（CU）	—	>70	—	<50	
	C	26.5±1.3	>0.78	>1.1	±30%（CU）	85	>68	—	<60	<4

续表

标准号	等级	定量/（g/m²）	抗张强度/（kN/m）	伸长率/%	透气度/（mL/min）	白度/%	不透明度/%	燃烧度/mm	尘埃度/（个/m²）	接头/（个/盘）
GB/T 12655—2007[7]	A	设计值±1.0	≥5.0	±5	≤8	≥87	≥73	设计值±15	≤12	<1
	B			±6	≤10				≤16	<1
	C			±7	≤12				≤24	<2

注：1CU 相当于 10mL/min。

2018 年 5 月 1 日实施的《GB/T 12655—2017 卷烟纸基本性能要求》[8]标准规定了卷烟纸应满足的基本要求，包括：

（1）卷烟纸不应有影响卷烟抽吸质量的异味；

（2）卷烟纸应使用原生的植物纤维；

（3）同一批卷烟纸图文或颜色不应有明显差异；

（4）卷烟纸卷芯应牢固，不易变形。卷芯内径为（120.0±0.5）mm；

（5）卷烟纸卷盘应紧密，盘面平整洁净，不应有机械损伤；

（6）卷烟纸上机后应运行平稳，不应有影响上机使用的明显跳动、摆动现象；

（7）卷烟纸产品品名应至少包含标称定量、标称透气度、纤维原料组成和罗纹形式等可用于产品识别的内容。相关内容应与合格证和内标签的表示一致。

在满足基本要求的基础上，标准规定了定量、透气度、阴燃速率等技术指标，具体见表 1-5。

表 1-5 卷烟纸基本性能要求

指标名称	单位	要求
定量	g/m²	标称值±1.0
透气度	cm³/（min·cm²）	标称值±7
阴燃速率[a]	s/150mm	设计值±15

注：[a] 仅适用于透气度均匀分布的卷烟纸。

四、产品检验

1. 定量

定量按照 GB/T 451.2—2002[9]的规定进行。其中，卷烟纸的宽度采用精度不小于 0.02mm 的测量工具测定；沿盘纸全宽切取长 300mm 的试样，10 张为一组，共测试五组，结果以平均值表示。

2. 透气度

按照 GB/T 23227—2018[10] 的规定进行，测试时应尽量避开有水印或图案的区域，最终结果修约至整数。

3. 阴燃速率的测定

按 GB 12655—2017 附录 A 的规定进行。

第三节　滤棒成型纸

一、定义

根据《GB/T 18771.3—2015 烟草术语　第 3 部分：烟用材料》[1]，滤棒成型纸相关定义如下：

滤棒成型纸（plug wrap；plug wrap paper；filter wrap）——加工烟用滤棒时用于卷包滤材的专用纸。

高透滤棒成型纸（high porosity plug wrap；highly porous plug wrap）——透气度满足通风滤棒设计要求的滤棒成型纸。

二、产品简介

滤棒成型纸是烟用滤棒的一部分，其主要作用是包裹丝束滤材，将松散的丝束赋予棒的形状（图 1-2）。滤棒成型纸主要分为普通滤棒成型纸和高透滤棒成型纸。普通滤棒成型纸对于透气度没有特殊要求，常用于非通风滤棒和复合滤棒。定量一般在 18~30g/m²，常用的为 26~32g/m²。

图 1-2　普通滤棒成型纸

高透滤棒成型纸是高透气度滤棒成型纸的简称，透气度范围一般在1000～32000 CU，常用3000～12000 CU。在卷烟制造过程中，高透成型纸通过与打孔水松纸或自透水松纸配合，包裹丝束后形成具有一定侧流通风量的滤嘴，可以有效实现对卷烟主流烟气的稀释，从而达到降低焦油等有害物质的目的。高透成型纸作为特种薄页纸的一种，定量一般在 $18～30g/m^2$。由于对透气度要求较高，所以一般不进行打浆，也不加入填料，所以原料的选择对高透成型纸尤为重要。同时为保证高透成型纸的上机适用性要求，成品纸张对于强度、透气度稳定性、表面性能等性能指标要求较高（图1-3）。

图1-3 高透滤棒成型纸

三、产品标准

滤棒成型纸的产品标准最早是由原国家轻工业局发布的轻工行业标准《QB/T 3508—1999 滤嘴棒纸》，后在2005年改版，由国家发展与改革委员会发布《QB/T 2689—2005 滤嘴棒纸》。2006年，由国家烟草专卖局发布的《YC/T 208—2006 滤棒成形纸》一直使用至今，该标准对滤棒成型纸提出了若干技术要求，具体见表1-6。

表1-6　　　　　　　　滤棒成型纸技术要求

指标名称	技术要求	
	普通	高透
定量/（g/m^2）	设计值±设计值×4%	
宽度/mm	设计值±0.24	

续表

指标名称	技术要求		
	普通	高透	
纵向抗张能量吸收/（J/m²）	≥15	≥9	
透气度/CU	—	设计值±设计值×10%	
透气度变异系数/%	—	<4000CU ≤12	4000~10000CU ≤10 / >10000CU ≤8
白度/%	≥82	≥80	
荧光白度/%		≤1.2	
灰分/%	≤12	—	
交货水分/%		4.5±1.5	
尘埃度/（个/m²）	（0.3~1.5）mm²	≤40	
	>1.5mm²	0	

注：抗张能量吸收是指将单位面积的滤棒成型纸拉伸至断裂时所做总功，以 J/m² 表示。

除此之外，标准还提出了其他要求：

（1）滤棒成型纸应无异味，不应使用对人体有害的物质。

（2）外观 纸面组织均匀、柔软细腻，不应有折痕、裂口、皱纹、污点、浆块、硬质块、孔眼及其影响使用的纸病；同一批滤棒成型纸不应有明显色差；盘纸卷盘应紧密、松紧一致，盘面平整洁净，不应有机械损伤。滤棒成型纸的卷芯应牢固，卷芯宽度应与滤棒成型纸宽度相符，卷芯内径为（120±0.5）mm。

（3）滤棒成型纸盘纸长度不应少于规定长度的 15m。

（4）上机适用性 盘纸在成型机上应运行平稳，不应有明显跳动、摆动，且不应有严重影响生产的掉粉现象；每盘纸接头个数不应多于 1 个，接头应平整牢固，粘接处不应透层并应有可识别标记，接头质量不应影响滤棒成型质量。

四、产品检验

1. 抽样

《YC/T 208—2006 滤棒成形纸》标准规定了检验类型以及对应的抽样规则。标准中规定了三种检验类型，包括交收检验、型式检验和监督检验。由《GB/T

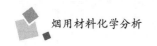

18771.3—2015 烟草术语　第 3 部分：烟用材料》[1] 给出的定义分别是：

交收检验（acceptance inspection）——为判断每个提交检查批的批质量是否符合规定要求而进行的检验。

型式检验（type inspection）——对产品标准中规定的各项指标的全面检验，以评定产品质量是否全部符合标准或达到设计要求。

监督检验（supervision inspection）——由政府质量监督部门依法组织产品质量检验机构，依据国家规定的标准，对产品质量进行测试、检验和评判。

从以上定义可以看出，型式检验主要是针对新产品设计开发时或原产品发生重大改变时应进行的检验形式，检验项目为标准中所列的所有项目，简单的理解就是"全项检验"。监督检验则是由国家质量监督部门根据抽检需要，随机确定检验项目的一种检验形式，这种形式代表着国家监管部门对产品进行的符合性检验。而交收检验是供需双方物料交割时按照约定的检验项目进行的检验形式。针对上述三种检验方式，《YC/T 208—2006 滤棒成形纸》标准也规定了具体的抽样规则和检验项目，标准主要内容如下：

（1）滤棒成型纸交收检验的项目为异味、定量、宽度、纵向抗张能量吸收、透气度及透气度变异系数（仅限高透滤棒成型纸）、白度、交货水分、外观等。

（2）以同一类型、同一规格产品一次交货为一批，但不应多于 20t。

（3）交收检验按《GB/T 2828.1—2012 计数抽样检验程序第 1 部分：按接收质量限（AQL）检索的逐批检验抽样计划》进行，样本单位为盘，抽样方案按表 1-7 的规定进行。

表 1-7　　　　　　　　　滤棒成型纸逐批检查抽样表

批量/盘	正常二次抽样检查水平 S-3				不合格分类	
	样本大小	B 类不合格品 AQL=4.0		C 类不合格品 AQL=10	B 类不合格	C 类不合格
		Ac　Re		Ac　Re		
3~150	3	0　1		—	纵向抗张能量吸收、透气度、透气度变异系数	除 B 类不合格以外的其他技术指标
	3	—		0　2		
	6	—		1　2		
151~3200	8	0　2		1　3		
	16	1　2		4　5		
≥3201	13	0　3		2　5		
	26	3　4		6　7		

2. 检验方法

试样的制备按照 GB/T 450—2002[11] 的规定进行，检验方法见表1-8。

表1-8　　　　　　　　　滤棒成型纸的检验方法

指标名称	检验方法
定量/（g/m²）	定量按照 GB/T 451.2—2002[9] 规定进行测定，沿盘纸全宽切取长300mm 的试样，10张为1组，共测试5组
宽度/mm	盘纸宽度用游标卡尺（精确度不小于0.02mm）测量盘纸的盘宽。分别将卡尺的两个钳口卡在盘纸卷盘的两个侧面上，卡钳应尽可能接触盘面，但又不应使盘面受损，读取数值，精确至0.02mm。每个盘面至少应等距离测定4次，宽度以4次测定的平均值表示，结果修约至0.01mm
纵向抗张能量吸收/（J/m²）	按照 GB/T 12914—2008[12] 规定进行测定，试样长度为250mm，试样宽度15mm，试验夹初始间距为180mm
透气度/CU 透气度变异系数/%	透气度及透气度变异系数按照 YC/T 172—2002[13] 规定进行测定，最终结果修约至整数
白度/% 荧光白度/%	白度、荧光白度按照 GB/T 7974—2013[14] 规定进行测定（仅测正面），沿盘纸全宽切取长150mm、厚度不少于30张的一叠试样，测试仪器的测试孔径不应大于盘纸宽度，应尽可能接近盘纸宽度
灰分/%	按照 GB/T 742—2018[15] 规定进行
交货水分/%	按照 GB/T 462—2008[16] 规定进行
尘埃度/（个/m²）	按照 GB/T 1541—2013[17] 规定进行测定（仅测正面），共测试4组，每组面积应累计达到250mm×250mm
外观	目测方式或精度大于0.5mm 的卡尺进行测试

第四节　烟用接装纸

一、定义

根据《GB/T 18771.3—2015 烟草术语　第3部分：烟用材料》[1]，烟用接装纸相关定义如下：

接装纸（tipping paper）——用于将烟用滤棒与卷烟烟支卷接在一起的专用纸。

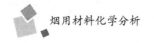

打孔接装纸（perforated tipping paper）——采用激光、静电、机械等方法打有微孔的接装纸。

二、产品简介

卷烟包装与卷烟销量有着非常重要的联系。卷烟包装往往是卷烟企业产品研发理念和印刷工艺相结合的产物，其中卷烟包装设计是非常重要的一环，既要突出卷烟的高品质，也要突出整体品位。卷烟包装设计融合了设计师的心血和卷烟本身的理念，好的设计需要二者完美结合，才能为日后产品的热销铺平道路。烟用接装纸作为卷烟包装的重要载体，其作用也越来越受到卷烟工业企业的重视。

烟用接装纸又称水松纸。水松纸的得名源于日本，20 世纪初期，日本仙台东北纸工株式会社首次生产此纸，纸的外观与当地名为水松的一种植物外皮非常相似，故命名为水松纸。20 世纪 30 年代，水松纸销往上海，其名也随之传入中国。水松纸就是供卷烟企业将滤嘴与卷烟烟支相接，与卷烟纸配合使用的一种产品。

烟用接装纸是特殊的包装印刷品，生产出来的接装纸只能销售给特定卷烟企业用于生产特定品牌和规格的卷烟。因此以烟用接装纸为代表的包装印刷企业作为烟草行业配套服务行业，与卷烟行业关联度较高，虽不属于专卖品，但在卷烟工业企业的管理下也与专卖品有相似之处。烟用接装纸的主要功能如下。

1. 基本功能

每一支过滤嘴香烟都要用烟用接装纸将滤嘴与烟支连接起来，接装功能是烟用接装纸最基本的功能。

2. 装饰功能

装饰功能是烟用接装纸的一项重要功能。烟用接装纸作为一种卷烟包装印刷材料，是卷烟产品文化内涵的基础载体。在烟用接装纸上进行装饰性图文设计，形成别具特色的包装风格，是体现卷烟品牌外在特征的重要形式。

3. 防伪功能

作为卷烟产品的重要组成部分，烟用接装纸成为烟草防伪的重要载体，在烟用接装纸上进行印刷、烫印、打孔、压纹等多种印前、印后处理，使定制化的烟用接装纸产品难以被仿冒，实现防伪功能。特别是烟用接装纸的面积小，在其上进行装饰、防伪处理，增加了模仿的难度，是较为理想的防伪载体。

4. 降焦减害功能

烟用接装纸是调节卷烟焦油和有害成分的有效载体之一。通过增加烟用接装纸的透气度，消费者在抽吸主流烟气的过程中，获得了更多的新鲜空气（侧流空气）以稀释主流烟气中的有害物质；同时新鲜空气也起到了冷却主流烟气，促使焦油在滤嘴棒中凝结，达到减少焦油吸入量的作用。目前，通过对接装纸进行打孔是有效提高接装纸透气度的重要手段之一。

5. 其他功能

根据产品设计的功能导向，还可设计出含香味、抗菌、阻燃、透明、微结构手感的功能型烟用接装纸。

三、产品标准

1991 年，原轻工业部首次发布了烟用接装纸产品标准《QB 1019—1991 水松纸（附水松原纸）》，该标准根据当时生产设备及工艺技术状况，仅对烟用接装纸原纸、烟用接装纸物理指标提出了一些要求。1997 年，国家烟草专卖局科技教育司根据卷烟市场需求，下发了《关于转发［印刷型水松纸质量协议标］的通知》（国烟科监（1997）63 号文），该标准对印刷型接装纸常规物理指标提出了具体要求，但未涉及影响卷烟焦油量的透气度指标和卫生指标。

2002 年，国家烟草专卖局组织专业技术人员，研究制定了《YC 170—2002 烟用接装纸原纸》《YC 171—2002 烟用接装纸》两项行业标准。《YC 171—2002 烟用接装纸》是在《QB 1019—1991 水松纸（附水松原纸）》《关于转发〈印刷型水松纸质量协议标准〉的通知》（国烟科监［1997］63 号文）的基础上，对部分物理指标如外观、纵向伸长率、透气度变异系数、荧光物质、不透明度、平滑度、吸水性、厚度、全幅定量差等进行了增加或调整，以适应当时卷烟设计和生产的需要。值得注意的是，这一版标准参照了《GB 11680—1989 食品包装用原纸》标准要求，首次增加了无机元素和菌落总数等卫生指标，标准也由侧重于加工性能，向加工性能和安全环保两方面同样注重发展。

《YC 171—2009 烟用接装纸》强制性产品标准，强化了卫生指标，增加了"汞""铬""镉""镍"4 种重金属和"苯""甲苯""乙苯""二甲苯""乙酸正丁酯"5 项挥发性有机物技术指标和检验方法，于 2009 年 11 月发布实施。该标准着重强调卫生指标，淡化物理指标。2014 版产品标准进一步强化了这个改革方向，物理指标方面删除了色差、纵向抗张强度、纵向伸长率、定量、交货水分、白度、长度和接头等技术指标；将宽度和外观调整为 C 类指标（表 1-9）。卫生指标强调与国内外相关标准的接轨，调整了无机元素技术指标，将"挥发性有机化合物"修改为"溶剂残留"，并调整了相关技术要求；将"菌落总数"调整为"大肠菌群、致病菌"等（表1-10）。

表 1-9 　　　　　　　《YC 171—2014 烟用接装纸》物理指标

项目	单位	指标		指标类别
透气度ᵃ	CU	≤150	标称值±标称值×12%	B
		>150	标称值±标称值×10%	
透气度变异系数ᵃ	%	≤6.0		B
孔带（孔线）宽度ᵃ	mm	标称值±0.3		B
孔带（孔线）距边宽度ᵃ	mm	标称值±0.5		B
宽度	mm	标称值±0.3		C
外观	—	应整洁、色泽一致；图案、花纹、线条、字迹清晰；应无脱色、无划痕、无重影、漏印、错印等印刷缺陷；应无皱纹、砂眼、孔洞、裂口、硬质块等影响使用的外观缺陷		C

注：a 仅适用于打孔接装纸。

表 1-10 　　　　　　　《YC 171—2014 烟用接装纸》卫生指标

项目			单位	指标	指标类别
无机元素	铅（以 Pb 计）		mg/kg	≤5.0	A
	砷（以 As 计）		mg/kg	≤1.0	A
溶剂残留	溶剂残留总量（除乙醇）		mg/m²	≤10.0	A
	溶剂杂质	苯系物	mg/m²	≤0.5	A
		苯	mg/m²	≤0.02	A

续表

项目	单位	指标	指标类别
D65 荧光亮度[a]	%	≤1.0	A
脱色试验	—	阴性	A
异味	—	无异味	A
大肠菌群	个/100g	≤30	A
微生物 致病菌（系指肠道致病菌、致病性球菌）	—	不得检出	A

注：a 该指标包括烟用接装纸正、反面 D65 荧光亮度。

四、产品检验

烟用接装纸检验方法见表 1-11。

表 1-11　　　　　　　　　　烟用接装纸检验方法

指标名称	检验方法
透气度	按照 GB/T 10739—2002[18]规定的标准环境大气条件对试样进行调节后测定。按照 GB/T 23227—2018[10]的规定进行测定，每份试样在沿中心线两侧的孔带（孔线）上间隔一定距离各测 10 个点，分别计算两侧 10 个点的算术平均值，透气度的测定结果和透气度变异系数计算结果分别修约至 1 CU 和 0.1%
孔带宽度 孔带距边宽度	按照 GB/T 10739—2002[18]规定的标准环境大气条件对试样进行调节后测定。按照 YC/T 425—2011[19]的规定进行测定，每份试料沿中心线两侧间隔一定距离分别对孔带（孔线）宽度、孔带（孔线）距边宽度各测 5 个点，以 10 次测定结果的算术平均值表示，测定结果分别修约至 0.1mm
宽度	采用精确度不小于 0.02mm 的测量工具测定盘纸的宽度；每盘纸等距离测定 5 个点，以 5 个点测定结果的算术平均值表示，测定结果修约至 0.1mm
外观	外观检验在抽样时进行。从三盘外观检验试样，各随机裁切一份 1m 长的纸条，共计三份，目测并记录外观检验结果
砷、铅	整版制样，沿纵向裁切作为待测样品。砷、铅的测定按照 YC/T 268—2008[20]或 YC/T 316—2014[21]的规定进行。如出现争议，以 YC/T 268—2008 为仲裁方法
溶剂残留	按照 YC/T 207—2014[22]的规定进行

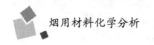

续表

指标名称	检验方法
D65 荧光亮度	裁切长度为 150mm、不少于 30 张的纸样作为试料，按照 GB/T 7974—2013[14] 的规定进行测定。在纸样宽度中心位置上正、反面各测定 5 次，分别计算 5 次测定算术平均值作为正、反面测定结果
脱色试验	沿纵向裁切 25cm² 作为试料，放入盛装有 100mL 蒸馏水的比色管中，30℃下浸泡 2h 后取出试料，与空白比较观察浸泡液的颜色是否改变
异味	抽样时，打开烟用接装纸箱（托盘）包装通过感官进行测定
微生物	按照 GB/T 5009.78[23] 的规定进行

第五节　烟用内衬纸

一、定义

根据《GB/T 18771.3—2015 烟草术语　第 3 部分：烟用材料》[1]，烟用内衬纸相关定义如下：

内衬纸（inner liner）——衬于卷烟软盒或硬盒等的内层，对卷烟起一定保护作用的专用纸。

二、产品简介

全社会对于环保节能、安全卫生和个性化美观的共同诉求，促进了包装新技术和设备的不断开发，卷烟包装在近 10 多年里发生了翻天覆地的变化，而其中原先不被关注的烟用内衬纸更是经历了前所未有的变革，并形成了如今烟用内衬纸产品的多样性。

烟用内衬纸可分为铝箔复合内衬纸、真空直镀内衬纸、转移镀铝内衬纸、涂布内衬纸以及硫酸纸内衬纸等。国内目前仍然主要使用传统的铝箔复合纸，约占 70%，真空直镀纸和转移纸的使用量在逐年增长，约占 30%。另外也有个别品牌为求新求异，使用了涂布内衬纸或硫酸纸内衬纸。欧美烟草企业主要使用真空直镀内衬纸，并附以少量的铝箔复合内衬纸。涂布内衬纸目前使用较多的是澳洲和韩国地区。

1. 烟用内衬纸的功能

（1）保香保润性 保香保润是决定内衬纸是否合格的最基本属性，具体表现为可以很好地阻隔水分和香气的进出；对光和紫外线有良好的屏蔽和反射作用，有效防止烟丝内容物的老化。

（2）防伪性 烟用内衬纸具备一定的防伪功能。例如可通过镭射转移膜使得内衬纸表面具有镭射效果，从而达到防伪目的。

（3）美观性 内衬纸是整个卷烟包装设计的重要组成部分，其包装设计是体现卷烟品牌外在特征的重要形式。

2. 烟用内衬纸的分类

目前按品种分，烟用内衬纸可以分为铝箔复合内衬纸、真空镀铝内衬纸和涂布内衬纸等类别。

（1）铝箔复合内衬纸 目前，市场上卷烟包装所使用的内衬纸主要以铝箔复合工艺为主，目的是使内衬纸产品具有一定的硬度，便于对内衬纸进行机械压纹、压字处理。如图1-4所示，常见的银色复合内衬纸分为三层，基材层（原纸）、底涂（胶层）和铝箔层，它是将铝箔通过胶黏剂和原纸复合黏接而成。此后，生产企业为了追求内衬纸的美观，又出现黄色、红色等着色内衬纸，它是在上述工艺过程完成之后，对复合内衬纸铝箔层表面又进一步面涂上色，最终生产出着色内衬纸产品。

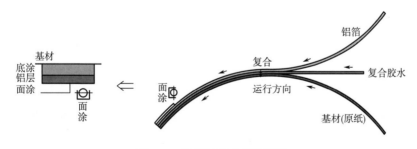

图1-4 铝箔复合工艺示意图

（2）真空镀铝内衬纸 真空镀铝内衬纸按生产工艺可分为直接镀铝（也称纸面镀铝）和转移镀铝（也称膜面镀铝）两种类别。直接镀铝内衬纸是在133Pa以上的高真空中，以电阻加热，把铝丝加热到1500℃左右，铝丝经熔化、蒸发后，气态铝附着在带有涂层的纸基材上形成的，适用于定量在 $40 \sim 250 g/m^2$ 的薄纸和卡纸。直接镀铝工艺需首先对纸张表面进行涂覆处理，以此来提高其表面平整性和光亮度，之后将纸直接置于真空镀铝机进行镀铝，最后是上色工序。因此，成品纸张主要由纸基、底涂层、铝层、着色层或保护层等部分构成（图1-5）。

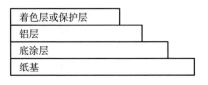

图1-5　直接镀铝内衬纸结构分解图

转移镀铝工艺主要是通过PET（Polyethylene terephthalate，聚对苯二甲酸乙二酯）、BOPP（Biaxially Oriented Polypropylene，双向拉伸聚丙烯）转移膜来实现。转移膜由单独的工艺制备而成，一般是由基材层、剥离层、转移层（部分纸张）和铝层等部分构成（图1-6）。转移镀铝内衬纸生产时，首先用胶黏剂在内衬纸原纸纸基表面涂覆处理，之后与转移膜进行黏结、复合，之后进行转移膜中PET、BOPP基材的剥离，使得转移膜中的铝层成功转移至纸基表面。最后是内衬纸的着色、压纹、分切、包装等工序。该工艺适用于定量在$40\sim450g/m^2$的纸基类型。

图1-6　转移膜结构分解图

对比两种工艺，直接镀铝纸的表面平整度略低于转移真空镀铝纸，光泽度及铝层附着力等性能与转移镀铝纸相比相当或稍高。直接镀铝内衬纸在铝消耗量上有特殊的优势，铝含量为$0.07\sim0.09g/m^2$，而传统铝箔复合内衬纸的含铝量为$17\sim19g/m^2$，真空直镀纸含铝量仅为传统铝箔复合纸的1/250左右。另外，转移镀铝纸生产过程中必须使用PET、BOPP薄膜为转移基材，转移使用多次后即废弃处理，也会造成一定污染，而直接镀铝不会出现这一问题。

（3）涂布内衬纸　涂布内衬纸区别于常规烟用内衬纸的基本特征是不使

用金属铝，内衬纸的正、反面均无铝层，也称无铝内衬纸。其结构示意图如图 1-7 所示。

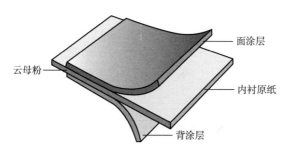

图 1-7 涂布内衬纸的结构示意图

涂布内衬纸所采用的原纸跟常规内衬纸类似，定量一般在 $48\sim60g/m^2$ 范围内。面涂层是以水和水溶性（或水分散型）的丙烯酸酯类共聚物构成的乳液体系为主体，并添加云母粉、无机颜料等助剂形成涂布液，经均匀涂布后烘干而成；背涂层一般使用琼脂的水溶液体系作为涂布液，进行均匀涂布烘干而成。内衬纸正面的丙烯酸酯类聚合单体在特定成型工艺条件下可以原位聚合形成致密的交联结构，结合均匀分散其中的片状结构的云母粉，能够形成致密的微区结构；同时，纸张背面的琼脂材料也能形成致密的高分子涂层。这样，正、反面的高分子涂层可以大幅度提升内衬纸产品对香气、水分的阻隔性能，从而满足卷烟保香、保润的基本要求。

与常规烟用内衬纸相比，涂布内衬纸的生产工艺较为简单，对设备要求也没有真空镀铝内衬纸高。内衬原纸通过多涂布头的涂布机进行背涂和面涂处理，一次性成型。其中，背涂和面涂是两个关键工序。

三、产品标准

《YC 264—2008 烟用内衬纸》是早期烟用内衬纸产品标准，实施于 2008 年 7 月。此标准对于技术指标规定的比较详实，物理指标方面有定量、厚度、厚度变异系数、交货水分、抗张能量吸收指数、动摩擦因数、色差，同时对盘纸的卷芯内径、外径、长度、宽度、局部复合或真空镀铝（转移）内衬纸铝面宽度的允差进行了规定。卫生指标方面提出了挥发性有机化合物和荧光白度的要求，具体见表 1-12。

表 1-12　　　　　　　　**《YC 264—2008 烟用内衬纸》卫生指标**

	类别	限量
挥发性有机化合物	苯	<0.01mg/m²
	苯系物（甲苯、乙苯、二甲苯）	≤0.5mg/m²
	酮类（丙酮、环己酮、4-甲基-2-戊酮、丁酮）	≤3.0mg/m²
	醇类（甲醇、正丙醇、异丙醇、正丁醇、丙二醇甲醚、丙二醇乙醚）	≤15.0mg/m²
	酯类（乙酸乙酯、乙酸正丙酯、乙酸正丁酯、乙酸异丙酯）	≤5.0mg/m²
荧光白度		1.0%

　　2014 年，烟草行业发布了新版的烟用内衬纸标准，即《YC 264—2014 烟用内衬纸》，与 2008 版标准相比，2014 版标准有比较大的思路调整和变化。2014 版标准强化了安全卫生指标，物理指标更多地交由供需双方协商确定，因此删除了色差、厚度变异系数、卷盘卷芯内径、卷盘外径、定量、厚度、交货水分、局部复合或真空镀铝（转移）内衬纸铝面宽度和长度技术指标；调整了检验规则；增加了直接镀铝和转移镀铝内衬纸的层间附着力的测试方法。增加了直接镀铝和转移镀铝内衬纸的"层间附着力"技术要求（表1-13）。卫生指标中对于溶剂残留的控制有了较大变化。首先是规定了烟用内衬纸生产中应使用的溶剂为乙醇、正丙醇、异丙醇、乙酸乙酯、乙酸正丙酯、乙酸异丙酯、丙二醇甲醚、丙二醇乙醚、丁二酸二甲酯、戊二酸二甲酯、己二酸二甲酯和2-丁酮；其次对于这些允许使用的溶剂给出了合理的残留限量，即总量（除乙醇）≤10.0mg/m²；最后对于一些有害的污染物给出较严格的限量（苯≤0.02mg/m²；苯系物≤0.5mg/m²），具体见表1-14。

表 1-13　　　　　　　　**《YC 264—2014 烟用内衬纸》物理指标**

项目	单位	指标	指标分类
纵向抗张能量吸收指数	mJ/g	≥200	B
动摩擦因数	—	标称值±0.10	B
层间附着力[b]	%	≥98	B
宽度	mm	标称值±0.5	C

续表

项目		单位	指标	指标分类
外观	纸张	—	表面应洁净、平整,光泽均匀,图案、文字、线条清晰完整,不应有污点、重叠、皱折、机械扭伤、裂纹、划痕、脱墨、爆裂、粘连、掉色、脱胶、起泡、掉粉、表面氧化等缺陷,盘纸内不应夹带杂物;外观色差应无明显差异	C
	卷盘	—	卷盘张力应松紧一致,卷芯无松动,端面平齐,边缘不应有毛刺、缺口和卷边	C
	接头	—	接头应牢固、平整,不应有粘连,接头处应有明显标识,每盘内接头不应超过一个	C

注:b 该指标适用于直接镀铝和转移镀铝烟用内衬纸。

表 1-14 　　　　　　**《YC 264—2014 烟用内衬纸》卫生指标**

项目			单位	指标	指标分类
溶剂残留	溶剂残留总量（除乙醇）		mg/m²	≤10.0	A
	溶剂杂质	苯系物	mg/m²	≤0.5	A
		苯	mg/m²	≤0.02	A
	D65 荧光亮度[a]		%	≤1.0	A
	异味		—	无异味	A
微生物	大肠菌群		个/100g	≤30	A
	致病菌（系指肠道致病菌、致病性球菌）		—	不得检出	A

注:a 该指标包括烟用内衬纸正、反面 D65 荧光亮度;覆铝面不检测 D65 荧光亮度。

四、产品检验

烟用内衬纸检验方法见表 1-15。

表 1-15 　　　　　　　　**烟用内衬纸检验方法**

指标名称	检验方法
纵向抗张能量吸收指数	按照 GB/T 10739—2002[18] 规定的标准环境大气条件对试样进行调节后,按照 GB/T 12914—2008 的规定进行测定

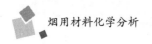

续表

指标名称	检验方法
动摩擦因数	按照 GB/T 10739—2002[18]规定的标准环境大气条件对试样进行调节后，按照附录 A 的规定进行测定
层间附着力	按照 GB/T 10739—2002[18]规定的标准环境大气条件对试样进行调节后，按照附录 B 的规定进行测定
宽度	按照 GB/T 451.1—2002[24]的规定进行或用精度为 0.1mm 的测量工具测量
外观 （纸张、卷盘、接头）	外观检验在抽样时进行。三盘外观检验试样用于检验卷盘和接头外观。再从每盘中各随机裁切一份 1m 长的纸条，共计三份，目测并记录纸张外观检验结果
溶剂残留	去掉每盘纸表面约 10 层纸后，裁切长度不少于 400mm，厚度不少于 30mm 的纸叠，共取三份，分别装入洁净的铝箔袋密封，作为溶剂残留试样。应避免试样污染，按照 YC/T 207—2014[22]进行测定
D65 荧光亮度	裁切长度为 150mm、不少于 30 张的纸样作为试料，按照 GB/T 7974—2013[14]的规定进行测定。在试料宽度中心位置上正、反面各测定 5 次，分别计算 5 次测定算术平均值作为正、反面测定结果
异味	抽样时，打开烟用内衬纸箱（托盘）包装通过感官进行测定
微生物	按照 GB/T 5009.78[23]的规定进行

第六节　烟用框架纸

一、定义

根据《GB/T 18771.3—2015 烟草术语　第 3 部分：烟用材料》[1]，烟用框架纸相关定义如下：

框架纸（inner frame；inner frame board）——用于支撑和定位卷烟硬盒框架的卡纸。

二、产品简介

烟用框架纸又称内衬卡纸、舌头卡纸，主要用于支撑和定位卷烟硬盒框架，它是有了硬盒包装卷烟之后才出现的一个产品（图 1-8）。起初，框架纸大多是由普通白卡纸分切而成，后来为了与卷烟盒装饰的匹配，逐步发展了彩色框架纸、复合框架纸、镭射复合框架纸。现在的框架纸将逐步向转移喷铝框架纸、直镀喷铝框架纸、镭射转移喷铝框架纸和压纹框架纸方向发展。

图 1-8　框架纸图示

三、主要技术指标

目前烟草行业并未颁布烟用框架纸的产品标准，在实际运行过程中，以供需双方约定的质量参数作为交货标准。从纸张的基本特性以及在生产企业多年来的生产经历角度出发，烟用框架纸物理指标可参考的技术指标见表1-16。卫生指标可关注异味、溶剂残留、荧光白度等指标。

表 1-16　　　　　　　　烟用框架纸主要技术指标

项目	单位	参数
宽度	mm	设计值±0.5
定量	g/m^2	设计值±4%
厚度	mm	设计值±0.02
色差	ΔE	$E \leqslant 3$
白度	%	≥80
交货水分	%	设计值6±2
卷芯内径	mm	设计值±0.5
耐折度	次	≥25
断裂强度	m	≥2000
平滑度	s	≥300

四、产品检验

1. 宽度、卷芯内径

用分度值为 0.5mm 的钢尺进行测量，精确至 0.1mm。

2. 定量

按《GB/T 451.2—2002 纸和纸板定量的测定》[9]中第 7.2 条的规定进行，5 张为一组进行测定。

3. 厚度

按照《GB/T 451.3—2002 纸和纸板厚度的测定》[25]的规定进行，5 张为一组，每组测 4 个点。

4. 色差

按照《GB/T 7975—2005 纸和纸板　颜色的测定（漫反射法）》[26]进行测定。

5. 白度、荧光白度

按《GB/T 7974—2013 纸、纸板和纸浆　蓝光漫反射因数 D65 亮度的测定（漫射/垂直法，室外日光条件）》[14]进行测定。

6. 交货水分

按《GB/T 462—2008 纸、纸板和纸浆　分析试样水分的测定》[16]进行测定。

7. 耐折度

按《GB/T 457—2008 纸和纸板耐折度的测定》[27]进行测定。

8. 断裂强度

按《GB/T 12914—2008[12]纸和纸板　抗张强度的测定》进行检测。

9. 平滑度

按《GB/T 456—2002 纸和纸板平滑度的测定（别克法）》[28]进行检测。

10. 溶剂残留

按《YC/T 207—2014 烟用纸张中溶剂残留的测定　顶空气相色谱–质谱联用法》[22]进行检测。

11. 异味

抽样时，打开烟用框架纸箱（托盘）包装通过感官进行测定。

第七节　卷烟条与盒包装纸

一、定义

根据《GB/T 18771.3—2015 烟草术语　第 3 部分：烟用材料》[1]，卷烟条与盒包装纸相关定义如下：

条包装纸（carton blank；parceling paper）——印有商标、条码、图案、文字等内容，将一定数量的盒装（硬盒或软盒）卷烟包装成条的专用纸。

盒包装纸（packet blank；label）——印有商标、条码、图案、文字等内容，将一定数量的卷烟包装成盒（硬盒或软盒）的专用纸。

二、产品简介

卷烟条与盒包装纸又称商标纸，是重要的卷烟包装材料，包括盒包装纸和条包装纸。卷烟盒包装纸是将一定数量的卷烟包装成盒（硬盒或软盒）的专用纸；卷烟条包装纸是将一定数量的盒装（硬盒或软盒）卷烟包装成条的专用纸。卷烟商标纸不仅在市场流通过程中保护烟支、方便储运，也是用来传递信息、促进销售、维护质量和品牌信誉的载体（如商标纸具有防伪等功能），卷烟包装是卷烟产品实现并增加其价值的一种不可缺少的手段。

卷烟盒包装纸按卷烟包装形式可分为软盒包装纸、硬盒包装纸，分别在以普通原纸、卡纸原纸为基纸上印制而成；其中，国内特有的软包硬化盒包装纸是一种新的软盒包装形式。国内卷烟商标纸与国外卷烟商标纸的设计理念上有较明显差别：一般国外的商标纸设计注重简约、直观、视觉冲击力，基纸以普通纸张居多，多采用凹版印刷，目标群体直接针对消费者，具有成本低、安全性高、适印性好、上机适用性强等特点；国内商标纸设计上更注重底色的运用、专色多、有较强的视觉亲和力或冲击力，因此使用的基纸和工艺较为复杂（如凹凸、定位烫、防伪等工艺），适印性要求高、上机适用性一般。

以下从卷烟商标纸的基纸、印刷工艺和印后加工三个方面简要介绍卷烟商标纸的生产现状[29]。

(一) 基纸

基纸是在表层上进行了承印工艺处理的原纸，其表层承印工艺主要包括涂布（白卡纸、铜版纸等）、转移镀铝（镭射）、复合工艺（铝箔复合）等。卷烟商标纸印刷所使用的基纸种类主要有白卡纸、铜版纸、转移镀铝卡（铜版）纸、复合铝箔卡（铜版）纸，其他如白板纸、胶版纸、铸涂纸等在卷烟商标纸生产中使用量已越来越少。

1. 白卡纸和铜版纸

白卡纸作为生产卷烟条和硬小盒包装的主要基纸，是一种纤维组织较为均匀、面层具有填料和胶料成分且表面涂有一层涂料，经多辊压光制造的纸张；一般对单面进行两次或三次刮刀涂布（涂料以高岭土为主要成分），以使其具有较好的印刷适性。白卡纸的平滑度高、挺度好，可以直接进行印刷加工，也可以通过覆膜（或转移）之后印刷加工制成金卡、银卡、复合铝箔卡纸、转移镀铝卡纸、镭射卡纸、PET 覆膜卡纸等。由于其挺度较高，白卡纸广泛用于卷烟条包装和硬盒包装，定量大多在 $200\sim250g/m^2$。

铜版纸作为生产卷烟软盒包装纸的主要基纸，是在原纸上涂布一层由碳酸钙或白陶土等与胶料配成的白色涂料，经烘干后压光制成的纸张。铜版纸细腻洁白，平滑度和光泽度高，又具有适当的吸油性，可以直接进行印刷加工，也可以通过覆膜（或转移）之后印刷加工制成复合铝箔铜版纸、转移镀铝铜版纸、镭射铜版纸等，用于卷烟软盒包装。国内铜版纸定量一般在 $80\sim128g/m^2$ 选择，较低定量的多用于中低档软盒，高定量多用于高档软盒（如双面铜版纸）。

目前，白卡纸和铜版纸是国内卷烟商标纸使用最多的两类基纸，由于涂布工艺的基本特点，决定了其适印性好，卷烟机走机性好，但也存在表现力不够丰富的不足，与国内卷烟商标设计的总体追求尚有一定差距。此外，国内使用白卡纸和铜版纸的定量普遍较高，与欧美等国家注重包装减量化的环保理念相比，木材资源耗用相对过多。如万宝路在巴西等国的商标纸基纸使用 $90g/m^2$ 铜版纸。

2. 转移镀铝卡（铜版）纸和复合铝箔卡（铜版）纸

转移镀铝卡（铜版）纸是以 PET、BOPP 等薄膜为转移基材，经涂布、上色、真空镀铝、复合、剥离等工艺处理，使铝分子通过胶黏作用转移到纸基（40~450g/m²以上）表面加工而成。转移镀铝工艺不受纸张厚度限制（直接镀铝工艺仅适合60g/m²以内的原纸），同时由于PET膜平整度高，转移到纸张表面的铝层光泽度高，纸张的印刷适性也好，优于直接镀铝纸。

复合铝箔卡（铜版）纸是由基纸与不同性能的材料（铝箔、膜等）通过胶黏剂复合而成的纸张。其平整度高、外观光泽亮丽，铝层结合牢固、印刷时不易有掉铝现象，同时薄膜的存在也提高了纸张的挺度和韧性、印后加工性能也好。

转移镀铝纸和复合铝箔纸均具有良好的底层色泽呈现力，亮度高、质感好，能更好表现卷烟产品的品质内涵和文化内涵。复合铝箔纸铝层厚、无法回收、难以降解，不利于环保；而转移镀铝纸可直接降解回收，用铝量只有复合铝箔纸的1/200左右，因而国内对转移镀铝商标纸的需求越来越多。

（二）印刷工艺

卷烟商标纸常用的印刷方式有凹印、胶印、柔版印刷（柔印）和丝网版印刷（丝印），其中最主要采用的两种是凹印和胶印。

1. 凹印

凹印是印版的图文部分低于非图文部分的印刷方式，印刷生产时在滚筒表面或将滚筒浸入油墨槽获得墨层，用刮墨刀将滚筒表面的墨层刮清，通过印刷机加压，将嵌入凹版凹坑中的图文墨层转移到承印物表面，属于一种直接印刷方式。在产品图案方面，其墨层厚实、饱和度高、适合表现厚重的大色块、质量稳定性高，同时也存在图案及文字边缘有锯齿状、对过渡网线表现较差、对印版及原材料依赖较强的缺点。不过随着印刷技术发展、设备加工制作与控制技术的进步以及各项新技术的应用，目前凹印的质量显著提高，由于凹印制版技术的提升（特别是制版方式由电子雕刻技术方式发展到激光腐蚀技术），边缘锯齿、颗粒感效果显著改善，网点的印制质量已大大提升。凹印工艺流程简单、设备操作较为容易、色相控制易掌握（不易出现较大色差），同时可以进行卷筒纸印刷，非常适合大批量生产、成本较低。由于成本低、操作简单以及适合大批量生产的特点，凹印是国外卷烟商标纸（国外卷烟牌号较少、多为大批量生产）最主要的印刷形式，国内对凹印商标纸需求量也较大，占市场份额的60%以上。

　　凹印使用的油墨是一种挥发干燥的溶剂油墨，一般具有快固性、黏度较小、流动性较强、干燥速度快等特点。凹印油墨要保持良好印刷适性，必须加入较大比例溶剂，商标纸印刷凹印油墨常用的溶剂有乙醇、乙酸乙酯、乙酸正丙酯以及丙二醇甲醚等，从安全性角度分析，使用溶剂型油墨对商标纸产品挥发性有机化合物残留的影响较大，若不对溶剂种类和使用量进行严格控制，可能会对卷烟安全性和感官质量造成影响，同时在生产过程中也会产生排放污染。目前，水性凹印油墨也成为一个发展方向，部分商标纸凹印产品已开始使用水性油墨，其溶剂主要是水和乙醇，可以极大提高卷烟商标纸产品及其生产过程的安全卫生。不过，水性凹印油墨虽在印制细小网点图案方面已经过大量应用试验，但在满版印刷及复合纸应用方面还有待进一步改进完善。

2. 胶印

　　胶印是平版印刷的一种，是将印版上的图文墨层利用油水不相溶原理转移到橡皮滚筒上，再利用橡皮滚筒与压印滚筒之间的压力将图文墨层通过橡皮布转移到承印物上，属于一种间接印刷方式。胶印产品的图像及文字细腻，对过渡网格、底纹等精细图案的表现效果好，但图案色相的稳定性稍差、若不用 UV 油墨则较难表现厚重大色块。胶印的生产工期短、适合短期小批量产品、可以满足局部定位印刷等需求，但胶印以单张纸印刷为主，工艺比凹印复杂、对班次和批次的色相一致性控制较难、成本也偏高。胶印与凹印的特点有明显的不同，特别适合牌号种类较多、调整较快、批量小且需要表现精细图案的商标纸产品。一般来看，新产品开发期间，多数先由胶印完成，一旦卷烟销量增大，卷烟工业企业有降低卷烟包装成本的要求时，多数产品会转为凹印或胶印与凹印结合生产。

　　胶印用油墨按干燥方式有紫外固化型、渗透干燥型、氧化结膜干燥型等，一般具有较强的抗水性、较高的着色力、适当的黏度以及良好的转移性等特点。其中，UV 固化油墨具有瞬间固化（干燥）特点，在商标纸胶印中使用越来越多。特别是 UV 固化油墨不含溶剂、不存在挥发性有机化合物，较溶剂型油墨更具优势；但 UV 油墨中需含有光引发剂成分以完成聚合固化过程，在一定的条件下可能通过化学迁移或者物理接触对产品产生安全隐患，因此在 UV 油墨选择确定光引发剂种类及用量时须严格把关，慎重选择光引发剂种类、并严格控制用量。

3. 柔印

柔印属于一种特殊的凸版印刷方法，是用弹性凸印版将油墨转移到承印物表面的印刷方式；柔性版印刷时使用柔性版（聚酯材料）制作出凸出的所需图像镜像，通过网纹辊传递油墨并加以控制，使印版表面在旋转过程中与承印物直接接触，从而转印上图文，是一种直接印刷方式。柔印产品特点介于胶印和凹印之间，图案的墨层厚度、色彩饱和度和亮度不及凹印，精细程度及网格过渡效果比不上胶印；但柔印工艺流程较简单，可以进行卷筒纸印刷，成本较低、生产更加快捷。柔印油墨与凹印油墨成分相似，大多是以挥发性干燥为主的液体油墨，其中水性油墨使用越来越多。目前，国内软盒包装纸采用柔印印刷方式较多。

4. 丝印

丝印属于孔版印刷的一种，是印版在图文区域呈筛网状开孔并漏墨而非图文区域不漏墨的印刷方式；丝网印刷时通过刮板的挤压，使油墨通过图文部分的网孔转移到承印物上，形成与原稿一样的图文，属于直接印刷方式。丝印产品印层最厚实，可表现一些特殊的外观效果，且金银及珠光油墨印刷转移效果最好，但其多为单色印刷，且印出的图文边缘较粗糙，不适合表现精细图案；同时，其生产速度较慢、成本较高。由于以上特点，丝印在卷烟商标纸印刷中单独使用较少，更多是在胶印等工序之后进行，形成一定的特殊图案和效果。丝印对纸基承印物适应性强，可以使用多种类型的油墨，一般固含量较高，目前商标纸生产使用 UV 固化油墨居多。

（三）印后加工

印后加工又称卷烟商标纸的整饰加工，是使印刷的纸张获得最终所要求的形态和使用性能的生产技术，是在印刷品表面进行的再加工和精加工。印后加工是保证印刷产品质量并实现增值的重要手段，也是决定印刷成败的关键。卷烟商标纸的后加工通常有上光、烫印、压凹凸、模切和裁切、压痕等。

1. 上光

上光是在卷烟商标纸表面涂（喷、印）上一层无色透明的涂料，经流平、干燥（压光）后在印品表面形成薄而匀的透明光亮层的过程。上光主要有两个作用：一是可以提高印品的外观效果，使印品质感厚实饱满，色彩更鲜艳明亮，提高印品的光泽和艺术效果；二是可以使印品具有防潮、耐折、耐磨、

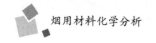

防污和耐光变等性能，起到保护印品和卷烟的功能。

2. 烫印

烫印是通过烫模将烫印材料（电化铝箔）转移到卷烟商标纸上的加工工艺。电化铝箔是以 PET 薄膜为基材，涂布醇溶性染料树脂后，经真空镀铝再涂以胶黏剂而制成，烫印时通过刻好图案的烫印版将电化铝箔上的膜层通过特定的温度转移到承印物上。烫印可以使卷烟商标纸具有独特的金属光泽和强烈的视觉对比，也能起到防伪作用，如全息图案的防伪标志。

3. 压凹凸

压凹凸是使用模具（分为凹模与凸模）在一定的压力作用下，使卷烟商标纸基材发生塑性变形，将凹凸图案或纹理压到印品上的工艺。烫印与压凹凸加工工艺可一次完成，称为立体烫印，目前对卷烟商标纸立体烫印工艺正在向高速、高精度、方便使用的方向发展。

4. 模切和裁切

模切和裁切是两种最终成型方式。模切是用钢刀片排成的模框（或用钢板雕刻成模框），在模切机上把整张印品压成单张产品；裁切是用刀具或刀辊筒把印刷品分切成符合尺寸要求的几何形状。卷烟商标纸生产中，卷烟条和硬盒包装纸普遍采用模切成型，软盒包装纸则采用裁切成型。

5. 压痕

压痕是利用钢线，通过压印，在印品上压出痕迹或留下供弯折的槽痕。一般情况下，将模切用的钢刀和压痕的钢线嵌排在同一块板面上，一次完成模切和压痕作业。经过模切、压痕加工的产品，应当切压位置准确，切口无毛边，压痕清晰，深浅适度。

三、产品标准

《YC 263—2008 卷烟条与盒包装纸中挥发性有机化合物的限量》是烟草行业首次针对溶剂残留进行约束的强制性限量标准，指标包括苯、甲苯、乙苯、二甲苯、乙醇、异丙醇、正丁醇、丙酮、丁酮、乙酸乙酯、乙酸异丙酯、乙酸正丙酯、乙酸正丁酯、丙二醇甲醚、4-甲基-2-戊酮和环己酮共计 16 种。之后 2009 年颁布了条与盒包装纸的产品标准，即《YC/T 330—2009 卷烟条与盒包装纸印刷品》，包括了外观指标、物理指标和盘纸指标等（表 1-17、表1-18 和表 1-19），并引用了《YC 263—2008 的溶剂残留限制要求》。

表 1-17　　**《YC/T 330—2009 卷烟条与盒包装纸印刷品》外观指标**

项目	定量指标	定性指标
卷烟包装标识	焦油量、烟气烟碱量、烟气一氧化碳量、警句等中文字体的高度不应小于 2.0mm	图案、文字应符合 GB 5606.2[30] 以及国家有关法律法规的要求
印刷	套印误差 ≤0.3mm，有对称要求的图案位置偏差 ≤0.4mm	图案和文字准确、清晰完整，表面光洁，无漏印、错印，无明显残缺、划痕、糊版、毛点、拉墨
	表面 ≤1.0mm 的脏污点或气泡点不应多于 2 个，表面 >1.0mm 的脏污点或气泡点不应多于 1 个	
	光油套印位置准确，套印误差 ≤0.3mm	
烫印	烫印误差 ≤0.4mm	图文烫印应完整清晰、牢固、平实，应无虚烫、糊版、脏版和砂岩。字迹烫印应清晰、应不发毛、无缺笔断划。图文烫印应表面光亮
压凹凸	套印位置误差 ≤0.4mm	压凹凸应饱满、光滑，图案和文字位置正确，条与盒包装纸印刷品不应因过度压凹凸造成破裂
上光	表面 ≤1.0mm 的脏污点或气泡点不应多于 2 个，表面 >1.0mm 的脏污点或气泡点不应多于 1 个	上光涂层涂布应均匀
平整度		条与盒包装纸印刷品应平整，无影响包装机正常使用的翘边、变形、折皱
转移包装纸	每张条或盒包装纸印刷品上不应有直径 >0.4mm 的气泡，直径 ≤0.4mm 的气泡不能超过 3 个	不应出现铝和纸的脱层现象

表 1-18　　**《YC/T 330—2009 卷烟条与盒包装纸印刷品》物理指标**

项目	单位	指标值
色差	CIE $L^* a^* b^*$	$\Delta E_{ab}^* \leq 3.0$（同批同色），或与标准样张[a]一致

续表

项目	单位	指标值
压痕挺度（纵向或横向）	g	标称值±10.0
墨层耐磨性	%	≥70
厚度	mm	标称值±标称值×5%
交货水分	%	标称值±2.0
荧光性物质	254、365 nm	无荧光
耐折性		经折叠后折痕处无明显油墨或铝层出现爆裂、裂纹或脱落现象，用手指触摸墨层或铝层不发生脱落，每条折痕处裂痕不应超过 6 处，单个裂痕尺寸不应超过 1mm

注：a 标准样张应在避光密封袋中保存，时间一般不超过 18 个月。

表 1-19   《YC/T 330—2009 卷烟条与盒包装纸印刷品》卷盘指标

项目	单位	指标值
宽度	mm	标称值±0.3
卷芯内径	mm	标称值±2.0
卷盘外径	mm	标称值±标称值×1.5%
长度	m	标称值±标称值×1.0%

新版的产品标准于 2014 年发布实施，即《YC/T 330—2014 卷烟条与盒包装纸印刷品》（表 1-20 和表 1-21）。新标准颁布之前外界普遍认为新标准会将 YC 263—2008、YC/T 330—2009 进行整合形成新的产品标准，但实际上新标准并未采取这样的方式，YC/T 330—2014 仍旧是一个质量指标为主的标准。与上一版相比，在技术要求中，增加了"卷烟条与盒包装纸印刷品生产中应使用的溶剂范围"，并删除了挥发性有机化合物含量的规定；将"荧光性物质"指标修改为"D65 荧光亮度"指标，并仅针对卷烟盒包装纸印刷品的背面；将外观定性指标与定量指标分开；删除了厚度、耐折性、转移包装纸、压痕挺度（纵向或横向）、交货水分、卷盘尺寸和数量指标、卷盘盒包装纸接头等指标；在检验方法中，增加了 D65 荧光亮度、卷烟包装标识等两项指标的检验方法；取消了检验规则有关内容；调整了包装、标志、运输和贮存。

表1-20 《YC/T 330—2014 卷烟条与盒包装纸印刷品》外观要求

项目	要求
卷烟包装标识	图案、文字应符合 GB 5606.2—2005、国家有关法律法规以及行业规定的要求
外观	图案和文字准确、清晰和完整，表面整洁、平整，无漏印、错印，无明显残缺、划伤和条痕，无影响包装机正常使用的翘边、变形、褶皱；压凹凸表面均匀、轮廓清晰、边缘处无破裂

表1-21 《YC/T 330—2014 卷烟条与盒包装纸印刷品》物理指标

项目		单位	指标
商品条码符号等级		—	$\geq 1.5/06/670^a$
同色色差		CIE $L^*a^*b^*$	$\Delta E_{ab}^* \leq 3.0$，或与标准样张[b]一致
裁切/模切尺寸偏差	条包装纸印刷品	mm	±0.5
	盒包装纸印刷品	mm	±0.3
套印误差		mm	≤0.3
墨层耐磨性		%	≥70
烫印误差		mm	≤0.4
压凹凸误差		mm	≤0.4
D65 荧光亮度[c]		%	≤1.0

注：a 1.5/06/670 表示符号等级值为 1.5，测量孔径标号为 06（标称直径为 0.15mm），测量光峰值波长为 670nm±10nm。

b 标准样张由供需双方协商确定，应保存在避光的密封包装中。

c 仅针对卷烟盒包装纸印刷品的背面。

四、产品检验

1. 检验条件

（1）外观、物理指标的检验条件 试样应在温度为（23±5）℃，相对湿度（60^{+15}_{-10}）%，无紫外光照射环境中放置 8h 以上进行检测。

（2）观样条件 观样光源应符合 CY/T 3—1999[31]的规定，光源与操作台面相距 800mm 左右，观察者眼睛与目视部位相距 400mm 左右。

2. 异味

在抽样过程中打开包装后，通过感官进行检验。

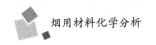

3. 卷烟包装标识

按照 GB/T 22838.1—2009[32] 的规定进行检验。

4. 外观

从检验样品中随机抽取 10 张作为试样。在观样条件下，以标准样张为基准，依次将各张试样与标准样张进行目测对比检验。10 张试样与标准样张对比后均符合外观指标要求的，则结果表述为符合，反之为不符合。

5. 商品条码符号等级

按 GB/T 18348—2008[33] 的规定进行检验。

6. 同色色差

从检验样品中随机抽取 5 张作为试样。

(1) 目测对比检验　在观样条件下，以标准样张为基准，依次目测对比 5 张试样与标准样张同色同部位的颜色差异。5 张试样与标准样张对比后颜色均无明显差异的，则结果表述为符合，反之为不符合。

(2) 仪器检验　采用符合 GB/T 19437—2004[34] 规定的分光光度计，仪器校准与使用按 GB/T 18722—2002[35] 的规定进行。

先用分光光度计检验标准样张 CIE $L^*a^*b^*$ 均匀色空间的 L^* 值、a^* 值和 b^* 值作为基准数据，然后依次检验 5 张试样与标准样张同色同部位的 ΔE_{ab}^* 值。检验结果以 5 张试样 ΔE_{ab}^* 值的最大值表示。

7. 裁切/模切尺寸偏差

从检验样品中随机抽取 3 张作为试样，对试样上有尺寸要求的裁切或模切成品部位，测量其长度（精确至 0.1mm），测量尺寸与规定尺寸之差为该试样成品裁切/模切尺寸偏差，检验结果以 3 张试样检验数据的最大值表示。

8. 墨层耐磨性

从检验样品中随机抽取 3 张作为试样，按 GB/T 7705—2008[36] 中 6.8 规定的方法进行检验，检验结果以 3 张试样检验数据的最小值表示。

9. 套印误差、烫印误差和压凹凸误差

从检验样品中随机抽取 3 张作为试样，在观样条件下，用精度为 0.01mm 的 20 刻度放大镜，分别测量试样同一部位任二色间套印误差，烫印、压凹凸同印刷图文间的误差各三点，分别取其最大值，检验结果以 3 张试样检验数据的最大值表示。

10. D65 荧光亮度

按照 GB/T 7974—2013[14] 的规定进行检验。

第八节 烟用封签纸

一、定义

根据《GB/T 18771.3—2015 烟草术语 第 3 部分：烟用材料》[1]，烟用封签纸相关定义如下：

封签纸（stamp；stamp paper）——用于粘封卷烟软盒开口端的专用纸。

二、产品简介

封签纸主要用于卷烟软盒开口端的粘封，因此可以将封签纸看作为卷烟条盒包装的附属品。封签纸内容以服务生产厂家和自身品牌为主，艺术性强。一般高档纸质材料如铜版纸、镭射转移纸等，近年来也出现了新型封签材料如不干胶材质、塑膜等，还有一些是印刷于卡标上的无实物烟封，只有类似图案而并没有封签的纸质材料。

目前封签纸常用规格尺寸为 20mm×44mm、20mm×48mm、22mm×46mm、22mm×48mm 等。生产加工时需要用到的原材料包括原纸（一般为铜版纸）、油墨、光油、镭射转移膜等。主要采用凹印印刷和胶印印刷两种生产工艺。一般的工序顺序均为原纸输入、印刷、上光（部分需要）、分切、检验、包装等。对于镭射防伪封签纸的生产工序是原纸输入、镭射转移膜复合、膜基材剥离、印刷、上光（部分需要）、分切、检验、包装等。镭射防伪封签纸和普通封签纸的主要差别在于印刷之前需要将原纸与镭射转移膜黏结并将膜基材剥离，之后再进行印刷等工序。印刷之后，产品在光照下会形成激光镭射效果的图案或文字。镭射转移膜分为 PET 基材镭射转移膜和 BOPP 基材镭射转移膜。

（1）PET 基材镭射转移膜 先涂上一层转移信息涂层，通过激光雕刻的模版模压后，再在真空喷铝机中喷上铝层而成。

（2）BOPP 基材镭射转移膜 通过激光雕刻的模版模压后，再在真空喷铝机中喷上铝层而成。

三、主要技术指标

目前烟草行业并未颁布烟用封签纸的产品标准，在实际运行过程中，以供需双方约定的质量参数作为交货标准。从纸张的基本特性以及在生产企业多年来的生产经历角度出发，烟用封签纸物理指标可参考的技术指标见表1-22。卫生指标可关注异味、溶剂残留、荧光白度等指标。

表1-22　　　　　　　　　烟用封签纸主要技术指标

项目	单位	参数
定量	g/m²	设计值±5%
交货水分	%	设计值6±2
色差	—	$\Delta E \leqslant 3$
外观	—	产品表面印刷图文清晰，套印准确，表面涂胶均匀，不许有皱折、破损、斑痕，防伪效果显著。图案位置居中，左右偏差小于等于±0.25mm，上下偏差小于等于±0.25mm

四、产品检验

1. 定量

按《GB/T 451.2—2002 纸和纸板定量的测定》[9]中第7.2条的规定进行，5张为一组进行测定。

2. 交货水分

按《GB/T 462—2008 纸、纸板和纸浆　分析试样水分的测定》[16]进行测定。

3. 色差

按照《GB/T 7975—2005 纸和纸板　颜色的测定（漫反射法）》[26]进行测定。

4. 异味

抽样时，打开烟用封签纸包装通过感官进行测定。

5. 荧光白度

按《GB/T 7974—2013 纸、纸板和纸浆　蓝光漫反射因数 D65 亮度的测定（漫射/垂直法，室外日光条件）》[14]进行测定。

6. 溶剂残留

按《YC/T 207—2014 烟用纸张中溶剂残留的测定 顶空气相色谱–质谱联用法》[22]进行检测。

第九节 烟用拉线

一、定义

根据《GB/T 18771.3—2015 烟草术语 第 3 部分：烟用材料》[1]，烟用拉线相关定义如下：

拉线（tear tape）——黏附在包装膜上，便于打开条、盒包装的一条细带。

二、产品简介

烟用拉线主要用于卷烟小盒、条盒外包装的拆封，因此是配套烟用薄膜的一类材料。拉线由压敏胶涂布在薄膜基材上，经烘干、分切等复杂工艺制成的一种特殊压敏胶带，是卷烟行业消费者首先接触到的包装材料。随着卷烟技术的不断提高，卷接设备的更新换代，企业对卷烟产品质量和功能也提出了更高的需求，拉线除满足最基本的易拆拉和防伪性能外，还应具有更好的抗拉性能、热尺寸稳定性、良好的上机适用性以及环保安全性，以提升卷烟包装的视觉效果。

烟用拉线的种类根据凹版印刷颜色的不同可分为金色、银色、红色、透明色、镀金、镀银、加入金线、加入银线等多种。品种上分为透明拉线、印刷拉线、防伪拉线等。烟用拉线使用的薄膜基材主要有聚酯薄膜（PET）、双向拉伸聚丙稀薄膜（BOPP）、聚乙烯薄膜（OPE）、聚氯乙烯薄膜（PVC）等类型。由于中国烟草市场多样化、品牌众多，各地烟厂对烟包包装设计有不同的要求，加上打击假冒产品而产生的防伪需求，烟用拉线一直向着产品形式多样化的方向发展。

1. 类别

品种上分为普通拉线、不干胶拉线、涂蜡拉线、激光全息防伪拉线、收缩拉线、镂空防伪拉线、缩微防伪拉线、隐形+防伪（电话电码）拉线、综合

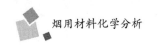

防伪拉线、万米超薄型无侧壁烟用不干胶拉线等。

2. 规格

拉线的宽度规格：常用的宽度有 2.0mm、2.5mm 和 3.0mm。

拉线的长度规格：常用的长度有 5000m、10000m 和 50000m。

拉线的线芯规格：常用的线芯为小卷［内径（30±0.5）mm］和大卷［内径（152±1）mm］。

3. 主要生产原料

（1）膜材料

①BOPP 膜：BOPP 是 Biaxially Oriented Polypropylene 的简称，即双向拉伸聚丙烯薄膜。以聚丙烯树脂为主要原料，经双向拉伸工艺而制得。

②PET 膜：PET 是 Polyethylene Terephthalate 的简称，即聚对苯二甲酸乙二醇酯薄膜。以聚对苯二甲酸乙二醇酯树脂为主要原料，经双向拉伸工艺而制得。

（2）剥离层　保证拉线在放卷过程中顺利放卷的一种涂层。该涂层在拉线产品前期工艺过程中采用的是溶剂型材料，后期为适应环保和烟草行业无毒的要求，现在全部采用 UV 固化材料，同时达到满足拉线放卷工艺的要求。

（3）印刷油墨　由着色剂、连结料、辅料剂等成分组成的分散体系，在印刷过程中被转移到承印物上的着色物质。

（4）不干胶　压敏胶黏剂的简称，是一类具有对压力有敏感性的胶黏剂。通常分为溶剂型不干胶和水性不干胶。拉线所用的不干胶通常为水性不干胶。

三、产品标准

《YC/T 443—2012 烟用拉线》是关于烟用拉线的首个标准，发布之前由于没有统一的拉线行业标准，因此，拉线生产企业和卷烟生产企业主要采用或借鉴压敏胶黏带（自黏胶带）、薄膜、压敏胶的相应技术标准和测试方法。这些标准由于国际和地区不同而存在一定的差异，导致结果不具有可比性。压敏胶黏带的常用测试项目包括厚度、拉伸强度、黏结强度（剪切强度、90°和180°剥离强度）、持黏力、开卷力等。薄膜基材的热收缩性能和力学性能对拉线的使用性能也有很大影响。因此，该标准出台之后对材料的关键性指标进行了约定，具体见表1-23。

表 1-23 　　　　　　　　　　《YC/T 443—2012 烟用拉线》物理指标

项目		单位	指标要求		指标分类
宽度		mm	标称值±0.1		B
断裂强度		kN/m	≥3（普通拉线）	≥8（高强度拉线）	B
断裂伸长率		%	≤220（普通拉线）	≤80（高强度拉线）	B
180°剥离强度		kN/m	≥0.01		B
热收缩率		%	标称值±2.0		B
外观	拉线外观	—	图案、文字、线条清晰完整，不应有重影，色泽光亮、饱满、无明显色差；胶层均匀，透明清晰，无灰尘杂质		B
	卷（盘）外观		收卷松紧一致、绕卷整齐、平整、放卷流畅、无松动现象		
接头		—	拉线不应有断头现象，每万米接头不应大于4个，接头平整牢固，无扭曲，接头后印刷面中图案、文字等应完整，连贯		B
持黏性		h	≥1		C
长度		m	标称值±标称值×3‰		C
卷芯内径		mm	标称值$^{+2.0}_{-0}$		C

四、产品检验

1. 测试条件

除接头、长度、外观、卷芯内径指标外，其他项目应按 GB/T 2918—2018[37]规定在温度（23±2）℃，相对湿度（50±10）%的条件下调节至少 4h，并在其方法标准规定的环境条件下进行实验。

2. 宽度的测定

采用精度不小于 0.1mm 的读数显微镜或精密玻璃尺按 GB/T 6673—2001[38]的规定进行测定。每个试样沿长度方向测量 5 个点，每 2 个点间隔至少 100mm，以 5 次测量结果的算术平均值表示测定结果，精确至 0.1mm。

3. 断裂强度和断裂伸长率的测定

裁取至少 150mm 长试样 5 条，试样宽度采用拉线宽度标称值，按 GB/T 1040[39]的规定进行测定。夹具间距为 100mm，拉伸速度为（250±25）mm/min。

断裂强度按式（1-1）计算，以 5 个试样的算术平均值作为测定结果，精

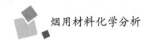

确至 0.1kN/m。

$$F = \frac{P}{b}$$ (1-1)

式中 F——断裂强度，kN/m;

P——断裂负荷，N;

b——试样的宽度，mm。

断裂伸长率按式（1-2）计算，以 5 个试样的算术平均值作为测定结果，精确至 0.1%。

$$\varepsilon = \frac{L_2 - L_1}{L_1} \times 100\%$$ (1-2)

式中 ε——断裂伸长率,%;

L_2——试样断裂时标线距离或夹持器距离，mm;

L_1——试样初始标线距离，mm。

4. 180°剥离强度的测定

裁取至少 200mm 试样 5 条，试样宽度采用拉线宽度标称值。按 GB/T 2792—2014[40]的规定进行测量，拉伸速度为（300±10)mm/min。

以 5 个试样的算术平均值作为测定结果，精确至 0.01kN/m。

5. 热收缩率的测定

（1）仪器与工具 鼓风式恒温箱、精度为 0.25mm 直尺、不锈钢板、秒表。

（2）准确裁取 100mm 试样 5 条，将试样平置于（120±3)℃鼓风式恒温箱中的不锈钢板上，胶面向上，避免与钢板面接触，不锈钢板位于恒温箱中间，加热 5min 后取出，冷却至试验环境温度，测量收缩后长度，按照式（1-3）计算热收缩率，取 5 个试样的算术平均值作为测定结果，精确至 0.1%。

$$T = \frac{L_0 - L}{L_0} \times 100\%$$ (1-3)

式中 T——热收缩率,%;

L_0——加热前长度，mm;

L——加热后长度，mm。

6. 持黏性的测定

裁取至少 100mm 试样 3 条，试样宽度采用拉线宽度标称值。试样按 GB/T 4851—2014[41]的规定粘贴在试验板上，记录试样从试验板上脱落的时间。

载板、连接销和砝码三者的总重量为（100±5)g。

以 3 个试样脱落时间的算术平均值作为测定结果，精确至 1h。

7. 外观的测定

采用目测方式检测。

8. 接头的测定

在卷烟生产过程中测定。

9. 长度的测定

采用复卷或按合同约定的测量方式进行。

10. 卷芯内径的测定

用精度为 0.02mm 的游标卡尺测量卷芯内径，每卷随机测量 3 个点，以 3 次测量结果的算术平均值作为该卷的卷芯内径。以 3 个试样的算术平均值作为测定结果，精确至 0.1mm。

第十节　瓦楞纸箱

一、定义

根据《GB/T 18771.3—2015 烟草术语　第 3 部分：烟用材料》[1]，瓦楞纸箱相关定义如下：

瓦楞纸箱（corrugated case；corrugated box）——由瓦楞纸板制成的用于包装整条卷烟、烟用滤棒、雪茄烟和复烤片烟等的纸箱。

二、产品简介

瓦楞纸箱属于通用的包装容器，广泛使用于社会生活各领域。卷烟瓦楞纸箱是通过模切、开槽、压槽、压痕、钉或粘等加工制成的纸箱，用于包装各种卷烟及烤烟，使若干条卷烟组装成为完整的整体，便于运输以及商户配送。

1. 纸板层数

卷烟用瓦楞纸箱是由面纸、里纸、芯纸和波形瓦楞纸通过黏接而成。根据烟支规格和软盒、硬盒的不同，卷烟用瓦楞纸箱还可以加工成三层瓦楞纸板（单瓦楞）、五层瓦楞纸板（双瓦楞）、七层瓦楞纸板（三瓦楞）等。一般情况下，纸板层数多、厚度厚、强度高，成本也高。多数卷烟工业企业对单瓦楞纸箱（三层）和双瓦楞纸箱（五层）均有使用，但以使用单瓦楞纸箱为

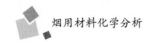

主，其中采用双瓦纸箱的多为彩箱、高价类烟、手工包装烟、路途远（省外、出口）以及循环用烟箱等。

2. 楞型

瓦楞纸板常用的楞型有 A、C、B、E 四种，楞高依次降低。一般来说 A 楞弹性好，高度和间距大，减震性好，适合易碎及对冲击和碰撞要求高的产品；B 楞适合制作具有刚性并不要求有减震防护性能的产品包装；C 楞综合了 AB 两种楞型的特点，具有足够的刚性和减震性能；E 楞可以使纸箱表面平整，刚性更好，适合高质量的印刷，而且节省运输和仓储空间。双瓦楞的楞型组合通常有 AB 型、AC 型、BC 型或 BE 型等。

烟草行业单瓦楞箱多数选用 A 楞，也有选用 C 楞和 B 楞；双瓦楞纸箱多数为 BE 型，少数 BC 型，同时也有选用 BB、CE 楞型组合。

3. 定量

定量是生产用原纸的一项质量指标。生产纸板的里纸、面纸和瓦楞原纸的定量与纸板的强度有一定关系，卷烟工业企业多数对定量有要求。里纸和面纸定量一般多为 $220\sim330g/m^2$（面纸比里纸略高），瓦楞原纸多为 $130\sim180g/m^2$。

4. 纸箱的尺寸规格

烟箱包装主要分为 50 条装硬包、50 条装软包、25 条装、细支烟，其他有 10 条装、异型条等少数包装。不同企业以及不同卷烟牌号的烟箱的长宽高尺寸多不相同，均存在一定差异。而且，对于规格的表示，不同企业也有差异，多数以烟箱内尺寸，少数以烟箱外尺寸统计。从使用需求来看，内量尺寸对于盛装条烟有实际意义，从箱装卷烟整体存放及运输角度来看，外量尺寸更为合适。

5. 彩箱的使用

对于彩色卷烟箱的使用情况进行了调研，多数卷烟企业目前有使用彩箱的包装形式，不过除了湖南和江苏中烟使用比例较高（25%以上）外，其余均使用量较小、占卷烟箱总量的 10%以内甚至更低。

6. 纸箱的成型结合方式

绝大多数卷烟纸箱的成型采用黏合的方式，目前仅个别中烟的少量卷烟箱仍采用钉合的结合方式。

7. 卷烟工业企业对纸箱管理的分类方式

卷烟工业企业对纸箱管理的分类方式包括卷烟价类、纸板瓦楞层数（双瓦楞和单瓦楞)、印刷(彩箱和普通箱)、尺寸规格(软、硬盒卷烟)、运输距离(省内省外、出口)等。主要是从纸箱不同用途(价类、尺寸)或纸箱的基本特点(纸板层数、彩箱)来进行分类划分,仅有1家工业企业仍按照出口和内销进行分类。可以看出,2007版标准中对纸箱出口、内销的分类划分形式,目前在卷烟工业企业普遍并不适用。

8. 企业质量检测情况

卷烟箱作为卷烟的最外层包装,质量指标的重要性相较于其他烟用材料较弱,调研中发现,对于卷烟箱的质量检测与管理,卷烟企业大多数是采用自行抽检和供方提供检测报告的形式;对于2007版行标规定的物理指标,多数企业是部分配备了有关检测仪器,少数企业全部配备有关检测仪器。

9. 企业重点关注指标

企业重点关注的物理指标主要是抗压强度、边压强度、耐破强度、水分,较少关注戳穿强度、黏合强度和纸板厚度;外观指标方面,主要集中在尺寸、方正度、压痕、摇盖耐折以及印刷等指标。

三、产品标准

《YC/224—2007 卷烟用瓦楞纸箱》是关于烟用瓦楞纸箱的首个标准,该标准于2018年完成修订,即《YC/T 224—2018 卷烟用瓦楞纸箱》。主要的变化有:取消了纸箱分类;物理指标取消了戳穿强度、黏合强度、厚度、水分等指标,调整了空箱抗压强度、边压强度和耐破强度等指标要求;外观指标取消了套印偏差、裱合、箱钉等指标,修改了尺寸偏差、箱合拢、摇盖耐折、结合等指标要求,将色差和印刷指标整合调整为箱体外观指标;增加了样品抽取,取消了检验规则;修改了楞型分类的技术内容,将瓦楞纸箱长、宽、高测量位置示意图调整至正文,增加了卷烟用瓦楞纸箱的一些参考要求。

1. 异味

卷烟用瓦楞纸箱应无异味。

2. 物理指标

卷烟用瓦楞纸箱的物理指标见表1-24。

表1-24　　　《YC/T 224—2018 卷烟用瓦楞纸箱》物理指标

指标	空箱抗压强度/N	边压强度/(N/m)	耐破强度/kPa
要求	≥2000	≥4500	≥1000

3. 外观

卷烟用瓦楞纸箱的外观要求见表1-25。

表1-25 　　　　《YC/T 224—2018 卷烟用瓦楞纸箱》外观要求

序号	指标	要求
1	方正度	纸箱支撑成型，使其相邻面成直角后，综合尺寸>1000mm 的，顶面或底面两对角线之差均≤6mm；综合尺寸≤1000mm 的，顶面或底面两对角线之差均≤4mm
2	尺寸	长、宽、高：设计值±5mm
3	压痕	单瓦楞压痕线宽度≤12mm，双瓦楞压痕线宽度≤17mm，压痕线折线居中，不应有破裂断线，不应有多余的压痕线
4	裁切口	刀口无明显毛刺，切断口表面裂损宽度≤6mm
5	箱角漏洞	纸箱支撑成型，箱角孔隙≤5mm，不应有包角
6	箱合拢	纸箱支撑成型，合拢时顶部和底部外摇盖离缝或搭结≤3mm；两盖参差≤4mm
7	摇盖耐折	纸箱支撑成型，将摇盖内折90°，然后开合180°，往复5次，摇盖外表面不得出现裂缝，内表面裂缝总长≤70mm
8	结合	接头搭舌宽度不少于30mm。用黏合剂结合的，黏合剂应涂布均匀充分，不应有溢出现象
9	箱体外观	纸箱标识的内容应符合 GB 5606.2—2005 的有关要求；纸箱面层应平整光洁、无明显缺陷，外观与标准样箱无明显色差，印刷内容及套印符合设计要求，图案、文字清晰

四、产品检验

1. 异味

在抽取纸箱样品时采用感官方法进行。

2. 物理指标

（1）预处理条件及检验环境　样品按 GB/T 10739—2002[18]的规定，在温度23℃±1℃，相对湿度50%±2%环境中预处理12h 以上，并在此条件下进行检验。

（2）样品制备　样品的采取按照 GB/T 450—2008[11]的规定进行。从三个样箱上分别裁取耐破强度、边压强度检验试样：

①耐破强度检验试样采取：从每个样箱壁上裁取四块不小于 140mm×140mm 的试样，共 12 块；

②边压强度检验试样采取：从每个样箱壁上裁取四块 25mm（平行瓦楞方向）×100mm（垂直瓦楞方向）的试样，共 12 块。

（3）空箱抗压强度的测定　按 GB/T 4857.4—2008[42] 的规定进行，结果取算术平均值。

（4）耐破强度的测定　按 GB/T 6545—1998[43] 的规定进行。

（5）边压强度的测定　按 GB/T 6546—1998[44] 的规定进行。

3. 外观

卷烟用瓦楞纸箱的外观检验方法见表 1-26，对 6 只样箱进行外观检验。

表 1-26　　　　　　　　　　　外观检验方法

序号	项目	检验方法
1	方正度	将纸箱支撑成型，使其相邻面成直角后，用精度为 0.5mm 的测量工具测量顶面或底面两对角线长度；计算顶面或底面两对角线之差，结果取 6 只样箱的最大值，精确到 1mm
2	尺寸	将纸箱支撑成型，使其相邻面成直角后，用与内装卷烟质（重）量相近的钢板（尺寸应小于纸箱内尺寸）压在箱底，用精度为 0.5mm 的测量工具在搭接舌上距箱顶 50mm 处分别量取箱长和箱宽；以箱底与箱顶两内摇盖间的距离量取箱高。长、宽、高的尺寸偏差分别取 6 只样箱的最大值，精确到 1mm
3	压痕	用精度为 0.5mm 的测量工具测量上下压痕线的宽度；结果取 6 只样箱的最大值，精确到 1mm
4	裁切口	目测裁切口有无明显毛刺和表面裂损，有裂损时用精度为 0.5mm 的测量工具测量表面裂损的最大宽度；结果取 6 只样箱的最大值，精确到 1mm
5	箱角漏洞	将纸箱支撑成型，使其相邻面成直角后，用精度为 0.5mm 的测量工具测量箱角孔隙的最大直径；结果取 6 只样箱的最大值，精确到 1mm
6	箱合拢	将纸箱支撑成型，使其相邻面成直角后，用精度为 0.5mm 的测量工具，分别测量顶部和底部两外摇盖的离缝或搭结宽度，两盖参差；结果分别取 6 只样箱的最大值，精确到 1mm

续表

序号	项目	检验方法
7	摇盖耐折	将纸箱支撑成型后，先将摇盖向内折 90°，然后开合 180°、往复 5 次，目测面层和里层是否有裂缝，里层有裂缝时用精度为 0.5mm 的测量工具测量所有裂缝长度；结果取 6 只样箱的最大值，精确到 1mm
8	结合	目测和用精度为 0.5mm 的测量工具测量搭结舌宽度。结果取 6 只样箱的最小值，精确到 1mm
9	箱体外观	目测 6 只样箱是否均符合要求

第十一节　烟用胶

一、定义

根据《GB/T 18771.3—2015 烟草术语　第 3 部分：烟用材料》[1]，卷烟制造过程所涉及的胶相关定义如下：

烟用胶（adhesive for cigarette）——卷烟等烟草制品生产和包装过程中所使用的胶黏剂。

注 1：按用途可分为卷烟搭口胶、卷烟接嘴胶、滤棒搭口胶、滤棒中线胶、聚丙烯丝束滤棒成型胶、包装用胶、再造烟叶胶等。

注 2：常用的有热熔胶、水基胶、淀粉胶等。

卷烟搭口胶（side seam adhesive for cigarette rod）——在烟支加工过程中用于黏合卷烟纸的胶黏剂。

卷烟接嘴胶（tipping adhesive）——在滤嘴接装过程中用于黏合接装纸的胶黏剂。

滤棒搭口胶（side seam adhesive for filter rod）——在滤棒加工过程中用于黏合滤棒成型纸的胶黏剂。

滤棒中线胶（central line adhesive for filter rod）——在滤棒加工过程中用于黏接丝束与滤棒成型纸，防止丝束移位的胶黏剂。

包装用胶（packaging adhesive）——卷烟等烟草制品包装过程中所使用的胶黏剂。

注：主要用于瓦楞纸箱、条包装纸、盒包装纸、封签纸等的黏结。

聚丙烯丝束滤棒成型胶（polypropylene filter rod adhesive）——在聚丙烯丝束滤棒成型过程中洒涂在纤维丝束上，具有纤维黏结、滤棒定型和增加滤棒硬度等作用的胶黏剂。

再造烟叶胶（reconstituted tobacco adhesive）——再造烟叶加工过程中所使用的胶黏剂。

热熔胶（hotmelt adhesive）——通过加热熔融施胶且在室温下能迅速固化的胶黏剂。

注：主要用于高速滤棒成型机滤棒搭口和高速包装机条或盒的黏接。

水基胶（water-based adhesive）——以水为分散介质的水溶性或水乳液型胶黏剂。

注：主要用于卷烟搭口、滤嘴接装、滤棒中线、聚丙烯丝束滤棒成型以及卷烟包装等。

淀粉胶（starch adhesive）——以淀粉为主要原料制成的胶黏剂。

注：主要用于卷烟搭口、滤嘴接装、滤棒中线及卷烟包装等。

二、产品简介

烟用胶黏剂是烟支卷接及包装的重要材料之一，广泛用于卷烟搭口、滤嘴接装、小盒及条盒包装、滤棒成型等多种用途，是烟用材料不可或缺、重要的组成部分。其用量较少，以烟支长度为 84mm、滤嘴长度为 24mm 的硬盒卷烟为例，每万支卷烟使用胶黏剂约 170g。烟用胶黏剂不仅是支撑烟支卷制、包装的重要载体，而且还对卷烟的质量如感官质量有着重要的影响。

1. 分类

本节中介绍了 11 个与卷烟用胶有关的定义，仔细梳理，也可以清楚地掌握烟用胶的具体分类。烟用胶相当于一个总定义，从大的方面对卷烟用胶进行定义描述。按照卷烟部位或施胶目的来分，可以分为卷烟搭口胶、卷烟接嘴胶、滤棒搭口胶、滤棒中线胶、包装用胶、聚丙烯丝束滤棒成型胶、再造烟叶胶。最后 3 个定义是按照胶的理化性质的角度进行分类的，包括了热熔胶、水基胶和淀粉胶三个类别。

上述内容相当于从两个角度对卷烟胶进行分类，实际上卷烟胶的类别划

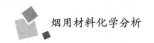

分方式不止上述两种，也可以将所有卷烟用胶分为参与燃烧和非参与燃烧两大类，非参与燃烧又可分为口触、非口触两种类别。

2. 行业使用情况

2013年有关研究进行了烟草行业各类型卷烟胶的使用量调研，具体见表1-27。从表1-27中可以看出，目前行业所使用的烟用胶主要集中在搭口、接嘴、中线、条与盒包装、滤棒成型等，所使用的胶黏剂类型也较为固定，搭口、接嘴、中线、条与盒包装一般使用水基胶，而滤棒成型一般使用热熔胶。淀粉胶方面，虽然行业内外也开发出适合卷烟包装的淀粉胶产品，但实际情况是工业企业普遍尚未使用淀粉胶。另外，少量软包硬化产品以及H1000包装机存在条或盒包装使用热熔胶代替水基胶的情况。

表1-27　　　　　　　　　卷烟胶行业使用情况

分类		名称	类型	2013年行业使用量/t
参与燃烧		卷烟搭口胶	水基胶	6839
			淀粉胶	0
非参与燃烧	口触	卷烟接嘴胶	水基胶	21607
			淀粉胶	0
		滤棒中线胶	水基胶	1177
		滤棒成型胶	热熔胶	1487
	非口触	条与盒包装胶	水基胶	约2万
			热熔胶	85

在丙纤胶聚丙烯丝束滤棒成型胶（polypropylene filter rod adhesive）方面，由于醋纤量不断增多，丙纤量逐年下降，因此，行业2013年丙纤胶使用量仅为800余吨。

三、水基胶

水基胶是由能分散或能溶解于水中的成膜材料制成的胶黏剂，又称为水溶性胶黏剂。

（一）水基胶主要原料

1. 聚合物主体材料

（1）醋酸乙烯-乙烯共聚乳液　乙烯与醋酸乙烯共聚物是乙烯共聚物中最

重要的产品，国外一般将其统称为 EVA（图 1-9）。但在我国，人们根据其中醋酸乙烯含量的不同，将乙烯与醋酸乙烯共聚物分为 EVA 树脂、EVA 橡胶和 VAE 乳液。醋酸乙烯含量小于 40% 的产品为 EVA 树脂；醋酸乙烯含量 40%~70% 的产品很柔韧，富有弹性特征，人们将这一含量范围的 EVA 树脂称为 EVA 橡胶；醋酸乙烯含量在 70%~95% 范围内通常呈乳液状态，称为 VAE 乳液（Vinyl acetate-ethylene copolymer emulsion）。

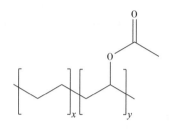

图 1-9　聚乙酸乙烯-乙烯结构式

英国帝国化学公司于 1938 年申请了 EVA 共聚物的高压自由基聚合专利，美国杜邦公司于 1960 年实现工业化。1988 年北京有机化工厂首次从美国引进年产 1.5 万 t VAE 乳液装置，1991 年四川维尼纶厂再次从美国引进同样一套 VAE 乳液装置。VAE 乳液外观为乳白色液体，其生产是在水介质中，在一定的 pH 下，以聚乙烯醇作保护胶体，将乙酸乙烯酯单体和乙烯单体在约 80atm 进行乳液聚合制得，其中乙烯含量约为 14%~18%。VAE 乳液生产过程中其生产工艺、所使用的乳化剂、保护胶体用量和品种、pH 等因素对乳液的性质如黏度、粒度等指标影响较大。VAE 乳液的生产工艺和技术要求较高，国外能独立掌握其技术的厂家也不多，国内企业生产也主要是以引进国外生产线为主。

VAE 乳液具有永久的柔韧性。VAE 乳液可以看作是聚醋酸乙烯乳液的内增塑产品，由于它在聚醋酸乙烯分子中引入了乙烯分子链，使乙酰基产生不连续性，增加了高分子链的旋转自由度，空间阻碍小，高分子主链变得柔软，并且不会发生增塑剂迁移，保证了产品永久性柔软。同时 VAE 乳液还具有较好的耐酸碱性、耐紫外线老化、良好的混溶性。由于 VAE 乳液具有诸多优良的性质，因此在实际应用中有着十分广泛的用途。

①VAE 乳液被广泛用于胶黏剂的基料：VAE 乳液具有良好的机械性能、湿黏性及较快的固化速度，因此可用作胶黏剂的基础原料。VAE 乳

液黏接范围广，除能黏接木材、皮革、织物、纸张、水泥、混凝土、铝箔、镀锌钢板等材料，还能用作压敏胶和热封胶，而且对于一些难以黏接的材料如聚乙烯、聚丙烯、聚氯乙烯、聚酯等薄膜更是具备特有的黏接性。

②VAE 乳液可用作室内装修乳胶漆的基料：VAE 乳胶漆涂膜耐起泡性好，耐老化不易龟裂，与多种基材有较好的附着力，安全无毒，使用方便。VAE 乳胶漆不仅能够涂覆于木材、砖石和混凝土上，也能涂覆于金属、玻璃、纸、织物表面，它与油漆的亲和力也很好，可以相互在其表面上涂刷。

③VAE 乳液可用于纸加工：VAE 乳液在纸加工中主要用于纸张浸渍、纸张涂层和纸浆添加，其特点是能够给多种纸张上光，增加纸的干湿强度、韧性、光泽度，提高色彩稳定性，降低油墨印刷消耗量，提高纸张档次。

④VAE 乳液可用于水泥改性剂：适当改进水泥容易龟裂和耐水性、耐冲击力、耐酸性差的缺点。

⑤VAE 乳液的特性使其特别适合用于高速卷烟胶的生产。

（2）聚醋酸乙烯酯乳液　聚醋酸乙烯酯（Polyvinyl Acetate，PVAc）乳液是以乙酸乙烯酯（Vinyl Acetate，VAc）作为反应单体在分散介质中经乳液聚合而制得的，也称聚乙酸乙烯酯乳液，俗称白乳胶或白胶（图1-10）。1929 年，德国的 H. Plauson 首先采用乳液聚合法制得聚醋酸乙烯酯乳液，于 1937 年实现了工业化生产，特别是德国法本（Farben）公司的 W. Starck 和 Frendeberg 发明的以聚乙烯醇（Polyvinyl alcohol，PVA）作保护胶体进行乙酸乙烯酯乳液聚合的方法，大大推动了 PVAc 乳液工业的发展。国内 PVAc 乳液的大规模生产是于 20 世纪 60 年代开始的，2007 年国内总产量已超过 65 万 t。由于其生产工艺和技术较为简单，目前国内的生产商很多。

聚醋酸乙烯酯乳液胶黏剂具有许多优点，例如：对多孔材料如木材、纸张、棉布、皮革、陶瓷等有很强的黏接力；能够室温固化，干燥速度快；胶层无色透明，不污染被粘物；对环境无污染，安全无害；单组分，使用方便，清洗容易，贮存期较长，可达 1 年以上。但是，这类胶黏剂却存在耐水性和耐湿性差的缺点，容易在空气吸收水分。此外，其耐热性也有待提高。通过共聚、共混、添加保护胶体等方法，可在一定程度上改善其使用性能，扩大应用范围。

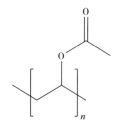

图 1-10　聚醋酸乙烯结构式

（3）聚乙烯醇　聚乙烯醇（Poly vinyl alcohol，PVA 或 PVOH）最早是由德国的化学家赫尔曼（W. O. Hemnann）和海涅尔（W. Hachnel）于 1924 年发明的。国内 20 世纪 50 年代开始了 PVA 的研究和开发工作，70 年代市场上出现了 PVA 商品。由于合成技术的不断提高和价格不断下降，它的用途日益广泛，发展速度很快。

聚乙烯醇是通过醋酸乙烯酯聚合制得聚醋酸乙烯酯 PVAc，然后再醇解或者水解得到的，结构式见图 1-11。由于羟基基团的存在，使 PVA 有很高的吸水性，是一种性能优良，用途广泛的水溶性聚合物。聚乙烯醇为一种可溶性树脂，一般用作纺织浆料、黏合剂、建筑等行业。也可通过改性制成薄膜，用来制作可降解的地膜、保鲜膜等。聚乙烯醇的最大特点就是可以自然降解，环境友好。

聚乙烯醇一般为白色或微黄色，为絮片状、颗粒状、粉末状固体。无毒无味，性能介于塑料和橡胶之间。PVA 溶液遇碘液变深蓝色，这种变色受热后消失而冷却又重现。由于分子链上含有大量的侧羟基，因此具有良好的水溶性，同时还具有良好的成膜性、黏结力和乳化性，有卓越的耐油脂和耐溶剂性能。聚乙烯醇的相对密度为 1.27~1.31（4~25℃），熔点 230℃，玻璃化温度 75~85℃，在空气中加热至 100℃ 以上慢慢变色、脆化。加热至 160~170℃ 脱水醚化，失去溶解性，加热到 200℃ 开始分解。

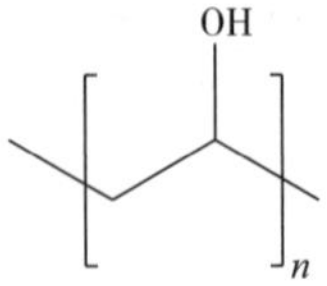

图 1-11　聚乙烯醇结构式

2. 添加剂

（1）消泡剂　也称消沫剂，是在水基胶加工过程中降低表面张力，抑制泡沫产生或消除已产生泡沫的一类添加剂。烟用水基胶中加入消泡剂一是为了消除生产过程中由于搅拌过程而产生的大量气泡。如未能及时消除气泡，则会影响其他物料的加入，黏度的测定也会受一定的影响。二是在卷烟生产的卷接包机台，生产使用过程中需要搅拌水基胶，尤其是滚轮涂胶方式对水基胶的搅拌更为明显，如未添加消泡剂则会在搅拌过程中产生大量气泡，气泡的存在会严重影响水基胶在纸张上的涂布效果和黏结性能，严重情况下会使卷烟生产无法进行。

能应用于水基乳液的消泡剂种类繁多，通常为多组分的混合物，由起消泡能力的表面活性剂和溶剂组成。烟用胶黏剂中消泡剂的总含量不大，一般为质量的 0.05%~0.3%。常用的消泡剂有乳化硅油、高碳醇脂肪酸酯复合物、聚氧乙烯聚氧丙烯季戊四醇醚、聚氧乙烯聚氧丙醇胺醚、聚氧丙烯甘油醚、聚氧丙烯聚氧乙烯甘油醚和聚二甲基硅氧烷等。

（2）防腐剂　防腐剂是能抑制微生物活动，防止物品腐败变质的一类添加剂。由于水基胶为多水分的有机化合物产品，在贮存过程中很容易受到细菌的侵蚀而发生霉变，一般情况下 VAE 乳液出厂的时候已经含有了一定量的防腐剂，因此，防腐剂在烟用胶黏剂中不是必需的配方组成，如果胶黏剂贮存周期不长，乳液类胶黏剂可以不用或少用，但淀粉类胶黏剂还需适量添加。防腐剂通常情况下在胶黏剂中的含量约占胶黏剂质量的 0.1% 左右。如果添加的是异噻唑啉酮类高效防腐剂，用量往往很低，通常在水基胶中的含量在 100mg/kg 左右的水平。

（3）其他添加剂　由于各生产厂家的配方不同，在烟用胶黏剂的生产过程中，可能还会用到其他的添加剂，有分散剂、润湿剂、乳化剂、渗透剂、黏度调节剂等。这些水基胶添加剂生产企业会根据施胶目的、纸基类型进行选择和优化组合，以实现卷烟的上机适应性要求。

（二）水基胶生产工艺

烟用水基胶的生产工艺相对简单，主要是控制 VAE 乳液和其他添加剂的掺配比例。生产过程包括：原料投入、搅拌、辅料混合、调整黏度、质量检测、过滤灌装等。部分国外品牌水基胶生产企业（如汉高）对生产环境要求很高，有清洁性、防蚊虫的相关要求。

（三）产品标准

《YC/T 188—2004 高速卷烟胶》是关于水基型卷烟胶的产品标准，近期可能会被修订或废止换为其他标准。该标准适用于聚乙酸乙烯酯共聚物类高速卷烟机用搭口胶、接嘴胶、包装胶。具体指标如下。

1. 外观

胶黏剂的外观应呈白色均匀乳液状，不应有可视异物和与卷烟不协调的异味。

2. 技术指标

高速卷烟胶的技术指标应符合表 1-28 规定。

表 1-28　　　　《YC/T 188—2004 高速卷烟胶》技术要求

指标名称	单位	技术要求
黏度	mPa·s	标称值（1±0.20）
pH	—	4.0~6.5
蒸发剩余物	%	标称值±2.0
粒度	μm	≤2
残存单体	%	≤0.5
稀释稳定性	%	≤5
最低成膜温度	℃	≤15
重金属（以 Pb 计）	mg/kg	≤10
砷（As 计）	mg/kg	≤3

从上述技术要求来看，所设置的指标还是侧重于卷烟胶本身的一些质量指标，可能更适用于卷烟胶生产企业对产品的质量控制，比较缺乏一些和卷烟纸搭口、接装纸接装、条与盒包装纸包装这些卷烟制造工艺过程能够直接

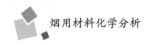

关联的上机适用性指标，而这将会是新版标准修订时需要关注的方向和解决的问题。

(四) 产品检验

1. 外观

用玻璃棒将试样混均后，薄薄地涂敷于玻璃板上，随即目测有无粗颗粒和杂质。

2. 黏度

除试验温度控制在 (25 ± 0.5) ℃以外，其余按照 GB/T 2794—2013[45] 的规定进行测定。

3. pH

按照 GB/T 14518—1993[46] 的规定进行测定。

pH 测定使用 pH 计或选用适当范围的精度分级为 0.2 的精密 pH 试纸。

4. 蒸发剩余物

用称量瓶称取 1g 左右的试样，精确至 0.001g 并使之流平，将其置于温度在 (107.5 ± 2.5) ℃的干燥箱内搁板中部，放置称量瓶的搁板应位于箱内近顶部 2/3 处，样品放置间隔应大于 30mm，经干燥 (180 ± 5) min 后取出，放入干燥器中冷却至室温后称量。

利用差减法计算蒸发剩余物含量。

5. 粒度

称取一定量试样，加适量蒸馏水稀释后，使其蒸发剩余物为 1%。用玻璃棒搅匀。检验时，沾一滴制备好的试样于载物片上，将表面覆以盖玻片，尽量排除气泡，放在投影载物台上。在显微镜下观察，目测并记录 50 个以上的粒子直径，计算其平均值。

6. 残存单体

准确称取 10.0g 试样，小心放在有 20mL 蒸馏水的锥形瓶中，随后放入 20mL 盐酸，密塞摇动 0.5min，使试样分散匀，用 20mL 蒸馏水水洗瓶壁，摇动后用溴酸盐滴定（每次试验时，需重新标定溶液）。近终点时加一滴甲基橙继续滴定至标色刚刚退却，出现乳白色为终点。记录消耗溴酸盐体积数，以此方法进行平行试验两次。

7. 稀释稳定性

称取 6.5g 试样于称量瓶中，加水稀释到 100mL，盖塞，充分摇动均匀后立即倒入两个试管中各30mL，放置72h之后，测定上层澄清液容积以及试管底部沉淀物的容积。

稀释稳定性以上层澄清液容积比计，数值以%表示。

8. 最低成膜温度

所需仪器和设备见《YC/T 188—2004 高速卷烟胶》。

根据试样最低成膜温度的范围，利用设备的冷、热源使梯度板形成适当的温度梯度。

利用涂膜器将试样涂布在梯度板上，通过干燥空气加快成膜速度。当形成连续透明薄膜和白垩化部分明显时，测量分界处温度即最低成膜温度。

用最低成膜温度表示试验结果，结果取整数。

9. 砷含量

称取2.0g样品，按照GB/T 7686—2016[47]的规定进行测定。

10. 重金属含量

称取1.5g样品，加40mL水搅拌，按照GB/T 7532—2008[48]的规定进行测定。

以上内容即是对标准技术指标所配套的测试方法，实际上从目前来看，第6项残存单体的测试方法可以按照《YC/T 267—2008 烟用白乳胶中乙酸乙烯酯的测定 顶空–气相色谱法》进行测试。第9、10项可以按照《YC/T 316—2014 烟用材料中铬、镍、砷、硒、镉、汞和铅残留量的测定 电感耦合等离子体质谱法》[21]进行测试。第5项粒度的测试，也可以采用激光粒度分析仪进行测试。这些配套测试方法可能会在将来的卷烟胶产品标准修订中加以调整。

四、热熔胶

热熔胶（Hot Glue）是一种可塑性的黏合剂，在一定温度范围内其物理状态随温度改变而改变，而化学特性不变，其无毒无味，属于环保型化学产品（图1-12）。产品本身系固体，便于包装、运输、存储，无溶剂，无污染，并具有生产工艺简单、附加值高、黏合强度大、速度快等优点而备受青睐。

EVA热熔胶是一种不需溶剂的全固体可熔性聚合物，它在常温下为固体，加热到一定温度能熔融成为可流动且有一定黏性的液体。熔融后的EVA热熔胶，呈浅棕色或白色。EVA热熔胶由基本树脂、增黏剂、黏度调节剂和抗氧化剂等成分组成。

图1-12　热熔胶图示

1. 热熔胶主要原料

（1）聚合物主体材料　热熔胶中的聚合物主体材料是由乙烯和醋酸乙烯在高温高压下共聚制成的，即 EVA 树脂。这种树脂是制作热熔胶的主要成分，基本树脂的比例、质量决定了热熔胶的基本性能（如胶的黏结能力、熔融温度及黏结强度等）。一般选择醋酸乙烯（VA）含量在 18%~33%，熔融指数（Melt Flow Index，MI 或 MFI）在 6~800 的 EVA 树脂。VA 含量越低，结晶度越高，硬度增大；VA 含量越高，结晶度越低，弹性增大。另外，EVA 熔融指数的选择也很重要，熔融指数小，其胶的熔融温度高，流动性差，黏结强度大，对被黏物润湿和渗透性也差；相反，熔融指数大，其胶的熔融温度低，流动性较好，但黏结强度降低。

（2）增黏剂　增黏剂是热熔胶的主要助剂之一。如果仅依靠 EVA 树脂熔融时所具有的黏结力，则当温度下降时，难以对纸张进行润湿和渗透，失去黏结能力，无法达到黏结效果；加入增黏剂可提高胶体的流动性和对被粘物的润湿性，改善黏结性能，达到所需的黏结强度。一般使用的增黏剂有松香、改性松香、C_5石油树脂、C_9石油树脂和萜烯树脂等。

（3）黏度调节剂　黏度调节剂也是热熔胶的主要助剂之一。其作用是增加胶体的流动性、调节凝固速度，以达到快速黏结牢固的目的，否则热熔胶黏度过大、无法或不易流动，难以渗透到纸张中去，无法将其黏结牢固。加入软化点低的黏度调节剂，就可以达到黏结时渗透好、粘得牢的目的。一般选择石蜡、微晶蜡、合成蜡（PE或PP）和费托蜡等。

（4）抗氧化剂　加入适量的抗氧化剂可增强热熔胶的长期稳定性。由于胶体在高温熔融状态下会发生氧化反应，加入抗氧化剂可以保证胶体在高温条件下黏结性能不发生变化，防止EVA热熔胶的过早老化。

2. 热熔胶生产工艺

EVA是继高密度聚乙烯（High Density Polyethylene，HDPE）、低密度聚乙烯（Low Density Polyethylene，LDPE）、线性低密度聚乙烯（Linear Low Density Polyethylene，LLDPE）之后第四大乙烯系列聚合物，是一种典型的支链型聚合物。目前，国内外EVA产品的生产工艺主要有四种：①高压法连续本体聚合；②中压悬浮聚合；③溶液聚合；④乳液聚合。

其中溶液聚合和乳液聚合工艺较少，市场上的EVA树脂大多数采用的是高压法连续本体聚合生产工艺，VA含量一般为5%~40%。高压法连续本体聚合工艺通常采用高压釜反应器或管式反应器。管式聚合工艺可生产VA含量小于30%的EVA，管式反应器的单程转换率为25%~35%。釜式反应器可生产VA含量小于40%的EVA，釜式反应器的单程转化率为10%~20%。

3. 与VAE的主要区别

VAE乳液和EVA树脂聚合物主体材料都是醋酸乙烯和乙烯的聚合物，但物理形态缺差异很大。

（1）二者的制备工艺不同　VAE乳液用的是乳液聚合的方法，即单体借助乳化剂和机械搅拌，使单体分散在水中形成乳液，再加入引发剂引发单体聚合。而EVA树脂一般采用高压法连续本体聚合，所以制备出来的是块状或颗粒状固体。

（2）醋酸乙烯含量不同　EVA树脂中醋酸乙烯含量一般小于40%，而VAE乳液中醋酸乙烯含量一般在70%~95%。

4. 产品标准

《YC/T 187—2004 烟用热熔胶》是烟用热熔胶的产品标准，适用于卷烟加工所使用的热熔胶。具体指标如表1-29所示。

表 1-29 热熔胶技术指标

指标名称	单位	技术要求
固体含量	%	≥99.8
软化点	℃	标称值±3
熔融黏度	mPa·s	标称值（1±10%）
热稳定性	℃	≥200
重金属（以 Pb 计）	mg/kg	≤10

5. 产品检验

产品检验所需仪器和设备见《YC/T 187—2004 烟用热熔胶》。

（1）外观　熔融前观察固体颜色和粒状，然后称取 200g 左右的试样，放入铝制容器中加热至完全熔化，以目测观察其外观。

熔融前固体为浅黄色或乳白色颗粒表面平滑无杂质，粒状为枕状、片状、块状、条状等，熔融后为透明或半透明黏稠液体，不含水分，无异物及炭化物，其外观和颜色应均一稳定，否则该项指标为不合格。

（2）固体含量　用称量瓶称取 5g 试样（精确至 0.01g），将其置于恒温（80±2）℃的烘箱内。经干燥（60±5）min 后取出，放入干燥器内冷却至恒温后称量。

试样烘干后质量减少量≤0.02g，则该项指标为合格，否则为不合格。

（3）软化点　按照 GB/T 15332—1994[49]的规定进行测定。

（4）熔融黏度　除测定温度为（150±1）℃以外，其他指标按照 HG/T 3660—1999[50]的规定进行测定。

（5）热稳定性　在 2h 内将试样加热到试验温度，试验温度为≥200℃，连续保持恒温 4h。熔融黏度按照 HG/T 3660—1999[50]的规定进行测定，其他指标按照 GB/T 16998—1997[51]的规定进行测定。

试验过程中热熔胶无发烟、相分离、凝胶现象；无沉淀，无颜色变化，软化点和熔融黏度符合《YC/T 187—2004 烟用热熔胶》表 1 技术指标要求的为合格，否则该项指标为不合格。

（6）重金属含量　称取 1.5g 样品，按照 GB/T 7532—2008[48]的规定进行测定。

（7）砷含量　称取 2.0g 样品，按照 GB/T 7686—2016[47]的规定进行测定。

五、淀粉胶

国外从 20 世纪 80~90 年代开始研制淀粉高速卷烟胶，至今已有二十多年的历史，期间出现了很多专利，但基本集中在 20 世纪 80~90 年代。专利权人主要是美国国民淀粉公司、德国汉高公司和美国玉米技术公司等，其淀粉卷烟胶专利基本涵盖了所有常见淀粉变性方法，如酸解、热解、酶解、氧化、磷酸酯化、醋酸酯化、醚化和交联等。在 2002 年的巴塞罗那烟草博览会上，美国国民淀粉公司（现已被德国汉高公司收购）展出了淀粉卷烟胶产品。2004 年前后，该公司在我国青岛、玉溪、新郑、昆明、上海等多家卷烟厂推广淀粉搭口胶，当时的产品形态为白色粉剂，需要在卷接包现场加水搅拌，即配即用，卷接速度达到 4000 多支/min，超过则跑条停机。由于使用麻烦，设备作业效率低，卷烟企业普遍不愿使用。2006 年，该公司对淀粉胶进行了改进，由粉剂改为液体，解决了使用方便性问题，但卷制速度仍未能提高。2011 年，汉高公司又在上海卷烟厂进行了淀粉搭口胶上机试验，但性能仍停留在原来水平，未进入实质性应用环节。

国内淀粉卷烟胶研究较少，原颐中烟草（集团）公司 2004 年曾委托青岛科技大学开展烟用淀粉搭口胶研发，经过两年研究，实验室样品在 Protos70 卷接机组上达到 4000 多支/min，卷制速度未能得到进一步提高，也没有解决放置稳定性问题。另外，中国科技大学、昆明理工大学也有淀粉搭口胶的相关文献报道，但是其文献基本上只是笼统介绍制备的淀粉胶性能，很少提及上机试验情况，可能是没有进行上机试验或上机试验效果不理想，也未见有产品应用方面的实例。

相对于常用的 VAE 乳液为代表的化学胶黏剂，淀粉胶有以下几方面的优势。

（1）VAE 乳液中不可避免地会存在少量醋酸乙烯酯残留单体。乙烯与醋酸乙烯酯聚合反应的起始阶段速度较快，随着聚合反应进行两种聚合单体的浓度大幅度降低，后期的聚合反应非常缓慢，提高反应完全度需要耗费大量时间，制约生产效率。一般而言，反应达到 99.9% 已属非常完全，但据此计算仍有约 500mg/kg 的醋酸乙烯酯残留。醋酸乙烯酯一方面有一定毒性，另一方面残留过高影响卷烟感官质量。

（2）为改善铺展性、降低玻璃化温度和最低成膜温度，VAE 乳液可能会

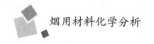

使用增塑剂，如使用我国已明令禁止使用 17 种邻苯二甲酸酯类增塑剂，则会存在安全隐患。

（3）搭口胶参与卷烟燃烧，就燃烧裂解产物而言，淀粉胶比化学胶裂解产物更接近于烟丝本身的燃烧释放物，因此感官上有较大优势。

1. 淀粉胶主要原料

淀粉及改性淀粉是淀粉胶的主要原料。淀粉是一种多糖类天然高分子，来源于植物，属于可再生资源，在自然界中分布广泛。淀粉种类很多，按照来源可分为薯类淀粉（如红薯、木薯、马铃薯淀粉等）、禾谷类淀粉（如玉米、大米、小麦淀粉等）、豆类淀粉（绿豆、豌豆、赤豆淀粉等）等。随着现代工业的快速发展，原淀粉的天然品质已逐渐不能满足许多工业领域的使用要求。为此，在淀粉固有特性基础上，人们利用各种物理、化学和生物学手段对其进行修饰，通过分子切断、重排、氧化或在淀粉分子中引入新的取代基团，使其更能适合一定的应用要求，这种经过二次加工，改变了性质的产品统称为改性淀粉。

目前国内主流卷烟机车速基本在 7000 支/min 左右，以此卷烟速度计算，烟条的卷出速度约为 $500\sim600m/min$，也就是说从胶涂在卷烟纸上到烟条出来之间的时间小于 0.1s，干燥时间只有不到 0.1s，否则卷烟机就会出现"跑条"现象而停止工作。因此，这就要求淀粉卷烟胶具有优异的初黏力、黏结性能及快干性。此外，由于淀粉存在着老化（回升）作用，会引起胶液黏度的升高及胶液分层等问题，因此这就要求淀粉卷烟胶具有良好的抗老化性能及流变性能。基于此，必须采用多种改性手段对淀粉进行复合改性，才能制备得到具有良好上机适用性、稳定性和安全性的淀粉卷烟胶。烟用淀粉胶使用的改性淀粉主要有以下几种。

（1）糊精　糊精包括麦芽糊精、环状糊精和热解糊精三大类，通常指的是热解糊精。热解糊精又分为白糊精、黄糊精和英国胶三种。白糊精是加酸于淀粉中低温（约130℃）加热制备而成，颜色呈白色；黄糊精是加酸于淀粉中高温（约170℃）加热制备而成，颜色呈黄色；英国胶是淀粉不加酸直接高温（约220℃）加热制备而成，颜色为棕色。

（2）酸变性淀粉　是指在糊化温度以下，用无机酸处理而成，称之为酸变性淀粉。

（3）氧化淀粉　淀粉在酸、碱、中性介质中与氧化剂作用，氧化所得的产品称为氧化淀粉。常用的氧化剂包括次氯酸钠、双氧水、高锰酸钾、高碘酸钠等。

（4）交联淀粉　淀粉在碱性条件下与交联剂作用制备而成的产品称为交联淀粉，常用的交联剂包括三氯氧磷、三偏磷酸钠、己二酸、六偏磷酸盐等。

（5）酯化淀粉　是指淀粉分子中的羟基被无机酸或有机酸酯化而得到的产品，包括淀粉无机酸酯和淀粉有机酸酯两大类，常见的酯化淀粉有磷酸酯淀粉、醋酸酯淀粉、黄原酸酯淀粉、烯基琥珀酸酯淀粉、脂肪酸酯淀粉等。

（6）醚化淀粉　是指淀粉分子中的羟基与反应活性物质反应生产的淀粉取代基醚，包括羟烷基淀粉（羟乙基淀粉、羟丙基淀粉）、羧甲基淀粉、阳离子淀粉等。

（7）预糊化淀粉　是指淀粉事先经过糊化并干燥粉碎的产品，称为预糊化淀粉。其应用时只要用冷水调成糊，免除了加热糊化的麻烦。

（8）接枝淀粉　是指淀粉经物理或化学方法引发，与丙烯腈、丙烯酰胺、丙烯酸、乙酸乙烯、甲基丙烯酸甲酯、苯乙烯等单体进行接枝共聚反应，形成接枝共聚淀粉。

2. 淀粉胶生产工艺

稻谷、小麦、玉米、马铃薯等农产品中含有大量的淀粉，这些淀粉通过物理、化学方法，又可加工成可溶淀粉、糊精、羟乙醚淀粉等多种形式。因此，根据不同的用途要求，以不同的淀粉为基料，配合相应的添加剂，可制成黏度、固含量、颜色、机械性能各异的淀粉胶。

淀粉胶黏剂是利用淀粉糊化或淀粉衍生物制成的黏合剂。工业用淀粉胶通常以玉米为原料，将玉米淀粉在水中分散，然后加热或添加少量的苛性钠使淀粉糊化，再加水稀释，就制成普通玉米淀粉胶。实际配制淀粉胶时，常加入淀粉质量的 0.2%~2% 的硼砂，起防霉、交联、增韧的作用，还可提高耐水性和耐霉菌性，有的加入 0.5%~3% 的甲醛或苯酚作防腐剂；有的加入甘油、乙二醇等作增塑剂。为了进一步提高淀粉胶的实用性，也可以用聚乙烯醇、脲醛树脂、间苯二酚-甲醛树脂（见酚醛树脂）或异氰酸酯来改性。

淀粉胶黏剂典型生产工艺如下：

（1）在反应釜中加入水，再加淀粉搅拌均匀；

（2）将增强剂加入反应釜中搅拌均匀；

（3）将双氧水或高锰酸钾或次氯酸钠加入反应釜中搅拌 5~30min；

（4）将烧碱用 3~5 倍冷水溶解，加入反应釜中，搅拌 20~60min；

（5）将硼砂用 5~10 倍开水溶解加入反应釜中，搅拌 3~5min；

（6）最后加入适量消泡剂搅拌 2~3min 即成。

淀粉胶黏剂典型配方之一如表 1-30 所示。

表 1-30　　　　　　　　　　典型淀粉胶配方

名称	配方（质量比）	名称	配方（质量比）
水	1000	增强剂	12
淀粉	200	硼砂	7.5
烧碱	24	消泡剂	适量
双氧水（或高锰酸钾）	7~10（3.5~4）		

3. 淀粉相关产品标准

目前已发布淀粉相关标准共计 15 项，具体见表 1-31。

表 1-31　　　　　　　　部分改性淀粉作为食品添加剂的要求

序号	标准号		标准名称
1	GB 2713—2015	食品安全国家标准	淀粉制品
2	GB 28303—2012	食品安全国家标准	食品添加剂辛烯基琥珀酸淀粉钠
3	GB 29925—2013	食品安全国家标准	食品添加剂醋酸酯淀粉
4	GB 29926—2013	食品安全国家标准	食品添加剂磷酸酯双淀粉
5	GB 29927—2013	食品安全国家标准	食品添加剂氧化淀粉
6	GB 29928—2013	食品安全国家标准	食品添加剂酸处理淀粉
7	GB 29929—2013	食品安全国家标准	食品添加剂乙酰化二淀粉磷酸酯
8	GB 29930—2013	食品安全国家标准	食品添加剂羟丙基淀粉
9	GB 29931—2013	食品安全国家标准	食品添加剂羟丙基二淀粉磷酸酯
10	GB 29932—2013	食品安全国家标准	食品添加剂乙酰化双淀粉己二酸酯
11	GB 29933—2013	食品安全国家标准	食品添加剂氧化羟丙基淀粉
12	GB 29934—2013	食品安全国家标准	食品添加剂辛烯基琥珀酸铝淀粉

续表

序号	标准号	标准名称
13	GB 29935—2013	食品安全国家标准 食品添加剂磷酸化二淀粉磷酸酯
14	GB 29936—2013	食品安全国家标准 食品添加剂淀粉磷酸酯钠
15	GB 29937—2013	食品安全国家标准 食品添加剂羧甲基淀粉钠

部分与淀粉胶黏剂相关的淀粉添加剂标准及具体要求见表1-32。

表 1-32   部分改性淀粉作为食品添加剂的要求

处理方式	相关标准	具体要求
酸解	《GB 29928—2013 食品安全国家标准 食品添加剂酸处理淀粉》	酸处理试剂种类：盐酸、正磷酸或硫酸。安全指标如下： （1）总砷（以 As 计）/（mg/kg）≤0.5； （2）铅（Pb）/（mg/kg）≤1.0； （3）二氧化硫/（mg/kg）≤30
氧化	《GB 29927—2013 食品安全国家标准 食品添加剂氧化淀粉》	氧化剂种类与用量：次氯酸钠，有效氯含量不超过淀粉干基的质量分数5.5%。安全指标如下： （1）总砷（以 As 计）/（mg/kg）≤0.5； （2）铅（Pb）/（mg/kg）≤1.0； （3）二氧化硫/（mg/kg）≤30； （4）羧基/（g/100g）≤1.1
醋酸酯化	《GB 29925—2013 食品安全国家标准 食品添加剂醋酸酯淀粉》	酯化剂种类与用量：乙酸酐，不超过淀粉干基质量分数的8.0%；或乙酸乙烯酯，不超过淀粉干基质量分数的7.5%。安全指标如下： （1）总砷（以 As 计）/（mg/kg）≤0.5； （2）铅（Pb）/（mg/kg）≤1.0； （3）二氧化硫/（mg/kg）≤30； （4）乙酰基/%（质量分数）≤2.5； （5）乙酸乙烯酯残留（仅限于乙酸乙烯酯作为酯化剂）/（mg/kg）≤0.1
磷酸酯化	《GB 29926—2013 食品安全国家标准 食品添加剂磷酸酯双淀粉》	酯化剂种类与用量：三偏磷酸钠或三氯氧磷。安全指标如下： （1）总砷（以 As 计）/（mg/kg）≤0.5； （2）铅（Pb）/（mg/kg）≤1.0； （3）二氧化硫/（mg/kg）≤30； （4）残留磷酸盐，（以 P 计）%，马铃薯或小麦淀粉为原料≤0.5；其他原料≤0.4

从食品行业多个改性淀粉标准来看，均是强制性的食品安全国家标准，有以下几个特点：（1）不同的改性淀粉标准，对所采用的改性试剂有明确的要求，如《GB 29928—2013 食品安全国家标准　食品添加剂酸处理淀粉》对允许使用的酸处理试剂进行了规定，仅可以使用盐酸、正磷酸或硫酸；（2）不同的改性淀粉标准，有较多共性指标，如砷、铅、二氧化硫等，另外不同的改性方式会存在一些个性化指标，如磷酸酯化改性（GB 29926—2013）会提出残留磷酸的要求，醋酸酯化改性（GB 29925—2013）会提出乙酰基和乙酸乙烯酯的要求。

《GB 2713—2015 食品安全国家标准　淀粉制品》是淀粉制品的强制性国家标准，偏重于食品。标准中对淀粉制品定义为以薯类、豆类、谷类等植物中的一种或几种制成的食用淀粉为原料，经和浆、成型、干燥（或不干燥）等工艺加工制成的产品，如粉条、粉丝、粉皮、凉粉等，具体要求见表1-33。

表1-33　　《GB 2713—2015 食品安全国家标准　淀粉制品》要求

指标	要求
污染物限量	符合《GB 2762—2012 食品安全国家标准　食品中污染物限量》规定：铅、镉、砷、锡、镍、铬、亚硝酸盐、硝酸盐、苯并［a］芘、N-二甲基亚硝胺、多氯联苯、3-氯-1，2-丙二醇
致病菌限量	符合《GB 29921—2013 食品安全国家标准　食品中致病菌限量》规定： （1）沙门菌　一批抽取5个样品，均不得检出； （2）金黄色葡萄球菌　一批抽5个样品，允许1个样品检出 $100\sim1000$ CFU/g
微生物限量	（1）菌落总数　一批抽取5个样品，允许2个样品检出 $10^5\sim10^6$ CFU/g； （2）大肠菌群　一批抽取5个样品，允许2个样品检出 $20\sim100$ CFU/g

综上所述，虽然行业内无论是卷烟纸搭口还是接装纸接装过程很少使用淀粉胶，但若干研究表明淀粉胶应该说是比较有前景的产品，在影响卷烟感官方面比水基胶这类化学胶要小，甚至会带来某些正面的感官影响。另外，在有害成分释放方面也优于水基胶这类化学胶，但淀粉胶需要解决的问题是

质量稳定性、上机的制造稳定性，今后的研究也应集中于梳理出淀粉胶本身的关键性理化指标，以及影响上机表现的关键性理化指标，发现关键控制指标从而加以控制，可能会改善淀粉胶的质量波动以及上机表现的波动。在淀粉胶的安全性方面，欧盟、美国和我国均许可淀粉及改性淀粉用于食品、食品包装材料，国际烟草界最具权威的德国烟草法令许可改性淀粉用于卷烟生产。因此，淀粉胶黏剂的安全性得到了广泛国际认可，可能是今后烟用胶黏剂的发展方向。

第十二节　烟用三乙酸甘油酯

一、定义

根据《GB/T 18771.3—2015 烟草术语　第 3 部分：烟用材料》[1]，烟用三乙酸甘油酯相关定义如下：

烟用三乙酸甘油酯（glycerol triacetate for cigarette）——是由丙三醇与乙酸或乙酸酐在酸催化作用下经酯化制得的无色、无味油状黏稠液体。

二、产品简介

三乙酸甘油酯是由丙三醇（甘油）与乙酸（醋酸）或乙酸酐（醋酸酐）在酸性催化剂作用下经酯化反应制得的无色、无嗅、油状黏稠液体（结构式见图 1-13）。味苦，微溶于水，25 ℃时，在水中的溶解度为 70g/L。三乙酸甘油酯能溶解于醇、醚、苯、三氯甲烷、低级脂肪酸酯和蓖麻油，但不溶于正己烷、正庚烷等直链烷烃，也不溶于亚麻仁油。

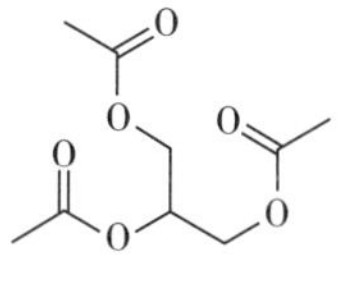

图 1-13　三乙酸甘油酯结构式

1. 基本信息

中文名称：三乙酸甘油酯；

别名：丙三醇三乙酸、三醋酸甘油酯、甘油三乙酸酯、三醋精；

英文名称：Triacetin、Glycerol triacetate；

相对分子质量：218.20；

分子式：$C_9H_{14}O_6$；

结构简式：$(CH_3COOCH_2)_2CHOOCCH_3$；

美国化学物质登录号（CAS 编号）：102-76-1；

美国食用香料制造者协会（FEMA 编号）：2007；

欧洲化学品登记号（EC 编号）：203-051-9；

GB 2760—2014 编号：附录表 B.3《允许使用的食品用人造香料名单》中的编码为 A3050。

三乙酸甘油酯遇水会发生皂化反应（即酯化反应的可逆反应），生成二乙酸甘油酯、单乙酸甘油酯、甘油、乙酸，反应程度取决于水量、反应时间和反应温度，且在酸、碱催化剂、高温或其他杂质存在的情况下，反应速度会大大加快。皂化反应过程如图 1-14 所示。

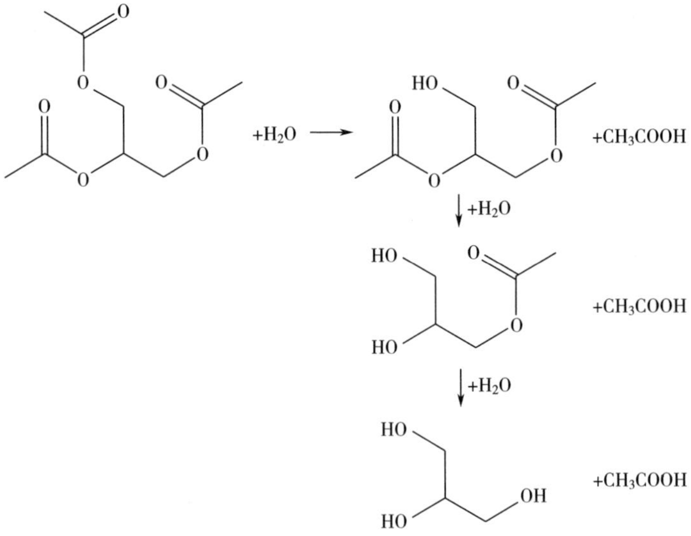

图 1-14　三乙酸甘油酯的皂化反应

因此，三乙酸甘油酯成品中含有的少量单乙酸甘油酯、二乙酸甘油酯有两个来源，一是合成过程中的酯化反应不完全，另一个重要来源是合成的三乙酸甘油酯的皂化分解过程。

2. 用途

（1）可用作醋酸纤维、硝酸纤维等材料的增塑剂和溶剂，对天然橡胶和合成橡胶也有一定的增塑作用，并且不影响硫化操作，也可用作纤维素树脂和乙烯基共聚物的增塑剂。

（2）在食品行业，三醋酸甘油酯毒性低，可用于蔬菜、水果、动物胶和合成胶的温和杀菌剂，由于三乙酸甘油酯有良好的固水性能，常用作糕点的保湿剂。

（3）在香精香料行业，三乙酸甘油酯用作香精香料的溶剂、固定剂（定香剂）。

（4）在分析测试方面，可用于测定脂酶的底物，也可用于气相色谱固定液（最高使用温度85℃，溶剂为甲醇、氯仿），分离分析气体和醛。

（5）在药物工业中可用作溶剂和携带剂，也可用作胶囊丸和药片糖衣的增塑剂和黏结剂。

（6）在铸造行业，三乙酸甘油酯用作水玻璃型砂和碱性酚醛树脂型砂的自硬化剂。

3. 烟草行业的应用

三乙酸甘油酯在烟草行业中最大的应用是作为滤棒增塑剂，用于醋纤滤棒成型过程中的增塑固化，目的是增加滤棒硬度，改善滤棒成型加工性能，使醋纤滤棒具有良好的弹性、透气性和合适的硬度，从而满足卷烟接装生产工艺的需要。

三乙酸甘油酯是通过相似相溶的原理而起到增塑和固化的作用，即滤棒成型过程中在醋酸纤维丝束上施加适量的三乙酸甘油酯，会使醋酸纤维丝束部分溶解，溶解的丝束之间互相黏结，出现成团的现象。醋酸纤维成团后，各纤维丝束之间部分黏结起来，不仅增加了滤棒的硬度，而且滤棒丝束间形成了错综复杂的立体空间结构，增大了烟气粒相物与丝束间的碰撞概率，这就增大了烟气通过的阻力，从而提高了醋酸纤维滤棒的过滤效率。

具体到工艺过程，当三乙酸甘油酯通过高速旋转的毛刷作用后，形成雾状小液滴施加到纤维上。三乙酸甘油酯首先软化纤维表面，并且缓慢向纤维内部渗透，不能及时渗透的三乙酸甘油酯或多或少会在纤维表面形成一定的黏性流层，并逐步扩散到纤维的其他区域。成型纸包裹时，单丝表面的三乙酸甘油酯相互黏合在一起，形成黏结点，同时随着三乙酸甘油酯进一步的渗透,单丝表面开始固化,滤棒内千千万万个结点固化,会使滤棒的硬度得到明显提高。一般来说 2h 后滤棒可以有比较大的硬度提升,4h 后滤棒硬度达到稳定状态。

4. 生产工艺

三乙酸甘油酯的生产工艺有很多种,常用的工艺流程见图 1-15。该三乙酸甘油酯生产工艺是以丙三醇(甘油)和乙酸(或乙酸酐)在酸性催化剂作用下,加热并用脱水剂带走生成的水,得到半成品,再经乙酸酐深度酯化得到粗成品,并经脱酸、脱色、精制而成。

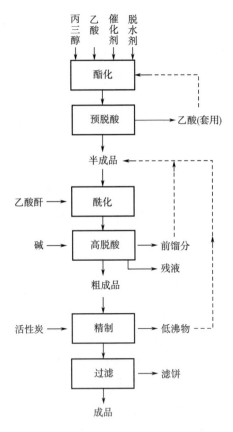

图 1-15   三乙酸甘油酯生产流程示例

三、产品标准

三乙酸甘油酯属于精细化工产品,不属于烟草行业特用产品,在食品行业领域常用作食品添加剂，因此国内外食品相关法规、标准均提出了相关产品标准。比较有代表性的有国际食品添加剂法典（1996）、欧盟指令2000/63/EC（2000）、美国食品化学法典（第五版，2004）以及国标《GB 29938—2013 食品安全国家标准 食品用香料通则》，对其技术指标进行梳理，统计见表1-34。

表 1-34 三乙酸甘油酯国内外食品法规、标准要求

	国际食品添加剂法典	欧盟指令食品添加剂 E1518	美国食品化学品法典	GB 29938—2013
外观	无色油状液体、有微弱脂肪气味	无色油状液体、有微弱脂肪气味	无色油状液体	
三乙酸甘油酯含量/%	≥98.5	≥98.0	≥98.5	≥98.5
酸度（以乙酸计）/%	有测定方法，没指标要求			
水分/%	≤1.0	≤0.2	≤0.2	
密度/（g/cm³）	1.154~1.158（ρ_{25}）			
折射率	1.429~1.431（n_D^{25}）			
砷（As）含量/（mg/kg）	≤3.0			≤3.0
铅（Pb）含量/（mg/kg）	≤2.0	≤5.0	≤1.0	≤10.0
沸程/℃	258~270			
灰分/%	≤0.02	≤0.02		
用途	保润剂、溶剂	添加剂（如口香糖）	保润剂、溶剂	食品用香料

《YC 144—2008 烟用三乙酸甘油酯》是烟草行业关于烟用三乙酸甘油酯颁布的首个强制性标准，随着2015年3月国务院发布《深化标准化工作改革方案》（国发［2015］13号），标准化改革正式启动。6月份，国家烟草专卖局发出《关于开展烟草类国家及行业标准清理工作的通知》（国烟办综［2015］260号），文件要求取消强制性行业标准类别，对确有必要的强制性行业标准，结合行业管理实际整合上升为强制性国家标准或转化为总公司企业标准。清理原则第4条指出"推荐性行业标准重点为本行业领域的重要产

品、工程技术、服务和行业管理标准，并且确有行业的共性要求，否则，交由企业自主制定相应标准。"值此大背景下，新版产品标准的修订工作正式启动，行业也于 2017 年发布了第二版烟用三乙酸甘油酯产品标准，即《YC/T 144—2017 烟用三乙酸甘油酯》。与 2008 版相比，最大的变化在于将强制性标准修改成为了推荐性行业标准，其他变化包括修改了术语定义和抽样细节，删除了检验规则和附录 A、附录 B，增添了附录 A～附录 F，分别对应三乙酸甘油酯含量、酸度、水分、色度、密度和折光指数共六个测试方法。

新版标准具体要求如下。

（1）外观　烟用三乙酸甘油酯为无色、无嗅、油状液体，不含机械杂质。

（2）技术指标　烟用三乙酸甘油酯的技术指标应符合表 1-35 规定。

表 1-35　　　　　　　　　烟用三乙酸甘油酯技术指标

项目	单位	指标
三乙酸甘油酯含量	%	≥99.0
酸度（以乙酸计）	%	≤0.010
水分	%	≤0.050
色度	Hazen 单位（Pt-Co 色号）	≤15
密度（ρ_{20}）	g/cm^3	1.154～1.164
折射率（n_D^{20}）	—	1.430～1.435
砷含量（以 As 计）	mg/kg	≤1.0
铅含量（以 Pb 计）	mg/kg	≤5.0

对比《YC/T 144—2017 烟用三乙酸甘油酯》和国内外食品相关法规、标准的要求发现，国内外食品行业对三乙酸甘油酯的产品标准几乎一致，一般没有色度要求，密度和折射率一般是 25℃条件下的测量值，三乙酸甘油酯含量、酸度、水分的要求与烟草行业标准 YC/T 144—2017 一致。

四、产品检验

（1）外观　采用目测、鼻嗅。

（2）三乙酸甘油酯含量　按《YC/T 144—2017 烟用三乙酸甘油酯》附录 A 的规定进行测试。

（3）酸度　按《YC/T 144—2017 烟用三乙酸甘油酯》附录 B 的规定进行测试。

（4）水分　按《YC/T 144—2017 烟用三乙酸甘油酯》附录 C 或 YC/T 539[52]的规定进行测试。当有多项指标需要检测时，应先检测水分。以《YC/T 144—2017 烟用三乙酸甘油酯》附录 C 方法为仲裁方法。

（5）色度　按《YC/T 144—2017 烟用三乙酸甘油酯》附录 D 的规定进行测试。

（6）密度　按《YC/T 144—2017 烟用三乙酸甘油酯》附录 E 的规定进行测试。

（7）折射率　按《YC/T 144—2017 烟用三乙酸甘油酯》附录 F 的规定进行测试。

（8）砷含量　按 GB 5009.76—2014[53]或 YC/T 316—2014[21]的规定进行测试。以 GB 5009.76—2014[53]为仲裁方法。

（9）铅含量　按 GB 5009.75—2014[54]或 YC/T 316—2014[21]的规定进行测试。以 GB 5009.75—2014[54]为仲裁方法。

第十三节　香精香料

一、定义

根据《GB/T 18771.3—2015 烟草术语　第 3 部分：烟用材料》[1]，香精香料相关定义如下：

烟草添加剂（tobacco additive）——在烟草制品加工过程中用于改善烟草理化性能且符合安全卫生使用标准的物质。

主要有烟用香料、烟用香精。

香料（fragrance）——具有一定香味或香气的物质。

包括用不同方法制取的天然香料、人工制备的合成香料以及反应香料等。

香料应同时具备下列条件：（1）具有一定的香气或香味质量；（2）符合一定的安全卫生标准；（3）具有一定的理化指标；（4）对相应的加香基质有较好的适应性与稳定性。

烟用香料（tobacco fragrance）——单独或经调配成香精后添加于烟草及

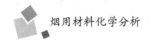

烟草制品的香料。

香精（flavor）——用两种或两种以上香料和某些辅料按照一定的配比和调配工艺制成的香料混合物。

主要由顶香、体香和基香三种类型的香料组成。

香精应具备以下条件：（1）具有一定的香型或香气、香味特征；（2）具有一定的香料和辅料的配比和调配工艺；（3）符合一定的安全卫生标准；（4）具有一定的理化指标；（5）对加香工艺和加香基质有较好的适应性与稳定性。

烟用香精（tobacco flavor）——用两种或两种以上香料、适量溶剂和其他成分调配而成的，在烟草制品加工过程中起增强或修饰烟草制品风格、改善烟草制品品质等作用的混合物。

二、产品简介

从以上定义可以看出，烟用香精香料属于烟草添加剂的概念范畴，烟草添加剂中的大部分成分为香精香料，烟草添加剂的范围更大一些。烟用香料香精添加于烟草制品加工过程中，主要起增强或修饰烟草制品风格以及改善烟草制品品质的作用。

不同的烟草制品所使用的香精香料是有差异的，如雪茄烟、卷烟所用香精不同，卷烟用香精又包括了烤烟型、混合型、东方型、外香型等多种品类。就卷烟而言，卷烟加工所用的香精主要分为两种，即加料香精和加香香精，也称料香和表香。在生产工艺上香精的添加的不管是加料还是加香均在制丝阶段完成，加料在前，加香是制丝最后一道工序。卷烟加工添加的香料较多，酊剂、浸膏、精油等天然香料还有很多合成香料都有涉及，主要以卷烟的感官风格特征为目标，配合烟叶配方对香精香料进行有针对性地选择。

料香主要是为了提高香烟的燃烧和保润性能，改善吸味，还有防霉的功能。一般来说加料往往是一些糖类物质，如白糖、红糖、蜂蜜、葡萄糖、果汁提取物等；或者是一些调节烟叶 pH 的有机酸，如柠檬酸、苯甲酸、酒石酸等。料香的作用主要是让其与烟草中原有的物质在焙炒过程中进一步发生美拉德反应［又称为非酶棕色化反应，是羰基化合物（还原糖类）和氨基化合物（氨基酸和蛋白质）间的反应，经过复杂的历程最终生成棕色甚至是黑色的大分子物质，所以又称羰氨反应］，使烟香更突出，杂气刺激减少。

表香顾名思义就是为了改善卷烟的嗅香，塑造卷烟的风格特征。表香多为挥发性物质，所用到的香精香料有天然的，也有合成的。常用的天然香精香料为香料植物的精油或提取物，如桂叶油、玫瑰油、丁香油等都是常用的植物精油。合成的香精香料常用如乙酸乙酯、乙酸异戊酯、苯乙酸、乙酸、突厥烯酮、香兰素等单体香料。

总而言之，加料和加香相互搭配，与配方烟叶共同构成了卷烟风格特征。

三、产品标准

20 世纪 90 年代中后期，国内卷烟市场规模和技术水平都有了很大的进步，随之而来的就是带动了烟用材料企业、香精香料企业的快速发展。而香精香料企业大小不一，质量水平参差不起，因此，为了保证烟草制品质量，规范烟用香精市场流通秩序，1998 年国家烟草专卖局颁发了《烟用香料香精定点供应企业暂行管理办法》，对行业内外的烟用香料香精企业进行定点管理。另一方面，针对香精香料检测方面方法不统一，为此，烟草行业颁布了 YC/T 145.1~9 九个系列标准，使得检测方法在行业层面得到了统一。此后不断完善，又相继颁布了《YC/T 164—2003 烟用香精和料液》《YC/T 164—2012 烟用香精》及《YC 292—2009 烟草添加剂枣子提取物》等产品标准，具体见表 1-36。

表 1-36　　　　　　烟用香料香精及添加剂相关标准

序号	标准编号	标准名称
1	QB/T 1506—2012	烟用香精
2	YC/T 145.2—2012	烟用香精相对密度的测定
3	YC/T 145.3—2012	烟用香精折光指数的测定
4	YC/T 145.4—1998	烟用香精乙醇中溶混度的评估
5	YC/T 145.5—1998	烟用香精澄清度的评估
6	YC/T 145.6—1998	烟用香精香气质量通用评定方法
7	YC/T 145.7—1998	烟用香精标准样品的确定和保存
8	YC/T 145.8—1998	烟用香精香味质量通用评定方法
9	YC/T 145.10—2003	烟用香精抽样
10	YC/T 164—2012	烟用香精
11	YC/T 242—2008	烟用香精乙醇、1.2-丙二醇、丙三醇含量测定气相色谱法

续表

序号	标准编号	标准名称
12	YC/T 252—2008	烟用料液葡萄糖、果糖、蔗糖的测定离子色谱法
13	YC 292—2009	烟草添加剂枣子提取物
14	YC/T 293—2009	烟用香精和料液中汞的测定 冷原子吸收光谱法
15	YC/T 294—2009	烟用香精和料液中砷、铅、镉、铬、镍的测定石墨炉原子吸收光谱法

《YC/T 164—2003 烟用香精和料液》是第一版关于香精香料的产品标准，对烟用香精香料的质量作出了明确的要求，主要包括以下几个方面：

①规定了烟用香精的否决性质量指标，即香气质量、香味质量、溶混度、砷限量、铅限量共5项。

②明确了烟用香精的允差性质量指标，即相对密度、折光指数、酸值、挥发性成分总量共4项。这4项指标对应有设计值，所生产产品应在标准规定的允差范围之内。

③对烟用香精产品的包装标识、使用说明书进行了规定。

④对烟用香精的检验结果的判定进行了规定。

2012年，行业发布了第二版香精香料产品标准《YC/T 164—2012 烟用香精》，将标准名称修改为《烟用香精》，主要变化如下：

①明确了标准的适用范围，烟用香料可参考该标准执行；

②修改了烟用香精的英文表述和定义；

③删除了料液的定义；

④增加了对原料的要求；增加了外观要求的规定；

⑤对烟用香精的包装、标志、运输和贮存的具体要求进行修改和补充；

⑥增加了检验分类的规定；增加了复检规则的规定。

标准具体要求如下：

（1）原料要求　烟用香精所使用的原料应符合国家和烟草行业的相关规定。

（2）重金属限量　重金属（以 Pb 计）≤10.0mg/kg；砷（以 As 计）≤3.0mg/kg。

（3）感官　外观、溶混度、香气质量、香味质量四项指标均要求符合同一型号的标准样品。

（4）理化指标　烟用香精的理化指标应符合表1-37规定。

表1-37　　　　　　　　　　烟用香精技术指标

项目	单位	技术要求及允差
相对密度（d_{20}^{20}）	—	加香香精 $d_{标样20}^{20}$ ±0.0070
		加料香精 $d_{标样20}^{20}$ ±0.0080
折光指数（n_D^{20}）	—	加香香精 $n_{D标样}^{20}$ ±0.0040
		加料香精 $n_{D标样}^{20}$ ±0.0080
酸值（A.V.）	—	A.V. >20时，A.V.$_{标样}$ ±10%×A.V.$_{标样}$；
		A.V. ≤20时，A.V.$_{标样}$ ±2.0
挥发性成分总量	%	加香香精 $H_{标样}$ ±3.0
		加料香精 $H_{标样}$ ±5.0

四、产品检验

（1）标准样品　按照 YC/T 145.7—1995[55] 的规定进行测试。

（2）酸值　按照 YC/T 145.1—2012[56] 的规定进行测试。

（3）相对密度　按照 YC/T 145.2—2012[57] 的规定进行测试。

（4）折光指数　按照 YC/T 145.3—2012[58] 的规定进行测试。

（5）溶混度　按照 YC/T 145.4—1998[59] 的规定进行测试。

（6）澄消度　按照 YC/T 145.5—1998[60] 的规定进行测试。

（7）香气质量　YC/T 145.6—1998[61] 的规定进行测试。

（8）香味质量　按照 YC/T 145.8—1998[62] 的规定进行测试。

（9）挥发性成分总量　按照 YC/T 145.9—1998[63] 的规定进行测试。

（10）重金属（以 Pb 计）　按照 GB/T 5009.74—2014[64] 的规定进行测试。

（11）砷（以 As 计）　按照 GB/T 5009.76—2014[53] 的规定进行测试。

第十四节　烟用丝束

一、定义

根据《GB/T 18771.3—2015 烟草术语　第3部分：烟用材料》[1]，烟用

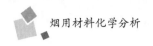

丝束相关定义如下：

烟用丝束（filter tow）——用于加工烟用滤棒，由大量连续长丝集束并卷曲而成的长条带状纤维束。

注：主要有二醋酸纤维素丝束和聚丙烯丝束等。

二醋酸纤维素丝束（cellulose acetate tow）——以天然高分子纤维素二醋酸酯为原料加工制成的丝束。

聚丙烯丝束（polypropylene tow）——以聚丙烯树脂为原料加工制成的丝束。

二、产品简介

（一）烟用二醋酸纤维素丝束

二醋酸纤维素丝束是以天然木浆为原料，经乙酸酰基化反应形成二醋酸纤维素片，通过溶解、过滤、纺丝、卷曲、干燥等生产工艺加工而成的带状纤维束。二醋酸纤维素丝束属于再生纤维素纤维，具有无毒、无味、热稳定性好、截率效率高、不易燃烧、吸湿、吸附性好等特点。二醋酸纤维素丝束的截面形状为"Y"形，纤维的比表面积较大，对卷烟烟气中的有害成分具有较好的吸附与截留作用。

由于目前二醋酸纤维素丝束的生产成本还较高，因此其使用成本也较高，并且鉴于其对香烟中焦油及亚硝胺等有害成分的有效过滤作用，二醋酸纤维素丝束主要应用于香烟滤嘴，约占全部市场需求的54.7%。尽管二醋酸纤维素丝束在医用过滤器材领域也有重要的应用，但是还面临着来自其他同类作用产品的市场竞争，这也使得其在医用过滤器材领域的应用需求规模并不是很大，约占总需求的18.7%。二醋酸纤维素丝束具有柔软丝滑的特性，近年来受到高级服装领域的广泛关注，应用需求也在快速增长，约占总需求的26.6%。

醋酸纤维素分子式 $[C_6H_7O_2(OCOCH_3)_x(OH)_{3-x}]_n$，二醋酸纤维素丝束的乙酰基含量为35%~42%，生产烟用丝束用的二醋片的乙酰基含量则控制在39.3%~40.0%。

1. 发展历程

目前国际上生产醋纤丝束的公司主要有伊斯曼公司（Eastman）、赛拉尼斯（Celanese）公司、罗地亚（Rhodia）公司、大赛璐（Daicel）化学工业株式会社、三菱（Mitsubishi Rayon）化学工业株式会社以及韩国的SK化学品公司，国内则主要是由中国烟草总公司与赛拉尼斯公司合办的南通醋酸纤维有限公司、昆明醋酸纤维有限公司和珠海醋酸纤维有限公司三家公司，这些公司的总产量占世界总生产量的95%左右。

1989年以前，我国烟用二醋酸纤维素丝束全部由国外进口，由于当时卷烟接嘴率的迅猛增长，醋纤丝束成为短缺的卷烟物资。1987年3月，南通醋酸纤维有限公司成立，1990年5建成投产，南纤公司是国内生产出合格烟用丝束的第一家醋纤企业，目前的产能达到了10万t。珠海醋酸纤维有限公司成立于1993年5月，公司历经一期建设、二期扩建以及2012年的整体搬迁扩建，新厂已于2018年5月全面投产，目前年丝束产能达到了7万t。昆明醋酸纤维有限公司于1993年5月经原外经贸部批准成立，1994年4月开工建设，1995年年底投产，后经2003年、2005年的两次扩建，目前昆纤公司产能达到了3.5万t。其他公司还有西安大安化学、西安惠大和合肥双维伊斯曼等合资企业。截至目前，国内烟用二醋酸纤维素丝束产量约为28万t。

2. 主要原料

木浆是生产木材烟用二醋酸纤维素丝束的主要原料，上中下游产品线见图1-16。木浆含有大量的纤维素，通常也会含有约30%的半纤维素。二醋酸纤维丝束生产使用的是精制木浆，虽然经过精制后的木浆中含有95%以上的 α-纤维素，但仍不可避免地含量少量的半纤维素。纤维素的化学结构是由D-吡喃葡萄糖酐彼此以 β-苷键连接而成的线形高分子，所以纤维素水解后99%为葡萄糖。半纤维素与纤维素不同，它由不同的糖单元聚合而成，分子链短，并有支链。主链由一种糖单元构成的称均聚糖（如聚木糖类半纤维素），也可由两种或两种以上糖单元构成非均聚糖（如聚葡萄糖-甘露糖类半纤维素等）。所以半纤维素水解得到的糖单体包括D-木糖、D-甘露糖、D-葡萄糖、L-阿拉伯糖、D-半乳糖、4-O-甲基-D-葡萄糖醛酸、D-半乳糖醛酸、D-葡萄糖醛酸，以及少量L-鼠李糖和L-岩藻糖。

通过测定纤维素醋酸酯水解样品中葡萄糖含量，可以推算出产品中纤维素的含量信息；通过测定纤维素醋酸酯水解样品中木糖、甘露糖、阿拉伯糖、半乳糖等还原糖的含量，可以推算出产品中半纤维素的含量信息（图1-17）。进一步可以通过工艺参数，推算出木浆原料的纤维素、半纤维素含量信息。利用这一手段可用于烟用二醋酸纤维素丝束成品中的纤维素、半纤维素含量的监控，当然也可反映出木浆原料的质量状况。

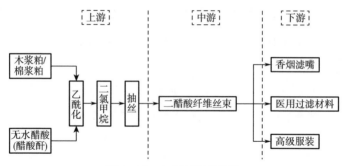

图 1-16　上中下游产品线

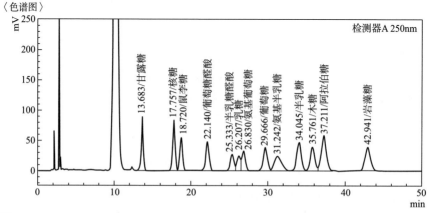

〈峰表〉

检测器 A 250nm

峰号	保留时间/min	化合物名	面积	高度	面积/%
1	13.683	甘露糖	1567401	88323	7.976
2	17.757	核糖	1872554	83437	9.528
3	18.720	鼠李糖	1300807	54993	6.619
4	22.140	葡萄糖醛酸	1343280	47821	6.835
5	25.333	半乳糖醛酸	872258	27217	4.438
6	26.207	乳糖	761384	24252	3.874
7	26.830	氨基葡萄糖	1079931	32379	5.495
8	29.666	葡萄糖	1408041	38909	7.165
9	31.242	氨基半乳糖	1582182	24033	8.051
10	34.045	半乳糖	1865319	46309	9.492
11	35.761	木糖	1606450	38001	8.174
12	37.211	阿拉伯糖	2517290	57440	12.809
13	42.941	岩藻糖	1875565	38077	9.544
总计			19652460	601190	100.000

图 1-17　多种还原糖测试色谱图

3. 生产工艺

生产二醋酸纤维素丝束的主要原材料有天然浆粕、醋酸、醋酐、二氯甲烷等，生产流程包括醋片单元、醋酸回收单元、醋酐单元、丝束单元和丙酮回收单元等。整个生产工艺主要包括二醋片生产工艺和醋纤丝束生产工艺两部分。木浆粕（含 α-纤维素96%以上）原料首先被粉碎碾磨，经乙酸预处理活化，然后以硫酸为催化剂、乙酸作溶剂的条件下与乙酸酐进行酯化反应，经水解、沉析、洗涤和干燥后成为二醋片。二醋片再经过丙酮溶解混合后，通过过滤、纺丝、卷曲、干燥、摆丝等工序，最后打包成为醋纤丝束成品（图 1–18）。

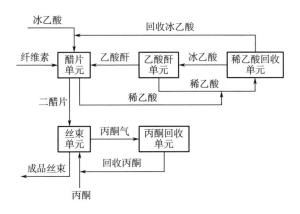

图 1–18　醋纤丝束生产工艺流程

4. 产品规格

丝束规格标号格式一般如 2.4Y/34000，其中 2.4、34000 分别指单丝线密度和丝束总线密度，单位均用旦尼尔表示；Y 指的是单丝截面形状。醋纤丝束产品规格有几十种，单丝旦数覆盖 1.8~6.0，常用的丝束规格见表 1–38，可供企业生产长度 120mm，圆周 24.00~24.50mm，滤棒吸阻 2.5~4.5kPa（250~450mmH$_2$O）的多种规格滤棒。

表 1–38　　　　　　　　　　　　常用丝束规格

序号	丝束规格
1	2.7Y/35000
2	3.0Y/35000

续表

序号	丝束规格
3	3.0Y/35000 II 型
4	3.0Y/37000
5	3.3Y/35000
6	3.3Y/39000
7	3.5Y/35000
8	4.8Y/35000

5. 包装形式

丝束外包装标明制造厂家、制造日期、产品名称、产品规格、丝束毛重、丝束净重、丝束包编号的标识，有防潮和禁用钩挂等说明储、运、装、卸特殊要求的标识。

丝束包内一般有符合食品安全要求的内衬防潮薄膜材料。丝束包多采用高强度双层瓦楞纸板包装，用 PET 带捆扎。丝束包重量：（500±100）kg；丝束包外形尺寸：1280mm×1100mm×（900±100）mm。

（二）烟用聚丙烯纤维丝束

20 世纪 90 年代，随着过滤嘴卷烟市场份额急速增长，国内烟用二醋酸纤维素丝束产能严重不足，因此在这个背景下，制造烟用聚丙烯纤维丝束的技术应运而生，并缓解了二醋酸纤维素丝束短缺的矛盾。

烟用聚丙烯纤维丝束是以聚丙烯为主原料，经熔融纺丝、卷曲等工序，加工制成的单根纤维互相抱合在一起的带状纤维束。聚丙烯纤维丝束的优势在于聚丙烯原料无毒无害，来源广泛且价格低廉。但烟用聚丙烯纤维丝束与烟用二醋酸纤维素丝束相比，存在耐热性差、单丝断裂强度高、吸湿性和相对密度低等缺点，因此，国内多将聚丙烯纤维丝束用于四、五类卷烟。

自 1991 年起，国家烟草专卖局先后印发了《关于加强聚丙烯丝束及滤嘴棒专卖管理的通知》《关于综合治理烟用聚丙烯滤嘴材料和滤棒生产的通知》《烟用聚丙烯加胶滤棒生产安全管理暂行规定》《烟用聚丙烯丝束管理办法（试行）》《关于加强聚丙烯丝束卫生质量管理的通知》《关于加强聚丙烯丝束卫生质量管理的通知》等一系列文件，不断强化对烟用丙纤丝束的管理，并明确规定丙纤丝束滤棒及其使用的胶黏剂、润滑剂等要符合我国食品卫生标准。另外,《GB/T 15270—2001 烟草和烟草制品聚丙烯丝束滤棒》《YC/T 27—2002 烟用聚丙烯纤维丝束》《YC/T 196—2005 烟用聚丙烯丝束滤棒成型胶粘剂标准》等一系列国家标准和行业标准文件当中,也对烟用丙纤丝束滤嘴材料提出了严格的卫生安全要求。

国内卷烟滤嘴材料应用最为广泛的是醋纤丝束,过去是为了解决醋纤丝束产能、产量不足的问题,采用一部分聚丙烯纤维丝束进行卷烟生产,这样也出现了两种丝束共存的局面。随着国产烟用醋纤丝束产量规模的不断增大,产量及卷烟用量也在逐步扩大,而烟用丙纤丝束用量呈逐年递减趋势。2015 年,采用聚丙纤丝束滤棒生产的卷烟,仅占全国卷烟总产量的1.95%。预计在不久的将来,聚丙烯纤维丝束生产的卷烟将会彻底退出卷烟消费市场。

三、产品标准

烟用二醋酸纤维丝束行业标准《YC/T 26 烟用二醋酸纤维丝束》在经历了 1995 版、2002 版和 2008 版后,过渡为目前的《YC/T 26—2017 烟用丝束》,名称也由烟用二醋酸纤维丝束改为了烟用丝束。该标准是将《YC/T 26—2008 烟用二醋酸纤维素丝束》和《YC/T 27—2002 烟用聚丙烯纤维丝束》进行了整合形成的新标准。与之前相比主要变化是,适用范围修改为适用于烟用二醋酸纤维素丝束、烟用聚丙烯纤维丝束。修改了"丝束规格"定义,增加了"丝束标称规格""特种规格"的定义。修改"水分含量"指标为"回潮率"。丝束线密度和单丝线密度指标修改为规格符合性指标。取消无毒、卷曲数、断裂强度、截面形状、油剂含量、二氧化钛含量等要求,以及对应的试验方法。修改了异味、丝束线密度的试验方法。修改了抽样方法,取消了检验规则有关内容。

标准具体要求如下。

(1) 丝束应无异味。

(2) 丝束规格应符合以下要求:

①丝束线密度应在标称丝束线密度的 0.95~1.05 倍范围内。

②单丝线密度应在标称单丝线密度的 0.90~1.16 倍范围内。

(3) 丝束其他技术指标应符合表 1-39 规定。

表 1-39　　　　　　　　　　　烟用丝束技术指标

项目	单位	技术要求	
		醋纤	丙纤
丝束线密度变异系数	%	≤0.60	≤1.2
残余丙酮含量	%	≤0.30	—
回潮率	%	≤8.0	≤0.30

（4）丝束外观应符合以下要求：

①每包丝束接头数不应超过两个，且接头处应有明显标志。

②丝束不应有滴浆、切断、分裂和毛边等缺陷。

③丝束在包内应规则铺放，易于抽出。

④同一批丝束色泽应一致。

（5）特种规格要求和丝束的特殊供货要求由供需双方商定。

四、产品检验

1. 抽样方法

（1）以同一品种、同一规格、同一时期生产的产品为一个检验批。

（2）从检验批中随机抽取三包丝束作为检验样品。

（3）打开三包检验样品，逐包抽取一定量的丝束作为实验室样品，取样部位位于检验包顶部 10cm 以下和底部 10cm 以上之间的区域。三份实验室样品一份用于检测，另外两份用于留样。

（4）每份实验室样品由两部分组成，一部分作为残余丙酮含量和回潮率试样，另一部分作为丝束线密度、单丝线密度试样；制备方法如下。

——残余丙酮含量、回潮率试样制备：分别从取样部位随机抽取约 10m 丝束，迅速放入两个清洁、干燥、不吸油的密闭容器内保存。

——丝束线密度、单丝线密度试样制备：从取样部位用取样板顺着铺丝方向自然卷绕约 60m 丝束，放入洁净的自封袋内密封保存。在取样、运输和保存过程中不应使丝束状态受到破坏。

2. 试验方法

（1）异味　由有资质的检验员组成三人及以上的检验小组，在开包时进行嗅辨，以 2/3 及以上人的意见为检验结果。

（2）丝束线密度、丝束线密度变异系数　按 YC/T 169.1—2009[65] 的规定检验丝束线密度和丝束线密度变异系数。其中，对于丝束线密度小于 2.22ktex 的特种规格醋纤，检测丝束线密度的负荷应为（11.0±0.2)N。

（3）单丝线密度 按 YC/T 169.2—2009[66] 的规定进行检验。

（4）回潮率 按 YC/T 169.7—2009[67] 的规定进行检验。

（5）残余丙酮含量 按 YC/T 169.10—2009[68] 的规定进行检验。

（6）外观 按 YC/T 169.12—2009[69] 的规定进行检验。

第十五节 相关标准索引

烟用材料相关标准见表1-40。

表 1-40　　　　　　　　　　　　烟用材料相关标准一览表

材料类别	标准号	标准名称
综合	YC/T 195—2005	烟用材料标准体系
	YC/T 276—2008	烟用材料供应企业质量信用等级评价体系
	YC/T 413—2011	烟用材料消耗限额
烟用丝束	YC/T 26—2017	烟用丝束
	YC/T 358—2010	烟用二醋酸纤维素片
	YC/T 169.1—2009	烟用丝束理化性能的测定 第1部分：丝束线密度
	YC/T 169.2—2009	烟用丝束理化性能的测定 第2部分：单丝线密度
	YC/T 169.3—2009	烟用丝束理化性能的测定 第3部分：卷曲线
	YC/T 169.4—2009	烟用丝束理化性能的测定 第4部分：丝束卷曲指数及丝束卷曲弹性回复率
	YC/T 169.5—2009	烟用丝束理化性能的测定 第5部分：断裂强度
	YC/T 169.6—2009	烟用丝束理化性能的测定 第6部分：截面形状和径向异形度
	YC/T 169.7—2009	烟用丝束理化性能的测定 第7部分：回潮率
	YC/T 169.8—2009	烟用丝束理化性能的测定 第8部分：水分含量
	YC/T 169.9—2009	烟用丝束理化性能的测定 第9部分：油剂含量
	YC/T 169.10—2009	烟用丝束理化性能的测定 第10部分：残余丙酮含量
	YC/T 169.11—2009	烟用丝束理化性能的测定 第11部分：二氧化钛含量
	YC/T 169.12—2009	烟用丝束理化性能的测定 第12部分：包装与外观
	YC/T 225-2007	滤棒用二醋酸纤维丝束单耗
	YC/T 373—2010	丙纤丝束及丙纤滤棒苯、甲苯、乙苯和二甲苯残留量的测定 气相色谱–质谱联用法

续表

材料类别	标准号	标准名称
烟用滤棒	GB/T 15270—2002	烟草和烟草制品聚丙烯丝束滤棒
	GB/T 5605—2011	醋酸纤维滤棒
	YC/T 223.1—2014	特种滤棒 第1部分：醋纤沟槽滤棒
	YC/T 223.2—2014	特种滤棒 第2部分：复合滤棒 活性炭-醋纤二元复合滤棒
	YC/T 223.3—2014	特种滤棒 第3部分：复合滤棒 纸-醋纤二元复合滤棒
	YC/T 265—2008	烟用活性炭
	YC/T 416—2011	醋酸纤维滤棒中薄荷醇的测定 气相色谱法
	YC/T 417—2011	聚丙烯丝束滤棒中邻苯二甲酸酯的测定 气相色谱-质谱联用法
	YC/T 568—2018	滤棒 含水率的测定 气相色谱法
卷烟用纸	GB/T 12655—2017	卷烟纸基本性能要求
	GB/T 23227—2018	卷烟纸、成形纸、接装纸、具有间断或连续透气区的材料以及具有不同透气带的材料透气度的测定
	YC/T 197—2005	卷烟纸燃烧速率的测定
	YC/T 274—2008	卷烟纸中钾、钠、钙、镁的测定 火焰原子吸收光谱法
	YC/T 275—2008	卷烟纸中柠檬酸根离子、磷酸根离子和醋酸根离子的测定 离子色谱法
	YC/T 314—2009	卷烟纸中碳酸钙的测定 电位滴定法
	YC/T 409—2018	卷烟纸中特殊纤维的鉴别显微镜观察分析法
	JJF（烟草）3.1—2008	卷烟纸物理指标测量不确定度评定指南 第1部分 定量
	JJF（烟草）3.2—2008	卷烟纸物理指标测量不确定度评定指南 第2部分 透气度
	JJF（烟草）3.3—2008	卷烟纸物理指标测量不确定度评定指南 第3部分 抗张能量吸收
	YC/T 208—2006	滤棒成形纸
	YC 170—2009	烟用接装纸原纸
	YC 171—2014	烟用接装纸
	YC/T 268-2008	烟用接装纸、接装原纸中砷、铅的测定 石墨炉原子吸收光谱法
	YC/T 278-2008	烟用接装纸中汞的测定 冷原子吸收光谱法
	YC/T 279-2008	烟用接装纸中镉、铬、镍的测定石墨炉原子吸收光谱法
	YC/T 316—2014	烟用材料中铬、镍、砷、硒、镉、汞和铅残留量的测定 电感耦合等离子体质谱法
	YC/T 424—2011	烟用纸表面润湿性能的测定 接触角法
	YC/T 425—2011	烟用纸张尺寸的测定 非接触式光学法
	YC/T 277—2008	烟用接装纸标准化示范企业建设规范及评价准则

续表

材料类别	标准号	标准名称
卷烟包装材料	YC 264—2014	烟用内衬纸
	YC/T 330—2014	卷烟条与盒包装纸印刷品
	YC/T 273—2014	卷烟包装设计要求
	YC 263—2008	卷烟条与盒包装纸中挥发性有机化合物的限量
	YC/T 374—2010	卷烟条与盒包装纸印刷品耐光色牢度符合性的测定氙弧灯法
	YC/T 266—2008	烟用包装膜
	YC/T 315—2009	烟用包装膜耐磨性能的测定
	YC/T 443—2012	烟用拉线
	YC/T 224—2018	卷烟用瓦楞纸箱
	YC/T 137—2014	复烤片烟包装瓦楞纸箱包装
	YC/T 491—2014	复烤产品包装内衬聚乙烯薄膜袋
	YC/Z 445—2012	烟用包装材料交验抽样导则
	YC/T 207—2014	烟用纸张中溶剂残留的测定 顶空-气相色谱/质谱联用法
烟用胶黏剂	YC/T 188—2004	高速卷烟胶
	YC/T 196—2005	聚丙烯滤棒成型胶粘剂
	YC/T 267—2008	烟用白乳胶中乙酸乙烯酯的测定 顶空-气相色谱法
	YC/T 332—2010	烟用水基胶甲醛的测定 高效液相色谱法
	YC/T 333—2010	烟用水基胶邻苯二甲酸酯的测定 气相色谱-质谱联用法
	YC/T 334—2010	烟用水基胶苯、甲苯及二甲苯的测定 气相色谱-质谱联用法（YC/T 334—2010 烟用水基胶苯、甲苯及二甲苯的测定气相色谱-质谱联用法第 1 号修改单，2011）
	YC/T 410—2011	烟用聚丙烯丝束滤棒成型水基胶粘剂丙烯酸和甲基丙烯酸的测定 高效液相色谱法
	YC/T 411—2011	烟用聚丙烯丝束滤棒成型水基胶粘剂丙烯酸酯类和甲基丙烯酸酯类的测定 气相色谱-质谱联用法
	YC/T 412—2011	烟用聚丙烯丝束滤棒成型水基胶粘剂亚硝酸盐的测定 离子色谱法
	YC/T 187—2004	烟用热熔胶

续表

材料类别	标准号	标准名称
烟用三乙酸甘油酯	YC/T 144—2017	烟用三乙酸甘油酯
	YC/T 420—2011	烟用三乙酸甘油酯纯度的测定　气相色谱法
	YC/T 539—2016	烟用三乙酸甘油酯水分的测定　气相色谱法
	YC/T 164—2012	烟用香精
	YC/T 145.1—2012	烟用香精酸值的测定
	YC/T 145.2—2012	烟用香精相对密度的测定
	YC/T 145.3—2012	烟用香精折光指数的测定
	YC/T 145.4—1998	烟用香精乙醇中溶混度的评估
	YC/T 145.5—1998	烟用香精澄清度的评估
	YC/T 145.6—1998	烟用香精香气质量通用评定方法
	YC/T 145.7—1998	烟用香精标准样品的确定和保存
	YC/T 145.8—1998	烟用香精香味质量通用评定方法
	YC/T 145.9—2012	烟用香精挥发性成分总量通用检测方法
	YC/T 145.10—2003	烟用香精抽样
	YC/T 145.11—2012	烟用香精复杂样品的前处理方法
	YC/T 242—2008	烟用香精乙醇、1，2-丙二醇、丙三醇含量测定　气相色谱法
	YC/T 252—2008	烟用料液葡萄糖、果糖、蔗糖的测定　离子色谱法
	YC 292—2009	烟草添加剂　枣子提取物
烟草添加剂	YC/T 293—2009	烟用香精和料液中汞的测定　冷原子吸收光谱法
	YC/T 294—2009	烟用香精和料液中砷、铅、镉、铬、镍的测定　石墨炉原子吸收光谱法
	YC/T 359—2010	烟用添加剂　甲醛的测定　高效液相色谱法
	YC/T 360—2010	烟用添加剂　焦碳酸二乙酯的测定　气相色谱-质谱联用法
	YC/T 361—2010	烟用添加剂　β-细辛醚的测定　气相色谱-质谱联用法
	YC/T 375—2010	烟用添加剂　环己基氨基磺酸钠的测定　离子色谱法
	YC/T 376—2010	烟用添加剂　β-萘酚的测定　气相色谱-质谱联用法
	YC/T 406—2011	烟用添加剂中马兜铃酸 A 的测定　高效液相色谱法
	YC/T 407—2011	烟用添加剂中水杨酸的测定　高效液相色谱法
	YC/T 408—2011	烟用添加剂中正二氢愈疮酸的测定　高效液相色谱法
	YC/T 423—2011	烟用香精和料液　苯甲酸、山梨酸和对羟基苯甲酸甲酯、乙酯、丙酯、丁酯的测定　高效液相色谱法
	YC/T 421—2011	烟用添加剂中邻氨基苯甲酸肉桂酯的测定　高效液相色谱法
	YC/T 422—2011	烟用添加剂中一氯乙酸的测定　离子色谱法
	YC/T 441—2012	烟用添加剂禁用成分　硫脲的测定　高效液相色谱法
	YC/T 442—2012	烟用添加剂禁用成分　对乙氧基苯脲的测定　高效液相色谱法

参考文献

［1］GB/T 18771.3—2015 烟草术语 第3部分：烟用材料 ［S］.

［2］向兰康，赵继俊，胡启秀，等．卷烟低引燃倾向法律法规分析 ［J］．中国烟草学报，2015，21（3）：119-124.

［3］QB 31—1978 卷烟纸 ［S］.

［4］QB 933—1984 卷烟纸 ［S］.

［5］GB/T12655—1990 卷烟纸 ［S］.

［6］GB/T 12655—1998 卷烟纸 ［S］.

［7］GB/T 12655—2007 卷烟纸 ［S］.

［8］GB 12655—2017 卷烟纸基本性能要求 ［S］.

［9］GB/T 451.2—2002 纸和纸板定量的测定 ［S］.

［10］GB/T 23227—2018 卷烟纸、成形纸、接装纸、具有间断或连续透气区的材料以及具有不同透气带的材料 透气度的测定 ［S］.

［11］GB/T 450—2008 纸和纸板 试样的采取及试样纵横向、正反面的测定 ［S］.

［12］（a）GB/T 12914—2008 纸和纸板 抗张强度的测定 ［S］；（b）GB/T 12914—2018 纸和纸板 抗张强度的测定 恒速拉伸法（20mm/min）［S］.

［13］YC/T 172—2002 卷烟纸、成型纸、接装纸及具有定向透气带的材料透气度的测定 ［S］.

［14］（a）GB/T 7974—2002 纸、纸板和纸浆亮度（白度）的测定 漫射/垂直法 ［S］（已废止）；（b）GB/T 7974—2013 纸、纸板和纸浆 蓝光漫反射因数 D65 亮度的测定（漫射/垂直法，室外日光条件）［S］.

［15］GB/T 742—2008 造纸原料、纸浆、纸和纸板灰分的测定 ［S］；（b）GB/T 742—2018 造纸原料、纸浆、纸和纸板 灼烧残余物（灰分）的测定（575℃和900℃）［S］.

［16］GB/T 462—2008 纸、纸板和纸浆 分析试样水分的测定 ［S］.

［17］（a）GB/T 1541—1989 纸和纸板 尘埃度的测定法 ［S］（已废止）；（b）GB/T 1541—2007 纸和纸板 尘埃度的测定 ［S］（已废止）；（c）GB/T 1541—2013 纸和纸板 尘埃度的测定 ［S］.

［18］GB/T 10739—2002 纸、纸板和纸浆试样处理和试验的标准大气条件 ［S］.

［19］YC/T 425—2011 烟用纸张尺寸的测定 非接触式光学法 ［S］.

［20］YC/T 268—2008 烟用接装纸和接装原纸中砷、铅的测定石墨炉原子吸收光谱法 ［S］.

［21］YC/T 316—2014 烟用材料中铬、镍、砷、硒、镉、汞和铅残留量的测定电感耦合等离子体质谱法 ［S］.

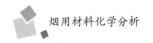

［22］YC/T 207—2014 烟用纸张中溶剂残留的测定顶空气相色谱-质谱联用法［S］.

［23］GB/T 5009.78—2003 食品包装用原纸卫生标准的分析方法［S］（已废止）. 本标准脱色试验部分被 GB 31604.7—2016 食品安全国家标准食品接触材料及制品脱色试验代替；铅的测定和迁移量的测定部分被 GB 31604.34—2016 食品安全国家标准 食品接触材料及制品 铅的测定和迁移量的测定代替；砷的测定和迁移量的测定部分被 GB 31604.38—2016 食品安全国家标准 食品接触材料及制品砷的测定和迁移量的测定代替；荧光物质检测部分被 GB 31604.47—2016 食品安全国家标准 食品接触材料及制品 纸、纸板及纸制品中荧光增白剂的测定代替。

［24］GB/T 451.1—2002 纸和纸板尺寸及偏斜度的测定［S］.

［25］GB/T 451.3—2002 纸和纸板厚度的测定［S］.

［26］GB/T 7975—2005 纸和纸板 颜色的测定（漫反射法）［S］.

［27］GB/T 457—2008 纸和纸板耐折度的测定［S］.

［28］GB/T 456—2002 纸和纸板平滑度的测定（别克法）［S］.

［29］陈宸，杨国涛，牛佳佳，等. 卷烟商标纸生产与应用现状分析［J］. 中国烟草学报，2015，22，63~69.

［30］GB 5606.2—2005 卷烟 第 2 部分：包装标识［S］.

［31］CY/T 3—1999 色评价照明和观察条件［S］.

［32］GB/T 22838.1—2009 卷烟和滤棒物理性能的测定 第 1 部分：卷烟包装和标识［S］.

［33］GB/T 18348—2008 商品条码 条码符号印制质量的检验［S］.

［34］GB/T 19437—2004 印刷技术 印刷图像的光谱测量和色度计算［S］.

［35］GB/T 18722—2002 印刷技术 反射密度测量和色度测量在印刷过程控制中的应用［S］.

［36］GB/T 7705—2008 平版装潢印刷品［S］.

［37］（a）GB/T 2918—1998 塑料试样状态调节和试验的标准环境［S］；（b）GB/T 2918—2018 塑料 试样状态调节和试验的标准环境［S］.

［38］GB/T 6673—2001 塑料薄膜和薄片长度和宽度的测定［S］.

［39］GB/T 1040—1992 塑料拉伸性能试验方法（已废止）. 本标准被 GB/T 1040.1—2006 塑料 拉伸性能的测定 第 1 部分：总则；GB/T 1040.2—2006 塑料 拉伸性能的测定 第 2 部分：模塑和挤塑塑料的试验条件；GB/T 1040.3—2006 塑料拉伸性能的测定 第 3 部分：薄膜和薄片的试验条件；GB/T 1040.4—2006 塑料拉伸性能的测定 第 4 部分：各向同性和正交各向异性纤维增强复合材料的试验条件；GB/T 1040.5—2008 塑料拉伸性能的测定 第 5 部分：单向纤维增强复合材料的试验条件所代替。

［40］GB/T 2792—2014 胶粘带剥离强度的试验方法［S］.

［41］GB/T 4851—2014 胶粘带持粘性的试验方法［S］.

［42］GB/T 4857.4—2008 包装 运输包装件基本试验 第 4 部分：采用压力试验机进行

的抗压和堆码试验方法 [S].

[43] GB/T 6545—1998 瓦楞纸板耐破强度的测定法 [S].

[44] GB/T 6546—1998 瓦楞纸板边压强度的测定法 [S].

[45] (a) GB/T 2794—1995 胶粘剂粘度的测定 [S] (已废止);(b) GB/T 2794—2013 胶黏剂黏度的测定 单圆筒旋转黏度计法 [S].

[46] GB/T 14518—1993 胶粘剂的 pH 值测定 [S].

[47] (a) GB/T 7686—2008 化工产品中砷含量测定的通用方法 [S] (已废止);(b) GB/T 7686—2016 化工产品中砷含量测定的通用方法 [S].

[48] (a) GB/T 7532—1987 工业用有机产品中重金属含量测定的通用方法 目视限量法 [S] (废止);(b) GB/T 7532—2008 有机化工产品中重金属的测定 目视比色法 [S].

[49] GB/T 15332—1994 热熔胶粘剂软化点的测定　环球法 [S].

[50] HG/T 3660—1999 热熔胶粘剂熔融粘度的测定 [S].

[51] GB/T 16998—1997 热熔胶粘剂热稳定性测定 [S].

[52] YC/T 539—2016 烟用三乙酸甘油酯水分的测定气相色谱法 [S].

[53] (a) GB/T 5009.76—2003 食品添加剂中砷的测定 [S] (已废止);(b) 5009.76—2014 食品安全国家标准 食品添加剂中砷的测定 [S].

[54] (a) GB/T 5009.75—2003 食品添加剂中铅的测定 [S] (已废止);(b) GB 5009.75—2014 食品安全国家标准 食品添加剂中铅的测定 [S].

[55] YC/T 145.7—1998 烟用香精　标准样品的确定和保存 [S].

[56] YC/T 145.1—2012 烟用香精　酸值的测定 [S].

[57] YC/T 145.2—2012 烟用香精　相对密度的测定 [S].

[58] YC/T 145.3—2012 烟用香精　折光指数的测定 [S].

[59] YC/T 145.4—1998 烟用香精　乙醇中溶混度的评估 [S].

[60] YC/T 145.5—1998 烟用香精　澄清度的评估 [S].

[61] YC/T 145.6—1998 烟用香精　香气质量通用评定方法 [S].

[62] YC/T 145.8—1998 烟用香精　香味质量通用评定方法 [S].

[63] YC/T 145.9—1998 烟用香精　挥发性成分总量通用检测方法 [S].

[64] (a) GB/T 5009.74—2003 食品添加剂中重金属限量试验 [S] (已废止);(b) GB 5009.74—2014 食品安全国家标准 食品添加剂中重金属限量试验 [S].

[65] YC/T 169.1—2009 烟用丝束理化性能的测定　第 1 部分:丝束线密度 [S].

[66] YC/T 169.2—2009 烟用丝束理化性能的测定　第 2 部分:单丝线密度 [S].

[67] YC/T 169.7—2009 烟用丝束理化性能的测定　第 7 部分:回潮率 [S].

[68] YC/T 169.10—2009 烟用丝束理化性能的测定　第 10 部分:残余丙酮含量 [S].

[69] YC/T 169.12—2009 烟用丝束理化性能的测定　第 12 部分:包装与外观 [S].

第二章
化学分析方法验证确认

第一节　概述

分析方法验证或确认是分析化学全面质量保证的必要组成部分，是《检测和校准实验室能力认可准则》实验室认可的基本要求[1]，是实验室建立可靠分析系统的基础，是化学分析的一个必要程序[2]。

根据《GB/T 32467—2015 化学分析方法验证确认和内部质量控制术语及定义》[3]，方法验证与方法确认的定义如下：

方法验证（verification of methods）——针对要采用的标准方法或官方发布的方法，通过提供客观证据对规定要求已得到满足的证实。

方法确认（validation of methods）——针对要采用的非标准方法或非官方发布的方法，通过提供客观证据对特定的预期用途或应用要求已得到满足的认定。

方法确认或验证的内容非常广泛。通常，涉及对分析方法性能指标（performance criteria）的确认或验证，包括灵敏度、检出限和定量限、线性和校准、回收率、准确度（正确度和精密度）、选择性、稳定性、耐用性、测量不确定度等。

第二节　灵敏度

一、定义

灵敏度描述的是某方法对目标分析物单位浓度或单位含量变化所致的响应量变化程度。根据《GB/T 32467—2015 化学分析方法验证确认和内部质量控制　术语及定义》[3]，灵敏度的定义如下：

灵敏度（sensitivity）——定量分析中，单位目标分析物的仪器响应水平。在定性分析中，方法能够确定阳性结果的能力。

二、灵敏度的评价

方法灵敏度反映了测量响应值与被测分析物浓度变化的变化率。灵敏度越高，则说明分析方法分辨出目标分析物浓度细小差异的能力越强。在定量分析中，如果分析方法的检测响应值与目标分析物浓度呈线性关系，则线性方程式的斜率表达的就是灵敏度。

【例2-1】 **相同分析方法条件下，不同目标分析物的方法灵敏度比较**

采用相同的分析方法对两种目标分析物进行同时测定。在方法线性范围内，通过对所配置系列浓度的2种目标分析物样品进行仪器分析，最终获得建立2种目标分析物仪器响应值（y）与目标分析物浓度（x）的线性方程，如图2-1所示。比较该方法条件下2种目标分析物的方法灵敏度。

解：

在该方法条件下，目标分析物1和目标分析物2的检测响应值与目标分析物浓度所拟合的线性方程式的斜率可以分别表示为$\dfrac{\Delta_1}{\Delta_0}$和$\dfrac{\Delta_2}{\Delta_0}$。由于$\Delta_1 < \Delta_2$，因此$\dfrac{\Delta_1}{\Delta_0} < \dfrac{\Delta_2}{\Delta_0}$。

由此说明，该方法对于目标分析物1的灵敏度低于目标分析物2。

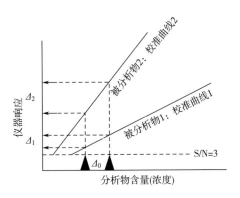

图2-1　不同目标分析物的方法灵敏度比较

图 2-1 中，在相同分析方法条件下，目标分析物 1 检测仪器响应值（y）与目标分析物浓度（x）的最佳线性方程为校准曲线 1，目标分析物 2 检测仪器响应值（y）与目标分析物浓度（x）的最佳线性方程为校准曲线 2。当目标分析物含量的变化均为 Δ_0 时，目标分析物 1 和目标分析物 2 的仪器响应变化分别为 Δ_1 和 $\Delta_2(\Delta_1 < \Delta_2)$。$S/N = 3$ 代表信噪比为 3。

【例 2-2】　不同浓度目标分析物的灵敏度比较

采用相同的分析方法对所配置系列浓度的目标分析物样品进行仪器分析，最终获得目标分析物检测仪器响应值（y）与目标分析物浓度（x）的关系拟合曲线，如图 2-2 所示。比较不同浓度（X_1 和 X_2）下目标分析物在该方法的灵敏度。

解：

从图 2-2 可以看出，目标分析物在该检测方法的线性范围浓度值应不高于 X_1，因此 X_1 浓度点的方法灵敏度约为方法线性范围的最佳拟合直线斜率。随着浓度的继续增大，虽然分析物的浓度不断增加，但目标分析物检测仪器响应值与目标分析物浓度关系曲线的斜率不断变小，当目标分析物浓度值大于 X_2 时，斜率趋于 0。

由此说明，采用该方法，目标分析物在 X_1 浓度下的灵敏度高于浓度 X_2。

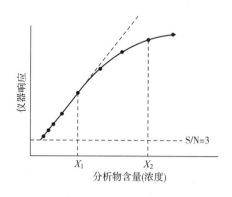

图 2-2　不同浓度目标分析物的灵敏度比较

图 2-2 中，目标分析物检测仪器响应值（y）与目标分析物浓度（x）的关系拟合曲线如实线所示。当浓度高于 X_1 时，目标分析物检测仪器响应值（y）与目标分析物浓度（x）的线性关系减弱。

第三节　检出限和定量限

一、定义

根据《GB/T 32467—2015 化学分析方法验证确认和内部质量控制术语及定义》[3]，（方法）检出限和定量限的定义如下：

检出限（limit of detection，LOD）——样品中可被（定性）检测，但并不需要准确定量的最低含量（或浓度），是在一定置信水平下，从统计学上与空白样品区分的最低浓度水平（或含量）。

方法检出限（method detection limit，MDL）——通过分析方法全部检测过程后（包括样品预处理），目标分析物产生的信号能以一定的置信度区别于空白样品而被检出出来的最低浓度或含量。

定量限（limit of quantification，LOQ）——一个限值，高于该值，定量结果的准确度和精密度可接受。定量限也成为报告限（limit of reporting）。

二、检出限和定量限的评价

通常情况下，只有当目标分析物的含量接近于"零"的时候才需要确定方法的检出限或定量限。当分析物浓度远大于定量限时，没有必要评估方法的检出限和定量限。但是，对于那些浓度（含量）接近于检出限与定量限的痕量和超痕量检测，并且报告为"未检出"时，或需要利用检出限或定量限进行风险评估或法规决策时，实验室应确定检出限和定量限[4]。

检出限和定量限的评估方法较多，目前在食品、农业、烟草化学分析领域，常用的方法包括空白标准偏差的倍数法、信噪比法、逐步稀释法等[2]。

1. 空白标准偏差的倍数法

从检出限的定义可以看出，区分空白样品的最低浓度（含量）水平是目标分析物是否认为被检出的标准。当被检物质产生的检测信号高于检出标准时，可在约定置信水平下判定存在被检物质；而当被检物质产生的检测信号低于检出标准时，则在约定置信水平下不能判定存在被检物质[5]。这个判定是否能检出的标准就是"空白样品的噪声"。其中，所谓的空白样品（blank sample），指的是一种能充分反映样品典型特征的基体，此基体为不含目标分析物或目标分析物含量为"零"的样品，或与样品近似、且不含目标分析物的材料或替代品；所谓的噪声，常以空白样品重复测试结果的标准偏差度量。

通常，以空白样品检测结果标准差的3.3倍作为检出限的估计值，以空白样品检测结果标准差的10倍作为检出限的估计值。

因此，检出限和定量限可表示为[6,7]：

$$LOD = 3.3 \times \frac{s_b}{m} \tag{2-1}$$

$$LOQ = 10 \times \frac{s_b}{m} \tag{2-2}$$

式中　s_b ——检测仪器响应的标准偏差；

　　　m ——校正曲线的斜率。

m 可通过分析物的校准曲线估计得到。s_b 的估计值可通过多种方法得到，例如：

①基于空白的标准偏差：分析一些空白样品（≥6个），并计算空白样品检测响应的标准偏差。

②基于校准工作曲线：回归曲线的剩余标准差或回归曲线 y 轴截距的标准偏差可作为标准偏差 s_b 的估计值。回归曲线截距即是目标物含量为0时的仪器响应值，因此截距的标准差即反映了空白样品的标准差。s_b 的计算参见本章第四节相关内容。

【例2-3】　空白标准偏差的倍数法评估检测方法的检出限和定量限

采用空白样品基质配标方式，某物质在低浓度到中等浓度（μg/L）间的检测仪器响应（y）与浓度（x）的最佳标准工作拟合曲线的方程为 $y = 0.207(\pm0.001)x + 0.008(\pm0.006)$，其中，0.001 为斜率的标准差（$s_m$）；0.006 为截距的标准差（$s_b$）。从上述结果，估计方法的 LOD 和 LOQ。

解：

根据式（2-1）和式（2-2），计算评估检测方法的检出限结果如下：

$$LOD = 3.3 \times \left(\frac{s_b}{m}\right) = 3.3 \times \frac{(0.006)}{0.207} = 0.096 = 0.1(\mu g/L)$$

$$LOQ = 10 \times \left(\frac{s_b}{m}\right) = 10 \times \frac{(0.006)}{0.207} = 0.29 = 0.3(\mu g/L)$$

2. 信噪比法

信噪比（Signal-to-noise ratio，S/N）是科学和工程中所用的一种度量，用于比较所需信号的强度与背景噪声的强度，其定义为信号与噪声的比率。在色谱分析中（见图 2-3），通常把已知浓度样品的信号（H）与噪声信号（h）进行比较，以信噪比为 3：1 时对应目标物的浓度作为可接受的检出限估计值，以信噪比为 10：1 时的浓度作为定量限估计值。目前，在信噪比的实际计算过程中，往往可以直接采用分析仪器的工作站软件自动计算获得。

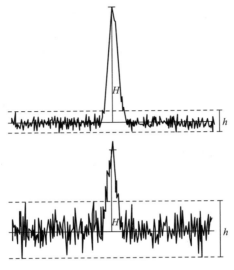

图 2-3　信噪比为 10：1 和 3：1 的典型色谱图

图 2-3 中，H 为目标物色谱峰的峰高，用以描述目标物的检测信号；h 为目标物附近的基线响应值，用以描述目标物出峰保留时间附近检测信号的噪声。

3. 逐步稀释法

逐步稀释法是《GB/T 35655—2017 化学分析方法验证确认和内部质量控制实施指南　色谱分析》推荐的检出限评估方法[8]。

逐步稀释法计算检出限按下列步骤操作：

（1）实验室应结合方法的具体情况对检出限作出预测，以此作为参照，在空白基质中添加低浓度组分，进行样品处理，得到包含检出限在内的系列低浓度样品处理液。

（2）对上述系列处理液进行检测，得到相应的图谱信息，解析并定性判定。

（3）能准确定性的最小信号所对应的浓度（含量）可表达为检出限。

例2-4给出了逐步稀释法评估 YC/T 207—2014 检测方法苯的检出限的实例。

在进行定量限的评估时，可以根据逐步稀释法的实验操作步骤，对检出限以上的系列低浓度空白基质加标样品（≥6个）进行重复测试，然后对各系列浓度检测结果的平均值与接受参考值进行正确度评价。最终，将满足正确度要求的最小检测结果可表达为方法的定量限。

例2-5给出了评价 YC/T 207—2014 检测方法苯定量限的正确度的示例。

【例2-4】 逐步稀释法评估 YC/T 207—2014 方法苯的检出限

以卷烟小盒商标纸为研究对象，分别对苯含量为 $0.010mg/m^2$ 的标准样品以及苯含量为 $0.001mg/m^2$ 和 $0.0003mg/m^2$ 的空白加标实际样品，按照《YC/T 207—2014 烟用纸张中溶剂残留的测定 顶空-气相色谱/质谱联用法》[9]进行检测，所获得3个样品的选择离子色谱图和质谱图分别如图2-4、图2-5和图2-6所示。评价 YC/T 207—2014 检测方法苯的检出限。

解：

从色谱保留时间定性方面看，图2-5和图2-6均可以识别出 12.8min 保留时间处存在色谱峰信号。与图2-4标准样品中苯的出峰保留时间（12.79min）相比，苯含量为 $0.001mg/m^2$ 和 $0.0003mg/m^2$ 的空白加标样品的保留时间偏差分别为0min和0.03min，符合 YC/T 207—2014 标准6.1.1条款试样和标样在相同保留时间处（±0.2min）出现的定性原则。

从质谱碎片离子的质荷比（m/z）的定性方面看，图2-5和图2-6均可以识别出 78（m/z）和 77（m/z）的苯特征离子。与图2-4标准样品中苯的定性离子 77（m/z）与定量离子 78（m/z）的相对丰度比（25.0%）相比，苯含量为 $0.001mg/m^2$ 的空白加标样品的定性离子 77（m/z）与定量离子 78（m/z）的相对丰度比（28.0%）偏差为12%，苯含量为 $0.0003mg/m^2$ 的空白加标样品的定性离子 77（m/z）与定量离子 78（m/z）的相对丰度比（42.0%）偏差分别为68%。根据 YC/T 207—2014 标准6.1.1条款对于典型溶剂残留的定性鉴定要求，当相对丰度20%~50%时，允许±15%偏差。因此，含量为 $0.0003mg/m^2$ 的空白加标样品的特征离子丰度比不满足定性的要求。

综上两个方面分析，当卷烟小盒商标纸中苯含量为 $0.001mg/m^2$ 时，能够满足准确定性的要求，因此 YC/T 207—2014 检测方法的检出限为 $0.001mg/m^2$ 是适宜的。

【例 2-5】　评价 YC/T 207—2014 检测方法苯定量限的正确度

以卷烟小盒商标纸为研究对象，制备 6 个苯含量为 0.004mg/m² 的空白加标样品，按照《YC/T 207—2014 烟用纸张中溶剂残留的测定　顶空-气相色谱/质谱联用法》进行重复检测，所获得检测结果分别为 0.009，0.007，0.005，0.004，0.005，0.004。评估 YC/T 207—2014 检测方法苯定量限的正确度。

解：

采用 t 检验确定重复（$n=6$）检测结果平均值（$\bar{x}$）和接受参考值（$\mu=0.004$）之间是否有显著性差异。

根据已知条件，计算相关统计量的结果如下：

$$\bar{x} = \frac{\sum x_i}{n} = 0.0057$$

$$s = \sqrt{\frac{\sum (x_i - \bar{x})^2}{n-1}} = 0.0020$$

$$t = \frac{|\bar{x} - \mu|}{s/\sqrt{n}} = 2.08$$

结果表明，0.004mg/m² 加标量样品的 t 统计量小于 $t_{0.05}(5)$ 临界值 2.57，检测结果均值与接受加标量的 t 检验结果无显著性差异，检测结果正确度可靠。

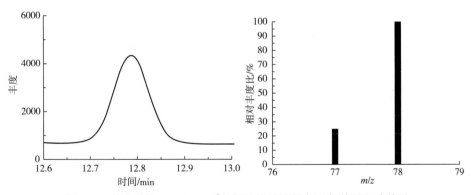

图 2-4　苯含量为 0.010mg/m² 的标准样品选择离子色谱图和质谱图

图 2-4 中，左图为苯含量为 0.010mg/m² 的标准样品气相色谱质谱选择离子色谱图，苯物质的保留时间为 12.79min。右图为苯含量为 0.010mg/m² 的标

准样品气相色谱质谱选择离子质谱图，定性离子 77（m/z）与定量离子 78（m/z）的相对丰度比为 25.0%。

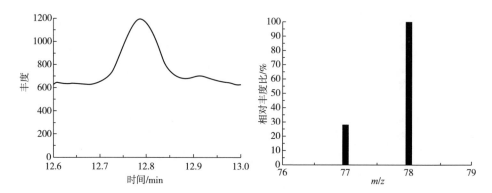

图 2-5　苯含量为 0.001mg/m² 的空白加标样品选择离子色谱图和质谱图

图 2-5 中，左图为苯含量为 0.001mg/m² 的空白加标样品气相色谱质谱选择离子色谱图，苯物质的保留时间为 12.79min。右图为苯含量为 0.001mg/m² 的空白加标样品气相色谱质谱选择离子质谱图，定性离子 77（m/z）与定量离子 78（m/z）的相对丰度比为 28.0%。

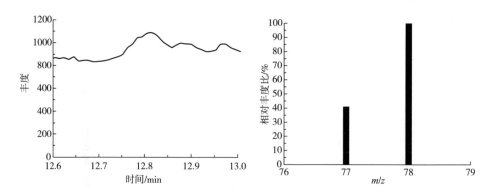

图 2-6　苯含量为 0.0003mg/m² 的空白加标样品选择离子色谱图和质谱图

图 2-6 中，左图为苯含量为 0.0003mg/m² 的空白加标样品气相色谱质谱选择离子色谱图，苯物质的保留时间为 12.82min。右图为苯含量为 0.0003mg/m² 的空白加标样品气相色谱质谱选择离子质谱图，定性离子 77（m/z）与定量离子 78（m/z）的相对丰度比为 42.0%。

三、易混淆的两组概念

一是"检出限和定量限"不应与"灵敏度"的概念相混淆。"检出限和定量限"是指方法能够准确定性和定量的目标分析物的最小浓度（含量）；而"灵敏度"是方法区分目标分析物的浓度（含量）的最小差异能力，通常用校准工作曲线的斜率表达。从空白标准偏差的倍数法评估检出限和定量限的计算式（2-1）和式（2-2）可以看出，LOD 和 LOQ 与校正曲线的斜率（m）呈反比，表面上看，方法灵敏度越高，则方法的检出限和定量限数值越小，但一个具有高灵敏度的分析方法，并不意味着对实际样品有很好的检测能力。这是由于分析方法的检出限和定量限除了与灵敏度有关外，还与空白样品、噪声和干扰有关[5]。

二是"方法检测限"不应与仪器的最低响应相混淆。使用仪器的信噪比是评估仪器性能的一个重要指标，但作为方法检测限的评估显然是不恰当的，为了评估方法的检测限，应使用分析方法的所有步骤对实际样品进行分析得出，而不仅仅使用标准溶液的仪器的信噪比简单的作为方法的检测限[6]。

第四节　线性和校准曲线

一、定义

根据《GB/T 32467—2015 化学分析方法验证确认和内部质量控制　术语及定义》[3]，线性（范围）和校准曲线（直线）的定义如下：

线性（linear）——用回归的方法描述目标分析物浓度或含量与响应信号的关系，当回归曲面是一超平面，且表达式为 $y = b_0 + b_1 x_1 + b_2 x_2 + \cdots + b_k x_k$ 时，回归成为线性的，此时 b_i 称为 y 对 x_i 的偏回归系数（$i = 1, 2, \cdots, k$）。

线性范围（range of linear）——目标组分与响应信号满足该校准曲线参数所描述的性能的浓度范围。

工作范围（range of working calibration）——基于校准曲线的线性范围，结合检测过程的其他要素，确定的校准曲线的适用浓度范围。

校准曲线（calibration curve）——表示目标分析物浓度或含量和响应信号之间的关系的数学函数表达式或图形。

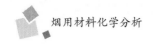

校准直线（calibration line）——当目标分析物浓度或含量和响应信号之间的函数关系数学表达式或图形为直线时，成为校准直线。

典型的校准直线的数学函数表达式为 $y = mx + b$，式中 y 为响应信号，m 为直线斜率，x 为目标分析物浓度，b 为直线的截距，y 和 x 表达的含义可以互换。

二、线性和工作范围的评价

线性是定量分析的基础。线性和工作范围评价及基本要求为[4~6,8]：

（1）以测得的响应信号（y）作为被测物浓度（x）的函数作图，观察是否呈线性相关关系。当样品处理液中目标物的浓度增加或减少到某一个值时（线性限，limit of linearity，LOL），分析物的浓度（含量）与仪器响应线性关系减弱，则从定量限（LOQ）到不呈线性相关的最高浓度点（LOL）的范围为方法的线性范围。

（2）根据考察的线性范围结果和样品预处理后预计的浓度（含量）范围，确定校准曲线的工作范围。分别独立精密称样制备一系列被测物质浓度的标准溶液进行测定。由于增加校准曲线的实验样本数可使校准曲线的置信区间变窄，当样本数增加到 6 时，再增加样本数得益不大，因此保持校准曲线实验点不少于 6 是适当的（包含 0 点）；0 点以后的第一个低浓度点应远离检出限并位于定量限附近，中间点为目标分析物日常检测平均浓度水平，最高校准点浓度为工作范围的最高点或接近最高点；各浓度点尽可能等距离或等比例分布；校正标准样品应以随机顺序至少运行 2 次；用最小二乘法进行线性回归，必要时，响应信号可经数学转换，再进行线性回归计算。对于筛选方法，线性回归方程的相关系数（r）应不小于 0.98，对于准确定量的方法，线性回归方程的相关系数（r）不低于 0.99。应充分考虑可能的基质效应影响，排除其对校准曲线的干扰。

（3）线性和范围定义如图 2-7 所示。

三、校准直线函数的估计

《GB/T 22554—2010 基于标准样品的线性校准》详细的规定了测量系统的校准以及被校准测量系统维持在统计受控状态的通用原则[10]。在线性校准中，校准直线函数相关估计值的获得是使用或评价校准直线的基础。

当目标分析物浓度或含量（x）和响应信号（y）之间的函数关系数学

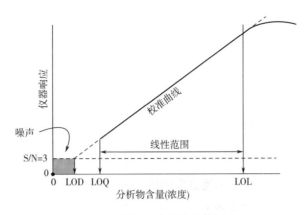

图 2-7 线性和范围定义的图示

表达式或图形为直线时，典型的校准直线的数学函数表达为：

$$y = m(\pm S_{\mathrm{m}})x + b(\pm S_{\mathrm{b}}) \tag{2-3}$$

式中 m ——校准直线斜率，其最佳估计值（$\widehat{m}$）按照式（2-4）计算获得；

b ——直线的截距，其最佳估计值（$\widehat{b}$）按照式（2-5）计算获得；

S_{m} ——斜率的标准差，按照式（2-7）计算获得；

S_{b} ——截距的标准差，按照式（2-8）计算获得。

线性相关系数 r 按照式（2-6）计算获得。

$$\widehat{m} = \frac{\sum_{n=1}^{N}(x_n - \overline{x})(y_n - \overline{y})}{\sum_{n=1}^{N}(x_n - \overline{x})^2} \tag{2-4}$$

式中 x_n ——第 n 个标准样品的浓度（含量）（$n=1, \cdots, N$）；

y_n ——第 n 个标准样品的响应信号（$n=1, \cdots, N$）。

$$\overline{x} = \frac{1}{N}\sum_{n=1}^{N} x_n$$

$$\overline{y} = \frac{1}{N}\sum_{n=1}^{N} y_n$$

$$\widehat{b} = \overline{y} - \widehat{m}\,\overline{x} \tag{2-5}$$

$$r = \frac{S_{xy}}{\sqrt{S_{xx}S_{yy}}} \tag{2-6}$$

式中，

$$S_{xy} = \left(\sum x_n y_n\right) - \left[\left(\sum x_n\right)\left(\sum y_n\right)/N\right]$$

$$S_{xx} = \left(\sum x_n^2 \right) - \left[\left(\sum x_n \right)^2 / N \right]$$

$$S_{yy} = \left(\sum y_n^2 \right) - \left[\left(\sum y_n \right)^2 / N \right]$$

$$S_m = \sqrt{\left(N / \left[N \left(\sum x_n^2 \right) - \left(\sum x_n \right)^2 \right] \right)} \cdot (S_Y) \tag{2-7}$$

式中，

$$S_Y = \sqrt{\left(\sum (y_n - \hat{m} x_n - \hat{b})^2 \right) / (N - 2)}$$

$$S_b = \sqrt{\left(\sum x_n^2 \right) / \left[N \left(\sum x_n^2 \right) - \left(\sum x_n \right)^2 \right]} \cdot (S_Y) \tag{2-8}$$

【例 2-6】 校准直线函数相关参数的估计与计算

采用高效液相色谱法对甲醛系列标准工作溶液进行检测，甲醛系列标准工作溶液仪器响应示值结果如表 2-1 所示，估计校准直线的函数及其相关参数。

表 2-1　　　　　　　甲醛系列标准工作溶液仪器响应示值结果

浓度 (x) / (mg/L)	色谱峰面积 (y)	
	平行 1	平行 2
0	0	0
0.5	12.8	11.2
0.9	25.6	24.5
2.3	64.2	60.1
4.6	133.1	130.0
5.7	167.1	163.9
9.2	267.0	260.8

解：

首先计算 $\bar{x}$、$\bar{y}$、S_{xy}、S_{xx}、S_{yy}，结果如下：

$$\bar{x} = \frac{1}{N} \sum_{n=1}^{N} x_n = 3.31$$

$$\bar{y} = \frac{1}{N} \sum_{n=1}^{N} y_n = 94.31$$

$$S_{xy} = 3919.85$$

$$S_{xx} = 135.50$$

$$S_{yy} = 113471.69$$

$$S_Y = 2.4646$$

按照式（2-4）计算获得线性方程斜率的最佳估计值为：

$\widehat{m} = 28.9294$

按照式（2-5）计算获得线性方程截距的最佳估计值为：

$\widehat{b} = -1.5731$

按照式（2-6）计算获得线性方程相关系数为：

$r = 0.99968$，即 $r^2 = 0.99936$

按照式（2-7）计算获得线性方程斜率的标准差为：

$S_m = 0.2117$

按照式（2-8）计算获得线性方程截距的标准差为：

$S_b = 0.9625$

最终，高效液相色谱法测定甲醛的最佳校准直线函数（图2-8）为：

$y = 28.929(\pm 0.212)x - 1.573(\pm 0.962)$，$r^2 = 0.9994$

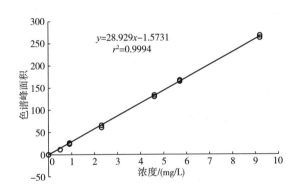

图 2-8　甲醛校准直线

四、基质效应的评价

化学分析中，基质（matrix）指的是样品中被分析物之外的组分。基质效应（matrix effect）指样品基质中的一种或多种成分对目标分析物检测结果的影响[3]。相比于试剂中目标分析物检测结果，基质效应可能会造成目标分析物响应信号增强或减弱，这种现象常称为基质增强效应或基质减弱（抑制）效应。

实验室应充分考虑可能的基质效应影响，排除其对校准曲线的干扰。通常，若经过评价的结果证实不存在基质效应，则可用溶剂或试剂直接配制标准溶液，制作校准曲线；若存在基质效应，则需要采用相关措施，以尽可能克服基质效应对检测结果正确度的影响。其中，相关的措施包括：空白基质配标校正法、内标法、同位素内标法、改进样品前处理的净化方法、标准加入法等[8]。

基质效应的评价是化学分析方法确认的重要内容。评价机制效应的常用方法主要包括柱后注射法、提取后添加法、相对响应值法、校准曲线法等。在校准曲线法评价基质效应中，是对代表基质与试剂得到的校准直线为研究对象，采用 t 检验法比较不同校准直线的斜率的差异，从而评价基质效应影响的显著性。在 t 检验中，t 值得计算按照式（2-9）计算获得。

若 t 统计量小于自由度为（$f = n_1 + n_2 - 2$）及给定显著性水平 a（通常 $a = 0.05$）的临界值 $t_{a(f)}$，则基质效应不显著；反之，则说明存在显著的基质效应。

$$t = \frac{|m_1 - m_2|}{s_合 \sqrt{\dfrac{1}{n_1} + \dfrac{1}{n_2}}} \tag{2-9}$$

式中校准直线斜率合并标准差（$s_合$）由式（2-10）计算获得。

$$s_合 = \sqrt{\frac{(n_1 - 1) s_1^2 + (n_2 - 1) s_2^2}{n_1 + n_2 - 2}} \tag{2-10}$$

式中 s_1 和 s_2 代表基质或试剂校准曲线的斜率标准差，可由式（2-7）计算获得。

例 2-7 给出了校准曲线测定方法评价基质效应的示例。

【例 2-7】 校准曲线测定方法评价基质效应

采用 YC/T 207—2014[9] 方法，以接装纸原纸空白基质（20cm×4cm）和不使用原纸基质为研究对象，通过校准曲线法评价接装纸原纸对目标分析物乙醇、丙二醇甲醚、乙苯的基质效应。

解：

按照 YC/T 207—2014 方法，以三乙酸甘油酯为溶剂，配制 5 级系列标准工作溶液，系列标准工作溶液中乙醇、丙二醇甲醚、乙苯的浓度如表 2-2 所示。

表 2-2　　　　　　　　　　　　系列标准工作溶液浓度

化合物名称	第 1 级标准工作溶液浓度/（mg/mL）	第 2 级标准工作溶液浓度/（mg/mL）	第 3 级标准工作溶液浓度/（mg/mL）	第 4 级标准工作溶液浓度/（mg/mL）	第 5 级标准工作溶液浓度/（mg/mL）
乙醇	0.0078	0.0389	0.0778	0.1556	0.3891
丙二醇甲醚	0.0089	0.0444	0.0887	0.1775	0.4437
乙苯	0.0002	0.0008	0.0016	0.0032	0.0081

按照 YC/T 207—2014 标准方法，采用所配制的系列标准工作溶液，以接装纸原纸空白基质和不使用原纸基质制作标准样品进行测定，乙醇、丙二醇甲醚、乙苯的色谱峰面积检测结果如表 2-3 所示。

表 2-3　　　　　　　　　　　色谱峰面积检测结果

基质	化合物名称	第 1 级	第 2 级	第 3 级	第 4 级	第 5 级
	乙醇	150140	768564	1535630	3004093	7242097
无原纸基质	丙二醇甲醚	13242	92778	226743	435693	1058087
	乙苯	5351	25728	46731	94773	235575
	乙醇	119266	619975	1257401	2492020	6111809
接装纸原纸基质	丙二醇甲醚	10576	75769	169610	413982	977620
	乙苯	5038	23386	48230	94689	240069

以色谱峰面积为 y，将系列标准工作溶液浓度为 x，按照 YC/T 207—2014 标准方法要求，将校准曲线强制过原点。最终按照校准直线函数的估计方法获得校准曲线相关参数估计值结果如下。

无原纸基质校准直线方程分别为：

$y_{乙醇1} = 18749695.53(\pm155064.62)x$，$r^2 = 0.9995$

$y_{丙二醇甲醚1} = 2396642.89(\pm24688.72)x$，$r^2 = 0.9992$

$y_{乙苯1} = 29056526.53(\pm130682.77)x$，$r^2 = 0.9947$

接装纸原纸基质校准直线方程分别为：

$y_{乙醇2} = 15763918.38(\pm63542.78)x$，$r^2 = 0.9999$

$y_{丙二醇甲醚2} = 2206118.32(\pm42961.86)x$，$r^2 = 0.9997$

$y_{乙苯2} = 29516502.86(\pm79775.01)x$，$r^2 = 0.9999$

根据无原纸基质和接装纸原纸基质校准直线结果，首先对校准直线斜率标准差进行等精度 F 检验，确认两组数据齐方差后，按照式（2-9）计算 t 统计量，结果如表 2-4 所示。

表 2-4　　　　　　　　　　　t 统计量计算结果

基质	统计量	乙醇	丙二醇甲醚	乙苯
无原纸	n_1	5	5	5
接装纸原纸	n_2	5	5	5

续表

基质	统计量	乙醇	丙二醇甲醚	乙苯
无原纸	斜率标准差（S_1）	155064.62	24688.72	130682.77
接装纸原纸	斜率标准差（S_2）	63542.78	42961.86	79775.01
	$F = S_{大}^2 / S_{小}^2$	5.955	3.028	2.684
	$F_{0.95}(n_1 - 1, n_2 - 1)$	6.39	6.39	6.39
	F 检验结论	精密度 无差异	精密度 无差异	精密度 无差异
	$S_合$	118496.25	35037.51	108263.65
无原纸	斜率（m_1）	18749695.53	2396642.89	29056526.53
接装纸原纸	斜率（m_2）	15763918.38	2206118.32	29516502.86
	t	39.840	8.598	6.718
	$t_{0.95}(n_1 + n_2 - 2)$	2.306	2.306	2.306
	t 检验结论	斜率 差异显著	斜率 差异显著	斜率 差异显著

结论：从表2-4的统计检验结果可以看出，对于乙醇、丙二醇甲醚、乙苯3种物质，无原纸基质校准直线的斜率与接装纸原纸校准直线斜率的 t 检验结果均大于 $t_{0.95}$ （8）临界值。由此说明，无原纸基质校准直线的斜率与接装纸原纸校准直线斜率差异显著。说明在使用 YC/T 207—2014 标准方法中，接装纸原纸会导致显著的基质效应。这也是 YC/T 207—2014 标准方法之所以采用不同类型烟用纸张原纸作为基质配标的主要原因。比较不同类型挥发性有机化合物的基质效应可以看出，醇类物质基质效应>醚类物质基质效应>苯系物基质效应。

图2-9、图2-10和图2-11给出了乙醇、丙二醇甲醚、乙苯的无原纸基质与接装纸原纸基质校准直线直观图。

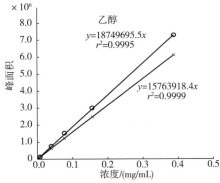

图 2-9　乙醇的无原纸基质与接装纸原纸基质校准直线

○无原纸基质　×接装纸原纸基质

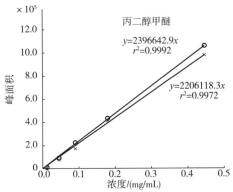

图 2-10　丙二醇甲醚的无原纸基质与接装纸原纸基质校准直线

○无原纸基质　×接装纸原纸基质

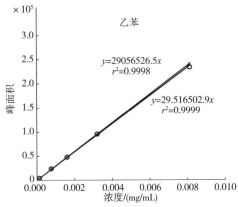

图 2-11　乙苯的无原纸基质与接装纸原纸基质校准直线

○无原纸基质　×接装纸原纸基质

第五节　回收率

一、定义

根据《GB/T 32467—2015 化学分析方法验证确认和内部质量控制　术语及定义》[3]，回收率的定义如下：

回收率（recovery）——检测开始前向样品中加入一定量的目标分析物，或使用原有分析物有证标准物质（certified referencematerial, CRM），通过特定的程序检测所获得样品的目标组分含量或浓度，与加入样品中或存在于样品中的目标分析物含量或浓度的百分比。

原有（原生）分析物（native analyte）指通过自然过程或生产过程产生而存在于测试材料中的目标分析物。

目标分析物（objective analytes）指存在于检测样品中，由方法制定的被检测的组分。目标分析物也称为分析物（analytes）、目标组分（objective components）。目标分析物可以使单一的组分，也可以是混合的组分。

二、回收率评价

1. 回收率的数值计算

回收实验是化学分析中常用的实验方法，也是重要的质控手段之一。许多分析方法的实验报告采用加标回收率来说明方法或测量结果的正确度[11]。根据回收率的定义，回收率的评估方法通常采用加标回收实验或使用原有分析物有证标准物质分析方法。

当采用有证标准物质分析方法评估回收率时，回收率按照式（2-11）计算获得[12]。

$$R(\%) = \frac{c_{\text{obs}}}{c_{\text{ref}}} \times 100 \qquad (2-11)$$

式中　R——回收率（recovery）；

c_{obs}——有证参考物质中目标分析物的检测（观测，observed）浓度（含量）；

c_{ref}——有证参考物质中目标分析物的定值（参考，reference）浓度

（含量）。

　　由于有证基质标准物质并非易于获得，因此在回收率的评估中，加标回收率方法的应用更为广泛。加标回收率试验通常是在检测开始前向样品基质中加入一定已知量的目标分析物，根据其测量结果与原样品（未加标）测量结果，计算加入目标分析物的加标回收率。回收率可按照式（2-12）计算获得[12]。例2-8给出了加标回收率计算的示例。

$$R(\%) = \frac{c_F - c_U}{c_A} \times 100 \qquad (2-12)$$

式中　　R——回收率（recovery）；

　　　　c_F——加标样品（fortified sample）中测得的被分析物的浓度（含量）；

　　　　c_U——未加标的样品（unfortified sample）中测得的被分析物的浓度（含量）；

　　　　c_A——在加标的样品中加入的目标分析物的浓度（含量）（added concentration）。

2. 回收率的评价准则

　　合理范围内的回收率是说明方法或测量结果的正确度的重要依据。根据《GB/T 27404—2008 实验室质量控制规范　食品理化检测》[13]对于检测方法确认的技术要求，回收率的参考范围如表2-5所示。

表2-5　　　　　　　　　　　　回收率参考范围

目标分析物含量/（mg/kg）	回收率范围/%
>100	95~105
1~100	90~110
0.1~1	80~110
<0.1	60~120

【例2-8】　加标回收率的计算

　　采用《YC/T 242—2008 烟用香精　乙醇、1，2-丙二醇、丙三醇含量测定 气相色谱法》[14]，对香精样品中乙醇、1，2-丙二醇、丙三醇进行加标回收率计算。其中，原样品中乙醇、1，2-丙二醇、丙三醇的含量分别为42.66，21.49，1.89mg。

解：

根据原样品中乙醇、1，2-丙二醇、丙三醇的含量结果，对该样品进行加标，乙醇、1，2-丙二醇、丙三醇的加标含量分别为 39.94，32.06，2.06mg，加标后样品乙醇、1，2-丙二醇、丙三醇的检测结果分别为 80.84，52.59，4.01mg。按照式（2-10）计算乙醇、1，2-丙二醇、丙三醇回收率的结果如下：

$$R_{乙醇} = \frac{100 \times (80.84 - 42.66)}{39.94} = 95.6\%$$

$$R_{丙二醇} = \frac{100 \times (52.59 - 21.49)}{32.06} = 97.0\%$$

$$R_{丙三醇} = \frac{100 \times (4.01 - 1.89)}{2.06} = 102.9\%$$

从结果可以看出，乙醇、1，2-丙二醇、丙三醇的回收率在 95.6% ~ 102.9%。根据表 2-5，目标分析物含量在 1 ~ 100mg/kg 时，回收率范围为 90% ~ 110%。因此回收率评价结果满意。

作为正确度的评价指标之一，回收率越接近 100%，可能反映出的测量的系统误差越小。因此在得到回收率的计算结果之后，实验室可采用 t 检验统计方法检验实际回收率与 100% 是否存在显著性差异。在 t 检验中，t 值得计算按照式（2-13）计算获得。

若 t 统计量小于自由度为（$f = n - 1$）及给定显著性水平 a（通常 $a = 0.05$）的临界值 $t_{a(f)}$，则实际回收率与 100% 没有显著性差异；反之，则说明实际回收率与 100% 存在显著性差异。

$$t = \frac{|1 - \bar{R}|}{s_R / \sqrt{n}} \tag{2-13}$$

式中　$\bar{R}$ ——平均回收率；

　　　s_R ——平均回收率的标准偏差；

　　　n ——回收率的检测次数。

例 2-9 给出了回收率显著性评价示例。

【例 2-9】　回收率显著性评价

采用 YC/T 207—2014 标准方法[9]，获得烟用包装材料样品苯的回收率结果如表 2-6 所示。评价回收率的显著性。

表 2-6　　　　　　　　烟用包装材料样品中苯回收率结果

加标量/（mg/m²）	测定值/（mg/m²）	回收率/%	回收率均值/%
0.003	0.003	100.00	116.67
	0.003	100.00	
	0.004	133.33	
	0.004	133.33	
0.014	0.012	85.71	96.43
	0.014	100.00	
	0.014	100.00	
	0.014	100.00	
0.055	0.051	92.73	100.00
	0.055	100.00	
	0.056	101.82	
	0.058	105.45	

注：表 2-6 数据结果参见文献 [15]。

解：

根据表 2-6 数据，按照式（2-13）计算 t 统计量，结果如表 2-7 所示。

表 2-7　　烟用包装材料样品中不同苯含量平均回收率 t 统计量计算结果

含量/（mg/m²）	0.003	0.014	0.055
平均回收率（$\bar{R}$）	1.1667	0.9643	1.0000
重复测定次数（n）	4	4	4
回收率标准偏差（S_R）	0.19243	0.07145	0.05350
t 统计量	1.732	0.999	0

选择 95% 置信概率条件，自由度为 $f = n - 1 = 3$，经查表获得 t 临界值为 3.182。由此可见，烟用包装材料样品中不同苯含量（0.003，0.014，0.055mg/m²）的平均回收率 t 统计量均小于 $t_{0.05}(3)$，即各含量水平平均回收率与 100% 并无显著性差异。

三、回收率评估的三点注意事项

1. 加标回收率试验中的加标量

在开展加标回收率试验时，添加物浓度水平应接近分析物浓度或在校准曲线中间范围浓度内，加入的添加物总量不应显著改变样品基体[16]。在食品理化检验中，对于食品中的禁用物质，回收率应在方法测定低限（定量限）、2倍方法测定低限和10倍方法测定低限进行三水平试验；对于已经制定最高残留限量（MRL）的，回收率应在方法测定低限、MRL、选一合适点进行三水平试验；对于未制定MRL的，回收率应在方法测定低限、常见限量指标、选一合适点进行三水平试验[13]。

2. 加标回收率评价结果描述正确度

严格来说，回收率研究仅依据对添加状态分析物的影响因素来评估偏倚。这些影响因素并不适用于实际试样中处于原始状态下的分析物。因此，好的加标回收率并不能保证方法的正确度，而差的加标回收率肯定表明方法正确度差。因此评估一个检测标准方法的偏倚，在目前的科学水平下，大多采用有证标准样品（CRM）来进行。只有在实在无法获得有证标准样品或控制样品的情况下，才能采用在一个空白样品基质中添加已知浓度标准物质的办法。

3. 回收率的范围

通常，当回收率低于60%时，应查找改进分析方法中导致低回收率的原因，如样品前处理过程造成目标物的损失等，改进分析方法从而使回收率有所提高；而当回收率大于120%时，则说明基质中的杂质对目标分析物有所干扰，需要改进分析方法从而对目标分析物进行更好地分离。

第六节　准确度

一、定义

根据《GB/T 6379.1—2004/ISO 5725-1：1994测量方法与结果的准确度（正确度与精密度）　第1部分：总则与定义》[17]，准确度（正确度和精密度）的定义如下：

准确度（accuracy）——测试结果与接受参照值间的一致程度。

术语准确度，当用于一组测试结果时，由随机误差分量和系统误差即偏倚分量组成。

正确度（trueness）——由大量测试结果得到的平均数与接受参照值间的

一致程度。

正确度的度量通常用术语偏倚表示。

偏倚（bias）指测试结果的期望与接受参照值之差。与随机误差相反，偏倚是系统误差的总和，偏倚可能由一个或多个系统误差引起。系统误差与接受参照值之差越大，偏倚就越大。

精密度（precision）——在规定条件下，独立测试结果间的一致程度。

精密度仅仅依赖于随机误差的分布而与真值或规定值无关。

精密度的度量通常以不精密度表达，其量值用测试结果的标准差来表示，精密度越低，标准差越大。

"独立测试结果"指的是对相同或相似的测试对象所得的结果不受以前任何结果的影响。精密度的定量的测度严格依赖于规定的条件，重复性和再现性条件为其中两种极端情况。

二、准确度概念的理解

准确度是衡量结果质量的一个参数[6]。很长时间以来，准确度这一术语只用来表示现在称之为正确度的部分。然而，根据 ISO 5725 对准确度的定义，准确度指的是被测量特征的测定结果和认可的标准值之间相一致的程度，准确度既包含正确度（系统误差即偏倚分量）也包含精密度（随机误差分量）。其中，正确度指大量测试结果的（算术）平均值与真值或接受参考值之间的一致程度，用偏倚表示；而精密度指测定结果之间的一致程度[17]，通常用标准偏差表示。

图 2-12 给出了测量结果准确度的直观描述。在图 2-12 中的三组测试结果中，1 号数据虽然 6 个测试结果算术平均值在真值（靶心）附近，但 6 个测试结果较为离散，也就说 6 个测试结果之间的差异较大，由此说明 1 号数据虽然正确度高，但精密度低；2 号数据虽然 6 个测试结果之间的一致性较好，但 6 个测试结果算术平均值与靶心之间存在明显的偏倚，由此说明 2 号数据虽然精密度高，但正确度低，存在测量结果系统偏倚；3 号数据 6 个测试结果算术平均值在真值附近，且 6 个测试结果之间的一致性较好，由此说明，3 号数据的精密度和正确度均高，即具有高的准确度。

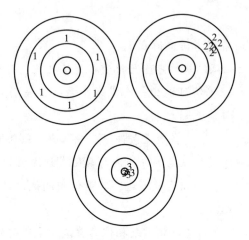

图 2-12 测量结果准确度直观图

三、精密度的评价

1. 精密度的分类

　　精密度是在规定条件下独立测试结果间的一致程度。重复性条件和再现性条件是精密度定义所指"规定条件"的两个极端条件,这两个条件对很多实际情况是必需的,对描述测量方法的变异性是有用的。重复性条件(repeatability conditions)指在同一实验室,由同一操作员使用相同的设备,按相同的测试方法,在短时间内对同一被测对象相互独立进行的测试条件;再现性条件(reproducibility conditions)指在不同的实验室,由不同的操作员使用不同设备,按相同的测试方法,对同一被测对象相互独立进行的测试条件。由此可见,在使用相同测试方法对同一被测对象相互独立进行的测试过程中,影响精密度条件的因素主要包括:操作人员、使用的设备、设备的校准、环境(温度、湿度、空气污染等)、不同测量的时间间隔等[17]。当上述影响因素的一个或多个允许变化时,位于重复性条件和再现性条件的中间条件也是可以想象的,常称为中间精密度条件。

　　根据精密度规定条件的分类,精密度可分为重复性条件下的精密度、中间条件下的精密度和再现性条件下精密度。其中,在重复性条件下的精密度称为重复性(repeatability),在再现性条件下的精密度称为再现性(reproducibility)。

2. 精密度的数值估计

在日常检测工作中，精密度（变异性）常简单的采用一组测量数据的标准偏差（S）或相对标准偏差（RSD）表示。当一组检测结果为 x_1，…，x_n 时，S 和 RSD 的计算按照式（2-14）和式（2-15）获得。

$$S = \sqrt{\frac{\sum_{n=1}^{n}(x_n - \bar{x})^2}{n-1}} \tag{2-14}$$

$$RSD = \frac{S}{\bar{x}} * 100\% \tag{2-15}$$

式（2-14）和式（2-15）中，$\bar{x}$ 为测量结果算数平均值。

$$\bar{x} = \frac{x_1 + x_2 + \cdots + x_n}{n}$$

例 2-10 给出计算一组测量结果算术平均值、标准偏差和相对标准偏差的示例。

【例 2-10】 计算一组测量结果的平均值、标准偏差和相对标准偏差

在重复性条件下，对烟用接装纸质控样品外层 Cr 元素进行测定，测定结果分别为 2.72，2.58，2.75，2.74，2.67，2.51，2.77，2.80，2.59，2.84mg/kg，计算这一组测量结果的平均值（$\bar{x}$）、标准偏差（S）和相对标准偏差（RSD）。

注：该实例参见文献［18］中均匀性测试部分。

解：

按照式（2-14）和式（2-15）计算获得这一组测量结果的平均值（$\bar{x}$）、标准偏差（S）和相对标准偏差（RSD），结果如下：

$$\bar{x} = \frac{x_1 + x_2 + \cdots + x_n}{n} = \frac{26.97}{10} = 2.70 \text{（mg/kg）}$$

$$S = \sqrt{\frac{\sum_{n=1}^{n}(x_n - \bar{x})^2}{n-1}} = \sqrt{\frac{0.1024}{10-1}} = 0.11 \text{（mg/kg）}$$

$$RSD = \frac{S}{\bar{x}} \times 100\% = \frac{0.11}{2.70} \times 100\% = 4.1\%$$

综上，这一组测量结果的平均值为 2.70mg/kg、标准偏差为 0.11mg/kg，相对标准偏差为 4.1%。

《GB/T 6379.2—2004/ISO 5725-2：1994 测量方法与结果的准确度（正确

度和精密度）第 2 部分：确定标准测量方法重复性和再现性的基本方法》给出了通过协同实验室间试验获得测量方法精密度的数值估计的基本方法[19]。该标准规定了通过实验室间协同试验，用数理统计方法，计算并确定标准测量方法的重复性标准差（S_r）和再现性标准差（S_R）数值，并确定 S_r 和 S_R 与测量水平（$\hat{m}$）的函数关系，简称方法精密度，用测试方法的"精密度"代替传统的"允许差"[20]。目前，作为解释测量结果，评价、选择测试方法的重要依据，采用 S_r 和 S_R 来表示方法的精密度已为国际先进标准所广泛采用[21,22]。

按照 GB/T 6379.2—2004/ISO 5725-2：1994 标准的方法，当测量水平为 m 时，S_r 和 S_R 的计算方法如下：

$$T_1 = \sum n_i \bar{y_i} \tag{2-16}$$

$$T_2 = \sum n_i (\bar{y_i})^2 \tag{2-17}$$

$$T_3 = \sum n_i \tag{2-18}$$

$$T_4 = \sum n_i^2 \tag{2-19}$$

$$T_5 = \sum (n_i - 1) S_i^2 \tag{2-20}$$

$$S_r = \sqrt{\frac{T_5}{T_3 - p}} \tag{2-21}$$

$$S_L = \sqrt{\left[\frac{T_2 T_3 - T_1^2}{T_3(p-1)} - S_r^2\right]\left[\frac{T_3(p-1)}{T_3^2 - T_4}\right]} \tag{2-22}$$

$$S_R = \sqrt{S_L^2 + S_r^2} \tag{2-23}$$

$$\hat{m} = \frac{T_1}{T_3} \tag{2-24}$$

式中　n_i——第 i 号实验室对 m 水平样品的测试结果个数；

　　　$\bar{y_i}$——第 i 号实验室对 m 水平样品的测定结果算术平均值；

　　　S_i——第 i 号实验室对 m 水平样品的测定结果标准偏差；

　　　p——参加实验室间协同试验的实验实数；

　　　S_L——参加实验室间的标准偏差；

　　　$\hat{m}$——协同试验对 m 水平样品的测定结果总平均值估计值；水平。

例 2-11 给出了计算 S_r 和 S_R 的简单示例。

【例 2-11】 根据实验室间协同试验结果，评价烟用纸张中丁酮的精密度

参考文献［23］中烟用纸张中 B 样品中丁酮溶剂残留标准测量方法的共同实验结果，计算获得烟用纸张中 B 样品丁酮测量结果精密度。为使本示例避免过去冗繁，仅选取文献［23］中 8 家（p）经柯克伦最大方差比检验法[24]和拉布斯检验改进方法[25]离群值检查合格的实验室检测结果，8 家实验室检测结果如表 2-8 所示。

表 2-8   烟用纸张中丁酮的检测结果

实验室 i	n_i	$\bar{y}_i$/（mg/m²）	S_i/（mg/m²）
1	3	1.454	0.014
2	3	1.643	0.019
3	3	1.628	0.017
4	3	1.565	0.060
5	3	1.413	0.013
6	3	1.460	0.007
7	3	1.464	0.035
8	3	1.454	0.105

解：

按照式（2-16）到式（2-24），获得相关统计量结果如下：

$$T_1 = \sum n_i \bar{y}_i = 36.2430$$

$$T_2 = \sum n_i (\bar{y}_i)^2 = 54.8963$$

$$T_3 = \sum n_i = 24$$

$$T_4 = \sum n_i^2 = 72$$

$$T_5 = \sum (n_i - 1) S_i^2 = 0.0338$$

$$S_r = \sqrt{\frac{T_5}{T_3 - p}} = 0.0460$$

$$S_L = \sqrt{\left[\frac{T_2 T_3 - T_1^2}{T_3 (p-1)} - S_r^2\right]\left[\frac{T_3(p-1)}{T_3^2 - T_4}\right]} = 0.0845$$

$$S_R = \sqrt{S_L^2 + S_r^2} = 0.0962$$

$$\hat{m} = \frac{T_1}{T_3} = 1.5101$$

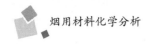

最终，按照 GB/T 6379.2—2004/ISO 5725-2：1994 标准推荐方法，所获得 1.5101mg/m² 丁酮含量水平的重复性标准差为 0.0460mg/m²，再现性标准差为 0.0962mg/m²。

根据式（2-15）还可以进一步计算出相对重复性标准差（RSD$_r$）和相对再现性标准差（RSD$_R$），结果如下：

$$RSD_r = \frac{S_r}{\widehat{m}} \times 100\% = 3.0\%$$

$$RSD_R = \frac{S_R}{\widehat{m}} \times 100\% = 6.4\%$$

GB/T 6379.2—2004/ISO 5725-2：1994 主要研究在重复性条件和再现性条件下测量的各种标准的估计。然而在通常的实验室工作中往往要求对两个（或多个）测试结果观测值的差进行检查，为此需确定一些类似临界差之类的度量，如重复性限（repeatability limit，用符号 r 表示）和再现性限（reproducibility limit，用符号 R 表示），而不是标准差[26]。其中，重复性限的定义为一个数值，在重复性条件下，两个测试结果的绝对差小于或等于此数的概率为95%；再现性限的定义为一个数值，在再现性条件下，两个测试结果的绝对差小于或等于此数的概率为 95%[17]。在《GB/T 6379.6—2009/ISO 5725-6：1994 测量方法与结果的准确度（正确度和精密度） 第 6 部分：准确度的实际应用》中，该标准给出了计算 r 和 R 的计算方法［式（2-25）和式（2-26）］。

$$r = 2.8 S_r \tag{2-25}$$

$$R = 2.8 S_R \tag{2-26}$$

3. 精密度试验需要考虑的两个突出问题

当通过协同实验室间试验获得测量方法精密度时，往往需要在精密度试验计划中考虑如何实施有效的协同试验。其中最为常见也是比较突出的问题是：宜征集多少家实验室来协作进行试验？每家实验室宜进行多少次重复测试？

按照 GB/T 6379.1—2004/ISO 5725-1：1994[17]给出的 95% 置信概率下 S_r 和 S_R 估计值的不确定度系数计算方法，获得不同实验室数（p）对应不同测试结果数（n）的 S_r 的不确定度系数以及 S_R 的不确定度系数，取再现性标准差与重复性标准差的比值（γ）为 2。从结果（图 2-13 和图 2-14）可以直观看出，对于实验室数而言，当参加精密度试验的实验室数目很少时，S_r 和 S_R 的不确定度系数较高；而当 $p>20$ 时，再增加 2~3 个实验室只能使不确定度降低很少，因此，GB/T 6379.1—2004/ISO 5725-1：1994 推荐参加精密度试验的实验室数 p 通常取 8~15。对于重复测试次数而言，增加每个实验室测试结果数（$n>2$）有利于降低不确定度系数，特别是降低 S_r 不确定度系数；但当保证了足够的实验室数后，再增加每个实验室测试结果数对不确定的影响不明显。因此，参加精密度试验的每个实验室测试结果数 n 通常取 3~5。

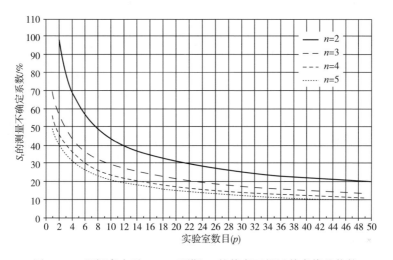

图 2-13　以概率水平 95%，预期 S_r 的偏离不超过其真值的倍数

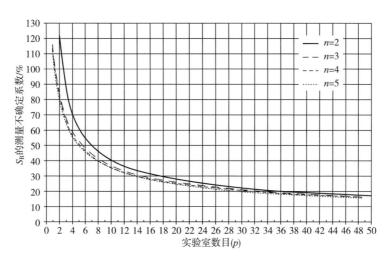

图 2-14　以概率水平 95%，预期 S_R 的偏离不超过其真值的倍数（$\gamma=2$）

4. 精密度的评价准则

精密度的结果往往依赖于测量水平，通常在化学分析中，测量水平的浓度值越大，测量结果间的变异性越小，精密度越高；测量水平的浓度越小，测量结果的变异性越大，精密度越低。1980 年，Horwitz，Kamps 和 Boyer 对美国分析化学家协会（AOAC）组织的 50 多个不同测试项目的实验室间协同试验结果进行了核查，结果发现，测量水平的质量浓度与再现性存在一定的函数关系[27]。而后，在化学分析领域，Horwitz 方程被广泛作为测量结果精密度的评价依据。

通常，在工作范围内，精密度研究及评价准则要求如下[2,28]：

（1）实验室应在标准曲线所确定的工作范围内研究精密度绝对值与目标组分浓度的关系。化学分析中，一般情况下，精密度的绝对值与目标组分浓度或含量呈线性关系，个别情况下，取对数或变化成相对标准偏差后是一个常数。

（2）可将使用 Horwitz 方程计算的结果用于评价精密度。Horwitz 方程为式（2-27）。表 2-9 是用 Horwitz 方程计算得到的预测再现性相对标准偏差结果。

（3）在重复性条件下，HorRat 比值的结果通常在 1/3 ~ 1/2。

（4）在再现性条件下，HorRat 比值的结果通常不大于 1。

注：HorRat 比值[29]的计算按照式（2-28）计算获得。

$$PRSD_R = 2^{(1-0.5\lg C)} \tag{2-27}$$

式中　$PRSD_R$ ——预测再现性相对标准偏差；

　　　C ——目标分析物的浓度质量分数。

$$HorRat = \frac{RSD}{PRSD_R} \tag{2-28}$$

式中 RSD 为实验室评估获得的实际重复性相对标准偏差或再现性标准偏差。

表 2-9 　　　　　　　**Horwitz 方程计算得到的预测PRSD_R**

C	$PRSD_R$	C	$PRSD_R$
100%	2.0	1 ppm	16.0
10%	2.8	100 ppb	22.6
1%	4.0	10 ppb	32.0
0.1%	5.7	1 ppb	45.3
0.01%	8.0	0.1 ppb	64.0
10 ppm	11.3		

注：ppm（parts per million），指百万分之一，1ppm = 10^{-6} = 1mg/kg；ppb（parts per billion），指十亿分之一，1ppb = 10^{-9} = 1μg/kg。

四、正确度的评价

正确度是检测结果与真值或接受参考值之间的一致程度。正确度试验的目的是度量和评价系统误差分量，即偏倚。正确度评价方法包括分析有证参考物质、方法比对、分析具有溯源性的参考物质和参加能力验证计划来获得正确度的结果，同时还可以结合回收率的考察结果评价正确度[8]。

1. 偏倚的数值估计

偏倚的估计常用检测结果算术平均值与接受参考值的偏差表示，Δ 的计算按照式（2-29）或式（2-30）获得。

$$\Delta_1 = \frac{\overline{m} - \mu}{\mu} \times 100\% \tag{2-29}$$

$$|\Delta_2| = |\overline{m} - \mu| \tag{2-30}$$

式中 Δ_1——相对偏差；

$\quad\quad \Delta_2$——绝对偏差；

$\quad\quad \overline{m}$——检测结果算术平均值；

$\quad\quad \mu$——接受参考值或真值。

2. 正确度的评价准则

根据《GB/T 32465—2015 化学分析方法验证确认和内部质量控制要求》规定[2]：当使用有证标准物质进行重复性分析评价正确度时，重复检测的平均值与接受参考值的相对偏差应在 ±10%。

在残留物和污染物定量分析中，实验室重复分析有证标准物质或参考物质，结构经回收率校正后的平均质量分数与接受参考值之间的相对偏差不能超过表 2-10 的规定[2]。

表 2-10   定量方法的最低正确度要求

浓度水平/（μg/kg）	范围/%
<1	−50~20
1~10	−30~20
>10	−20~10

需要指出的是，利用样品的基质匹配且浓度相近的有证标准物质（CRMs）分析评价方法偏倚是最理想的。然而，某些情况下实验室只能依赖于加标评估其偏倚。在这种情况下，100% 的回收率并不一定意味着好的正确

度，但差的回收率则一定意味着有偏倚。

可利用已知偏倚的国际或国家认可的参考方法来评定另一种方法的偏倚，或者利用两种方法按照相关测试程序对多种基质或浓度的典型样品进行测定，并用 t 检验对分析方法间的偏倚进行显著性评估[4]。在 t 检验法中，若 t 值小于等于拟定置信概率条件下自由度（$f = n - 1$）的 t 临界值，则检测结果平均值与接受参考值的差异不显著；若 t 值大于拟定置信概率条件下自由度（$f = n - 1$）的 t 临界值，则检测结果平均值与接受参考值的差异显著。

当分析方法的精密度已知时，亦可以利用精密度临界差法对偏倚进行评价，即 n 次重复性测量结果的平均值与接受参考值的绝对偏差差不应超过 95% 置信概率条件下的临界值（$CD_{0.95}$）。临界值的计算依据 GB/T 6379.6—2009[26] 按照式（2-31）获得。

$$CD_{0.95} = \frac{1}{\sqrt{2}} \sqrt{(2.8\sigma_R)^2 - (2.8\sigma_r)^2 \left(\frac{n-1}{n}\right)} \qquad (2-31)$$

式中　n——重复性条件下测测量次数；

　　σ_R——再现性条件下方法总体标准偏差，通常用再现性标准偏差（S_R）作为其估计值；

　　σ_r——重复性条件下方法总体标准偏差，通常用重复性标准偏差（S_r）作为其估计值。

例 2-12 给出了利用精密度临界值法评价测量结果正确度的示例。

【例 2-12】　评价烟用纸张中丁酮测量结果的正确度

在重复性条件下，对参考文献［30］中烟用纸张中 B 样品中丁酮的测试结果分别为 1.502，1.530，1.521，1.566，1.523，1.506，以例 2-11 所获得的 S_r 和 S_R 作为 σ_r 和 σ_R 的无偏估计值，以例 2-11 中 8 家实验室结果均值作为接受参考值（$\bar{m}$），评价测试结果的正确度。

解：

根据例 2-11 可知，按照 GB/T 6379.2—2004/ISO 5725-2：1994 标准推荐方法，所获得 1.5101mg/m² 丁酮含量水平（$\bar{m}$）的重复性标准差（S_r）为 0.0460mg/m²，再现性标准差（S_R）为 0.0962mg/m²。

按照式（2-31）计算获得的 95% 置信概率条件下的临界值（$CD_{0.95}$）为：

$$CD_{0.95} = \frac{1}{\sqrt{2}} \sqrt{(2.8 \times 0.0962)^2 - (2.8 \times 0.0460)^2 \left(\frac{6-1}{6}\right)} = 0.1714(mg/m^2)$$

按照式（2-29）计算获得的偏倚为：

$$|\Delta_2| = \left| \frac{1.502 + 1.530 + 1.521 + 1.566 + 1.523 + 1.506}{6} - 1.5101 \right|$$

$$= |1.525 - 1.5101|$$

$$= 0.0149(\text{mg}/\text{m}^2)$$

结论：由于 $|\Delta_2| < \text{CD}_{0.95}$，因此测量结果的正确度满足要求，偏倚处于受控。

如果只是对方法的正确度进行验证，工作内容可适当从简，只要回收率满足要求即可[2]。有关方法回收率的评价与要求详见本章第五节回收率的评价。

第七节　选择性

一、定义

根据《GB/T 32467—2015 化学分析方法验证确认和内部质量控制　术语及定义》[3]，选择性的定义如下：

选择性（selectivity）——方法能够区分目标分析物和样品中其他成分（如其他待测物、基质成分、其他可能的干扰物）的程度。

在定性分析中，选择性指方法能够确定阴性结果的能力。

相对于特异性，常使用选择性这个术语。

二、选择性的评价

1. 分析方法选择性评价的方法与措施

没有一个分析试剂或分析方法能够完全不受其他物质的干扰，所谓选择性的优劣是相对的[5]。

在定量化学分析中，实验室通常采用对空白（样品空白、试剂空白、标准溶液空白）进行检测，观察确定是否存在干扰。也可以在空白中通过添加目标分析物或潜在的干扰物，确定是否存在干扰[8]。需要指出的是，这里所指的"干扰"既包括非目标组分对目标分析物的干扰，也包括被分析的多种目标分析物之间的相互干扰。

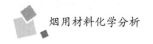

若发现干扰存在，且这种干扰显著的影响了检测结果的准确度，则应从检测程序上查找干扰的原因，采取优化措施来消除干扰。常使用的优化措施包括：

（1）优化样品前处理　如优化样品净化方式（固相萃取），添加杂质掩蔽剂，对目标分析物进行衍生等。

（2）改变色谱条件　如更换色谱柱，调整气相色谱升温速率，调整液相色谱流动相以及梯度洗脱程序等。

（3）改变检测条件　如重新确定质谱的监测离子，重新确定荧光/紫外等光学检测器的检测波长等。

当采用可行的措施仍然无法消除干扰时，实验室应考虑将干扰的结果作为分析方法的偏倚，进行背景扣除或采用基质校正，用于校正最终的检测结果。

2. 色谱分离验证选择性的两个重要指标

一般而言，仪器分析方法具有较好的选择性。其中，色谱（包括高效液相色谱和气相色谱）是最好的分离技术。通常，实验室可以通过目标物色谱峰与相邻杂质干扰物质色谱等之间的分离度以及目标物色谱峰纯度验证色谱方法的选择性[6]。

目标物色谱峰与相邻杂质干扰物质色谱等之间的分离度是考察分析方法选择性最为重要的指标。实际操作中，制备一个包含有目标分析物和所有可能存在组分的混合样品，进行测试考察色谱峰之间的分离度。分离度（R_s）可表达成函数关系式（2-32）（见图2-15）。一般来说，当 $R<1$ 时，两峰有部分重叠；当 $R=1.0$ 时，分离度可达98%；当 $R=1.5$ 时，分离度可达99.7%。通常，用 $R=1.5$ 作为相邻两组分已完全分离的标志，而1.0的分离度则是最低要求。

$$R_s = \frac{2 \times (t_{R_2} - t_{R_1})}{b_1 - b_2} \tag{2-32}$$

式中　t_{R_1}——目标分析物色谱峰的保留时间；

t_{R_2}——最邻近色谱峰的保留时间；

b_1——目标分析物色谱峰的基线宽度；

b_2——目标最邻近色谱峰的基线宽度。

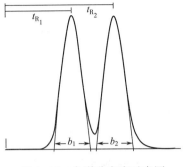

图 2-15　色谱分离度示意图

　　目标物色谱峰纯度的检验也可用于考察方法的选择性。在色谱中,色谱峰可能存在不止一个化合物,即几个物质在色谱条件下共流出现象。对于这种情况,可以通过分析目标分析物的色谱峰纯度进行评价。过去的做法是改变流动相组成或色谱柱等色谱条件,观察目标物是否与基质或干扰物质分离。例如,气相色谱双柱定性方法,采用两根极性相差较大的色谱柱分别对样品进行分离,考察目标分析物及干扰物的出峰情况,从而判定目标化合物色谱峰纯度。而目前,随着仪器工作站软件处理数据能力的不断进步,色谱峰纯度结果可直接通过软件计算获得。以超高效液相色谱法测定卷烟包装纸中二苯甲酮(BP)和 4-甲基二苯甲酮(4-MBP)为例[31],采用紫外 3D 光谱的扫描,考察样品中 BP 和 4-MBP 的峰纯度,典型阳性样品峰纯度图如图 2-16和图2-17所示。结果表明,BP 纯度角为 11.255,纯度阈值为 16.930,4-MBP 纯度角为 1.025,纯度阈值为 1.967,两种化合物的纯度角均小于纯度阈值,说明色谱峰纯度良好。

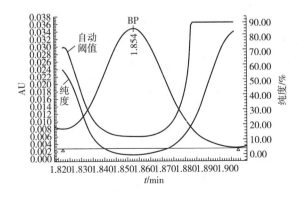

图 2-16　样品中二苯甲酮峰纯度图(注:该图引自文献 [31] 图6)

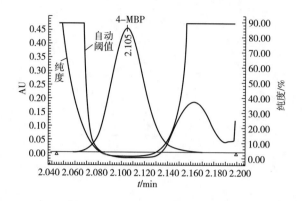

图 2-17　样品中 4-甲基二苯甲酮峰纯度图（注：该图引自文献［31］图7）

第八节　稳定性

一、定义

根据《GB/T 32467—2015 化学分析方法验证确认和内部质量控制 术语及定义》[3]，稳定性的定义如下：

稳定性（stability）——在一定时间内，分析方法保持其检测结果准确度不发生显著变化的能力。

化学分析中，稳定性通常指检测样品、基质和校准标准溶液的稳定性。

二、稳定性试验设计

在化学分析中，研究并明确检测样品、基质和校准标准溶液的稳定性十分重要。在稳定期内实施检测程序，控制不稳定的因素（环境、设施等条件），是确保检测结果有效性的前提和基础。根据稳定性的定义，分析方法的稳定性通常用保持检测结果准确度不发生显著变化的时间（稳定期限）来表示。

分析方法的稳定性是通过稳定性试验评价获得的。稳定性试验主要是研究样品、样品前处理后的基质、标准溶液在规定条件保管下目标分析物的稳定期限。

根据《GB/T 35655—2017 化学分析方法验证确认和内部质量控制实施指

南　色谱分析》和《GB/T 35657—2017 化学分析方法验证确认和内部质量控制实施指南　基于样品消解的金属组分分析》[32]的规定，不同研究对象稳定性考察周期分别为：

（1）标准储备液的稳定性考察周期一般为 4 周，检测时间间隔为 1、2、4 周。

（2）样品的稳定性考察周期为 12 周。检测时间间隔为 1、2、4、12 周。特殊情况下，如法律法规和权威机构有规定，可以要求样品存在的周期更长。

（3）样品处理液（基质溶液）的考察周期以及间隔周期由实验室根据样品情况和实际检测情况自行确定。

由于化学分析测试通常在实验室中进行，因此，所谓的规定保管条件主要包括是否避光与环境温度两个方面。根据《GB/T 32465—2015 化学分析方法验证确认和内部质量控制要求》的规定，在稳定性试验的保管条件及其试验样品数按照表 2-11 进行研究。

表 2-11　　　　　　　　　稳定性试验保管条件及其试验样品数

条件	-20℃	4℃	20℃
避光	10 份	10 份	10 份
光照			10 份

三、稳定性的统计检验

对于稳定性试验所获得不同保管条件下不同考察周期的样品测试结果，通常需要利用统计方法检验其准确度是否发生了显著变化。通常，稳定性检验的统计方法包括 t 检验法、多重比较法等。

1. t 检验法

在 t 检验法中，可以通过两种方式实现。一是通过一定考察周期后系列测量结果算术平均值与已知原样品中目标分析物的标准值（或参考值）进行一致性检验，简称"参考值一致性比较"，此时，t 统计量按照式（2-33）进行计算，若 t 统计量小于自由度为（$f = n_i - 1$）及给定显著性水平 a（通常 $a = 0.05$）的临界值 $t_{a(f)}$，说明此考察周期内稳定，反之不稳定；二是通过一定考察周期后测量结果与最初一次的测试结果进行两个平均值一致性检验，简称"两个均值一致性比较"，此时，t 统计量按照式（2-34）进行计算并进行检验，若 t 统计量小于自由度为（$f = n_i + n_0 - 2$）及给定显著性水平 a（通常 $a = 0.05$）的临界值 $t_{a(f)}$，说明此考察周期内稳定，反之不稳定。

需要注意是，在使用两个均值一致性比较的 t 检验法时，虽然在稳定性试验中所用的测量方法通常是相同的，即不同时期测量结果的精密度一致，但由于不同时期实验操作人员等因素的影响，还是需要在进行 t 检验前，对两组数据的变异性进行等精度（齐方差）检查，以确保两组测量数据的精密度无显著性差异，即采用 F 检验法评价两组测量数据精密度的一致性。F 统计量的计算按照式（2-35）获得。若 F 统计量小于自由度为（$v_1 = n_1 - 1$，$v_2 = n_2 - 1$）及给定显著性水平 [通常 $a = 0.05$ 的临界值 $F_{a(v_1, v_2)}$] 的临界值，则认为两组测量结果无显著性差异，反之，差异显著。

$$t_i = \frac{|\bar{x}_i - \mu|}{\frac{S_i}{\sqrt{n_i}}} \tag{2-33}$$

式中　$\bar{x}_i$——考察周期为 i 时 n_i 个样品测量结果的算术平均值；

　　　μ——原样品的标准值（或参考值）；

　　　S_i——n_i 个测量结果的标准偏差；

　　　n_i——考察周期为 i 时测量的样品数。

$$t = \frac{|\bar{x}_i - \bar{x}_0|}{\sqrt{\frac{(n_i - 1)s_i^2 + (n_0 - 1)s_0^2}{n_i + n_0 - 2}} \times \sqrt{\frac{1}{n_i} + \frac{1}{n_0}}} \tag{2-34}$$

式中　$\bar{x}_i$——考察周期为 i 时 n_i 个样品测量结果的算术平均值；

　　　$\bar{x}_0$——最初一次 n_0 个样品测试结果的算术平均值；

　　　S_i——n_i 个测量结果的标准偏差；

　　　S_0——n_0 个测量结果的标准偏差；

　　　n_i——考察周期为 i 时测量的样品数；

　　　n_0——最初一次测量的样品数。

$$F = \frac{S_1^2}{S_2^2} \tag{2-35}$$

式中　S_1^2——具有较大方差样本测量结果的方差；

　　　S_2^2——具有较小方差样本测量结果的方差。

2. 多重比较法

《GB/T 10092—2009 数据的统计处理和解释测试结果的多重比较》[33] 所

规定的多重比较统计方法是《GB/T 35655—2017 化学分析方法验证确认和内部质量控制实施指南 色谱分析》与《GB/T 35657—2017 化学分析方法验证确认和内部质量控制实施指南　基于样品消解的金属组分分析》推荐的稳定性统计检验方法。

按照多重比较统计方法进行稳定性试验设计和结果评价时，首先需要确定每个处理中所需样本份数。其确定方法参见 GB/T 10092—2009 附录 A 的规定，按照式（2-36）计算每个处理重复测定次数及试样的总分份数。一般情况下，自由度应不小于 15。假定检测 4 个时间间隔（4 个处理），那么每个时间间隔的重复检测次数不低于 5 次，试样的总份数不低于 20 份。

$$n = \frac{f}{k} + 1 \tag{2-36}$$

式中　n ——每个处理的重复检测次数；

　　　f ——要求的最小自由度；

　　　k ——处理个数。

根据 GB/T 10092—2009 规定多重比较统计方法程序[33]，首先为保证比较不同考察周期和保存条件下处理的检测结果精密度基本相等，推荐采用科克伦（Cochran）检验法检验各处理的方差齐性，若某一处理出现方差过大时，应剔除该处理的全部数据，不参与下一步的多重比较；其次，对剔除离群值后的数据，重新计算处理的平均值和公共方差估计值；最后对多个处理的数据进行多重比较；多重比较的统计方法包括 k 种处理与参照处理之间的比较法（D 法）、k 种处理的两两比较法（T 法）、几组处理均值间的比较法（S 法）。若多重比较的结果表明，在检测周期内，各组分检测结果没有显著性差异，则可以得出在考察的周期内，检测对象稳定的结论；反之，在考察的周期内检测对象不稳定。

第九节　耐用性

一、定义

根据《GB/T 32467—2015 化学分析方法验证确认和内部质量控制　术语及定义》[3]，耐用性的定义如下。

耐用性（ruggedness）——分析方法对实验室一般不刻意控制或不能保持

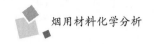

完全一致的微小条件变化的敏感性。

耐用性也称为稳健性（robustness）。

实验室不刻意控制或不能保持完全一致的微小条件包括：试剂批次、某个操作的时间因素、人员、温度波动等。

二、耐用性试验的因素

一个好的分析方法应该不受环境等一些因素的变化而变化。耐用性试验是考察环境或其他条件变量对分析方法影响的一项检验程序。进行耐用性试验的目的在于鉴别这些必须仔细控制的实验条件，并针对检测结果准确度有较大影响的因素，提出有效控制措施，并在试验方法文本中予以明确的书面说明，要求检测人员在检测中严格执行。例如，实验室温度或试验中使用的某一加热装置的温度，这些条件在某些情况下具有不可忽略的影响，而在另一些情况下则影响很小，进行耐用性试验可引入温度自由变量以建立温度控制允许范围。

通常需要考虑影响检测过程与结果的微小条件（因素）包括但不仅限于以下内容。

①人员：不同检测人员。

②仪器：不同品牌、不同型号的检测仪器。

③材料：不同品牌试剂、实验耗材。

④方法：合理范围内的方法调整。

⑤环境：实验室环境温度、湿度、气压等条件的变化。

需要说明是，在方法相关因素的耐用性考察中，因素的调整须在合理的范围内，当分析方法条件调整超出这一合理的范围时，则视为实验室检测程序发声实质性或重大的改变，即方法变动（method changes）。以色谱分析方法调整为例，色谱分析领域方法调整准则如下[2,34]。

（1）HPLC 流动相的 pH 水溶性缓冲液 pH 可在标准规定的±0.2pH 单位范围内调整。该要求既适用于等度洗脱条件，也适用于梯度洗脱条件。

（2）HPLC 缓冲液中盐的浓度 流动相制备过程中，如果 pH 变化满足要求，则水溶性缓冲盐中盐浓度可在±10%范围内调整。该要求既适用于等度洗脱条件，也适用于梯度洗脱条件。

（3）HPLC 流动相中各组分的比例 对于占比小于等于50%的流动相组

分，流动相中组分的调整需要同时满足以下三个要求：一是流动相中组分的增减范围为以下两种方式计算结果的较大值，一种方式是该组分所占总流动相比例的±30%，另一种方式是该组分绝对量的±2%；二是任何流动相组分调整的绝对量不能超过±10%；三是调整后，任何组分的最终含量都不能为零。

（4）HPLC 紫外–可见光检测器的波长　HPLC 紫外–可见光检测器的波长不允许偏离方法中的指定值。但可使用仪器制造商规定的程序或其他验证程序验证检测器的波长，其误差最大±3nm。

（5）色谱柱柱长（GC、HPLC）　GC 或 HPLC 所使用色谱柱柱长最大可调整值为±70%。

（6）色谱柱内径（GC、HPLC）　HPLC 柱内径最大可调整值为±25%，气相色谱柱内径最大可调整值为±50%。

（7）流速（GC、HPLC）　GC 或 HPLC 最大可能调整值为±50%。但对于液相色谱而言，该要求仅适用于等度洗脱条件。

（8）进样量（GC、HPLC）　GC 或 HPLC 进样量可减少至精密度、线性和检出限可接受限制。该要求既适用于等度洗脱条件，也适用于梯度洗脱条件。

（9）HPLC 粒径　对于等度洗脱，调整后的色谱柱长度与粒径之比应与调整前保持一致，或者最大调整值在-25%～50%。

（10）HPLC 柱温　最大可调整值为±10°。该要求既适用于等度洗脱条件，也适用于梯度洗脱条件。

（11）GC 柱箱温度　最大可调整值为±10%。

（12）GC 毛细管柱膜厚　最大可调整范围为-50%～100%。

（13）GC 程升温　允许可调整温度为±10%。对于需保持特定温度或从一个温度改变至另一温度时，允许调整的最大限度为±20%。

三、耐用性试验设计

用于考察方法耐用性的试验方案有三种，第一种方案可考察 7 个微小因素，第二种方案可考察 11 个微小因素，第三种方案可考察 15 个微小因素。通常，采用第一种方案只需完成 8 组检测即可，这也是 GB/T 35655—2017 和 GB/T 35657—2017 所推荐的实验室优先使用试验方案[8]。按照第一种耐用性试验方案，实验室通过仔细分析潜在影响检测结果准确度且在检测过程中又不能刻意有效控制的一些微小因素，从中选择 7 个因素作为考察对象。当考察的因素不到 7 个时，例如只考察 6 个因素，则最后一个因素可以设计为常量而不必考察，但列为常量的因素也应纳入后续计算和统计。若将 7 个微小因素分别计为 A、B、C、D、E、F、G，每个因素考察 2 个变化水平（相同因素的 2 个水平分别用大写英文字母与小写英文字母表示），则典型的 7 个因素 2 水平的 8 组检测耐用性试验设计如表 2-12 所示[32]。

表 2-12　　　　　　　　　　7 个因素 2 水平的耐用性试验设计

7 因素	实验次数							
（2 水平）	1	2	3	4	5	6	7	8
A 或 a	A	A	A	A	a	a	a	a
B 或 b	B	B	b	b	B	B	b	b
C 或 c	C	c	C	c	C	c	C	c
D 或 d	D	D	d	d	d	d	D	D
E 或 e	E	e	E	e	e	E	e	E
F 或 f	F	f	f	F	F	f	f	F
G 或 g	G	g	g	G	g	G	G	g
测定值	x_1	x_2	x_3	x_4	x_5	x_6	x_7	x_8

四、耐用性试验结果的计算与评价[32]

按照表 2-12 所列出的 7 个因素 2 水平的耐用性试验设计表，根据 8 组实验的测定值（x_1，…，x_8），分 3 步计算对耐用性结果进行量化评估。

（1）首先对各因素各水平检测结果进行数值量化，量化的数值按照式（2-37）~式（2-50）分别计算获得。

$$x_A = \frac{x_1 + x_2 + x_3 + x_4}{4} \tag{2-37}$$

$$x_a = \frac{x_5 + x_6 + x_7 + x_8}{4} \tag{2-38}$$

$$x_B = \frac{x_1 + x_2 + x_5 + x_6}{4} \tag{2-39}$$

$$x_b = \frac{x_3 + x_4 + x_7 + x_8}{4} \tag{2-40}$$

$$x_C = \frac{x_1 + x_3 + x_5 + x_7}{4} \tag{2-41}$$

$$x_c = \frac{x_2 + x_4 + x_6 + x_8}{4} \tag{2-42}$$

$$x_D = \frac{x_1 + x_2 + x_7 + x_8}{4} \tag{2-43}$$

$$x_d = \frac{x_3 + x_4 + x_5 + x_6}{4} \tag{2-44}$$

$$x_E = \frac{x_1 + x_3 + x_6 + x_8}{4} \tag{2-45}$$

$$x_e = \frac{x_2 + x_4 + x_5 + x_7}{4} \tag{2-46}$$

$$x_F = \frac{x_1 + x_4 + x_5 + x_8}{4} \tag{2-47}$$

$$x_f = \frac{x_2 + x_3 + x_6 + x_7}{4} \tag{2-48}$$

$$x_G = \frac{x_1 + x_4 + x_6 + x_7}{4} \tag{2-49}$$

$$x_g = \frac{x_2 + x_3 + x_5 + x_8}{4} \tag{2-50}$$

（2）其次将每个因素中 2 水平变化对检测结果的影响进行数值量化（d 值），量化的数值按照式（2-51）~式（2-57）分别计算获得。

$$d_{A\&a} = x_A - x_a \tag{2-51}$$

$$d_{B\&b} = x_B - x_b \tag{2-52}$$

$$d_{C\&c} = x_C - x_c \tag{2-53}$$

$$d_{D\&d} = x_D - x_d \tag{2-54}$$

$$d_{E\&e} = x_E - x_e \tag{2-55}$$

$$d_{F\&f} = x_F - x_f \tag{2-56}$$

$$d_{G\&g} = x_G - x_g \tag{2-57}$$

（3）最后对全部因素的 d 值按由小到大排序，并进行比较。如果一个或两个因素有较大影响，即这一两个因素的 d 值的绝对值远远大于其他因素的 d 值的绝对值，那么应寻找原因，采取措施消除影响。如果不能消除影响，应建立控制措施，在标准操作程序（SOP）中明确规定，要求检验过程中严格执行。

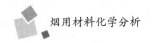

第十节 测量不确定度

一、定义

根据《JJF 1001—2011 通用计量术语及定义》[35]，测量不确定度的定义如下：

测量不确定度（measurement uncertainty，uncertainty ofmeasurement）——根据所用到的信息，表征赋予被测量量值分散性的非负参数。

测量不确定度包括由系统影响引起的分量，如与修正量和测量标准所赋量值有关的分量及定义的不确定度。有时对估计的系统效应未作修正，而是当作不确定度分量处理。

此参数可以是诸如称为标准测量不确定度的标准差（或其特定倍数），或是说明了包含概率的区间半宽度。

测量不确定度一般由若干分量组成。其中一些分量可根据一系列测量值的统计分布，按测量不确定度的 A 类评定进行评定，并可用标准差表征。而另一些分量则可根据经验或其他信息所获得的概率密度函数，按测量不确定度的 B 类评定进行评定，也用标准差表征。

通常，对于一组给定的信息，测量不确定度是相应于所赋予被测量的值的，该值的改变将导致相应的不确定度的改变。

二、测量不确定度评定方法介绍

测量不确定度是分析方法验证确认的重要性能指标之一。同时，作为 ISO/IEC 17025 认可过程中不可缺少的组成部分，评估测量不确定度对解释测量结果非常重要。若未对不确定度做出定量评估，就无法确定测量结果间观测到的差值是否包含实验变异以外的信息，测试项目是否符合规范，以及是否超出所依据的法规限。没有不确定度的信息，就存在错误处理结果的风险，由此做出的错误决策可能导致工业上不必要的损失、错误的法律起诉，或造成不良的社会后果[36]。

1993 年国际标准化组织（International Organization for Standardization，简称 ISO）联合国际计量委员会（International Bureau of Weights and Measures，简称 BIPM）、国际电工委员会（International Electrotechnical Commission，简

称 IEC)、国际临床化学联合会 (International Federation of Clinical Chemistry and laboratorymedicine，简称 IFCC)、国际理论及应用化学联合会 (International Union of Pure and Applied Chemistry，简称 IUPAC)、国际理论及应用物理联合会 (International Union of Pure and Applied Physics，简称 IUPAP) 和国际法制计量组织 (Organisation Internationale de Métrologie Légale，简称 OIML) 出版了《测量不确定度表述指南》(Guide to Expression of Uncertainty in Measurement，简称 GUM)。

1999 年，我国基本等同采用 GUM，颁布了计量规范标准《JJF 1059—1999 测量不确定度评定与表示》。此后，根据 2008 年《ISO/IEC Guide 98—3 测量不确定度 第 3 部分：测量不确定度表示指南》(Uncertainty of measurement——Guide to the expression of uncertainty in measurement)，我国在 2012 年对 JJF 1059 进行了修订，颁布了《JJF 1059.1—2012 测量不确定度评定与表示》[37] 和《JJF 1059.2—2012 用蒙特卡洛法评定测量不确定度》[38]。

在化学分析领域，中国合格评定国家认可委员会于 2006 年 6 月发布了《CNAS—GL06 化学分析中不确定度的评估指南》，该指南文件进一步说明了 GUM 的概念以及如何运用到化学测量中，旨在为化学检测实验室进行不确定度评估提供指导[39]。

目前，GUM 法评定测量不确定度在各类检测实验室应用广泛。虽然 GUM 法评定测量不确定度的原理上简单，但它仅适用于测量过程模型已知的情况，而且评定的过程较为烦琐；另外，在应用过程中，实验室尤为关注的是操作性强、实用而便捷的测量不确定评定方法。为此，我国在 2012 年颁布了《GB/T 27411—2012 检测实验室中常用不确定度评定方法与表示》，GB/T 27411—2012 为实施 ISO/IEC 17025 中检测实验室测量不确定度的评定，提供了精密度法、控制图法、线性拟合法和经验模型法[40]。

综上，目前在方法确认中获得方法性能指标，且测量过程受控，可采用 GUM 法评定方法、精密度法等评定测量不确定度[8]。

三、GUM 法

GUM 法评定测量不确定度的原理并不复杂。用 GUM 法评定测量不确定度的流程包括以下步骤[37]。

1. 分析测量不确定度来源和建立测量模型

分析测量不确定度来源和建立测量模型是 GUM 法评定测量不确定度的基

础和前提。在对测量方法和测量对象进行清洗而正确描述的基础上，根据测量方法，建立被测量（即输出量 y ）与输入量（ x_i ）之间的函数关系式［式 (2-58)］，即测量模型。

$$y = f(x_1, x_2, \cdots, x_n) \tag{2-58}$$

根据测量模型所得到测量值只是被测量的估计值，测量过程中的随机效应及系统效应均会导致测量不确定度。在充分考虑影响输入量的直接因素和间接因素后，识别不确定度的来源。在实际化学分析测量中，典型的不确定度的来源包括[39]：

（1）取样　当内部或外部取样是规定程序的组成部分时，例如不同样品间的随机变化以及取样程序存在的潜在偏差等影响因素构成了影响最终结果的不确定度分量。

（2）存储条件　当测试样品在分析前要储存一段时间，则存储条件可能影响结果。存储时间以及存储条件因此也被认为是不确定度来源。

（3）仪器的影响　仪器影响可包括，如对分析天平校准的准确度限制；保持平均温度的控温器偏离（在规范范围内）其设定的指示点，受进位影响的自动分析仪。

（4）试剂纯度　即使母材料已经化验过，因为化验过程中存在着某些不确定度，其滴定溶液浓度将不能准确知道。例如许多有机染料，不是100%的纯度，可能含有异构体和无机盐。对于这类物质的纯度，制造商通常只标明不低于规定值。关于纯度水平的假设将会引进一个不确定度分量。

（5）假设的化学反应定量关系　当假定分析过程按照特定的化学反应定量关系进行的，可能有必要考虑偏离所预期的化学反应定量关系，或反应的不完全或副反应。

（6）测量条件　例如，容量玻璃仪器可能在与校准温度不同的环境温度下使用。总的温度影响应加以修正，但是液体和玻璃温度的不确定度应加以考虑。同样，当材料对湿度的可能变化敏感时，湿度也是重要的。

（7）样品的影响　复杂基体的被分析物的回收率或仪器的响应可能受基体成分的影响。被分析物的物种会使这一影响变得更复杂。由于改变的热力情况或光分解影响，样品/被分析物的稳定性在分析过程中可能会发生变化。当用"加料样品"用来估计回收率时，样品中的被分析物的回收率可能与加料样品的回收率不同，因而引进了需要加以考虑的不确定度。

（8）计算影响　选择校准模型，例如对曲线的响应用直线校准，会导致较差的拟合，因此引入较大的不确定度。修约能导致最终结果的不准确。因为这些是很少能预知的，有必要考虑不确定度。

（9）空白修正　空白修正的值和适宜性都会有不确定度。在痕量分析中尤为重要。

（10）操作人员的影响　可能总是将仪表或刻度的读数读高或低。可能对方法作出稍微不同的解释。

（11）随机影响　在所有测量中都有随机影响产生的不确定度。

2. 评定标准不确定度 $u(x_i)$

测量不确定度一般由若干分量组成，每个分量用其概率分布的标准偏差估计值表征，称为标准不确定度。标准不确定度表示的各分量用 $u(x_i)$ 表示。不确度的评定分为 A 类评定和 B 类评定两类。

测量不确定度的 A 类评定（Type A evaluation of measurement uncertainty）指对在规定测量条件下测得的量值用统计分析的方法进行的测量不确定分量的评定。

在 A 类测量不确定度评定中，重复性导致的测试结果分散性是一个典型 A 类不确定度分量。在日常开展同一类（同一分析方法）的化学分析中，如果测量系统稳定，测量重复性无明显变化，则重复性分量的标准不确定度评定一般是通过"预评估重复性"和"实际检测结果表达"两个步骤完成。当对测量进行独立 n 次重复观测（为提高所计算标准偏差的可靠性，n 一般不少于 10 次），利用所得到的一系列测量值（x_1，x_2，$\cdots$，x_n），用贝斯赛尔方法［式（2-59）］获得实验标准偏差 $s(x)$。对于实际检测过程中的单次测量结果，其标准不确定度 $u(x)$ 就是所获得的标准偏差 $s(x)$；对于实际检测过程中的 m 次（$1 \leqslant m < n$）平均值的结果，其标准不确定度 $u(\bar{x}_m)$ 就是平均值的标准偏差，按照式（2-60）计算获得。

$$s(x) = \sqrt{\frac{\sum (x_i - \bar{x})^2}{n-1}} \tag{2-59}$$

$$u(\bar{x}_m) = \frac{s(x)}{\sqrt{m}} \tag{2-60}$$

对于重复性 A 类测量不确定度评定中，应当注意两点：一是当怀疑测量重复性有变化时，应重新预评估重复性，即重新测量并计算获得新的重复性标准差；二是评定所获得的重复性标准测量不确定度包括了诸如样品的不均匀性、人员操作的重复性、仪器运行的波动性、仪器示值误差等随机因素导致的测量结果变动性，因此在评定了测量重复性标准测量不确定度后，上述因素的不确定分量就不再评定，否则就会造成重复评定。

例 2-13 给出评定重复性测量不确定度的示例。

【例 2-13】 顶空-气质联用法测定卷烟包装材料中苯重复性不确定度评定

采用顶空-气质联用法检测卷烟包装中挥发性有机化合物，以苯指标为例，评定该方法苯重复性测量不确定度。

解：

（1）预评估重复性 采用《YC/T 207—2014 烟用纸张中溶剂残留的测定 顶空-气相色谱/质谱联用法》在重复性条件下进行 20 次测量，结果如表 2-13 所示。

表 2-13 　　　　　　　　　重复性测量结果　　　　　　　单位：mg/m^2

| 0.10 | 0.11 | 0.12 | 0.15 | 0.08 | 0.05 | 0.06 | 0.08 | 0.09 | 0.12 |
| 0.07 | 0.06 | 0.11 | 0.10 | 0.18 | 0.12 | 0.12 | 0.17 | 0.15 | 0.08 |

计算获得 20 次测量结果的平均值 $\bar{x}$：

$$\bar{x} = \frac{\sum x_i}{n} = \frac{2.12}{20} = 0.106 \ (mg/m^2)$$

计算获得 20 次测量结果的标准偏差：

$$s(x) = \sqrt{\frac{\sum (x_i - \bar{x})^2}{n-1}} = \sqrt{\frac{0.02528}{19}} = 0.036 \ (mg/m^2)$$

由此上述计算结果获得该方法预评估重复性的标准差为 $0.036mg/m^2$。

（2）实际检测结果表达 在实际检测过程中，根据标准 YC/T 207—2014 的规定进行 2 平行测试，结果分别为 $0.10mg/m^2$ 和 $0.11mg/m^2$。则重复性对检测报告结果（2 次平行检测结果均值）引入的标准测量不确定度为：

$$u(\bar{x}_m) = \frac{s(x)}{\sqrt{m}} = \frac{0.036}{\sqrt{2}} = 0.025 \ (mg/m^2)$$

测量不确定度的 B 类评定（Type B evaluation of measurement uncertainty）指用不同于测量不确定度 A 类评定的方法对测量不确定度分量进行的评定。B 类不确定度评定是根据经验和资料及假设的概率分布估计的标准差表征，也就是说其原始数据并非来自观测列的数据处理，而是基于实验或其他信息来估计。

B 类标准测量不确定度由式（2-61）计算得到。

$$u_B = \frac{a}{k} \tag{2-61}$$

式中　u_B ——B 类标准测量不确定度；

　　　a ——被测量可能值区间的半宽度；

　　　k ——根据概率论获得的 k 称置信因子，当 k 为扩展不确定度的倍乘因子时称包含因子。

对于区间半宽度 a ，一般根据以下信息确定：

（1）以前测量的数据；

（2）对有关技术资料和测量仪器特性的了解和经验；

（3）生产厂提供的技术说明书；

（4）校准证书、检定证书或其他文件提供的数据；

（5）手册或某些资料给出的参考数据；

（6）检定规程、校准规范或测试标准中给出的数据；

（7）其他有用的信息。

对于 k 的确定，当假设为正态分布时，根据要求的概率查表 2-14 得到 k ；当假设为非正态分布时，根据概率分布表 2-15 得到 k 。

表 2-14　　　正态分布情况下概率 p 与置信因子 k 间的关系

p	0.50	0.68	0.90	0.95	0.9545	0.99	0.9973
k	0.675	1	1.645	1.960	2	2.576	3

表 2-15　　　常用非正态分布的置信因子 k 及 B 类标准不确定度 $u_B(x)$

分布类别	p /%	k	$u_B(x)$
三角	100	$\sqrt{6}$	$a/\sqrt{6}$
梯形（$\beta = 0.71$）	100	2	$a/2$
矩形（均匀）	100	$\sqrt{3}$	$a/\sqrt{3}$
反正弦	100	$\sqrt{2}$	$a/\sqrt{2}$
两点	100	1	a

注：β 为梯形的上底与下底之比，对于梯形分布来说，$k = \sqrt{6/(1 + \beta^2)}$ 。当 $\beta = 1$ 时，梯形分布变为矩形分布；当 $\beta = 0$ 时，变为三角分布。

在化学分析中，常见的 B 类测量不确定分量主要用到均匀分布和三角分布两种。通常，均匀分布适用于标准物质的纯度、天平测量误差、温度对溶液或固体体积膨胀引入的不确定度、测量仪器最大允差或分辨率、参考数据的误差限、平衡指示调零不准等引起的不确定度、数据修约引起的不确定度等；三角分布适用于容量瓶、移液管等引入的体积误差引入的不确定度等。

例 2-14 和例 2-15 给出了评定 B 类测量不确定度的两个示例。

【例 2-14】 称量标准品过程中，评定由标准品纯度引入的测量不确定度

采用万分之一天平，称量标准品 25.9mg，该标准品证书给出的纯度为 (99.5±0.5)%，评定称量该标准品 25.9mg 时，由标准品纯度引入的测量不确定度。

解：

假设标准品纯度导致的不确定度为矩形分布，查表 2-15 可知，置信因子 $k = \sqrt{3}$。

根据标准品生产厂提供的纯度说明书，其纯度区间半宽度 $a = 0.5\%$。

因此称量该标准品 25.9mg 时，由标准品纯度引入的标准测量不确定度为：

$$u_B(x) = 25.9 \times \frac{0.5\%}{\sqrt{3}} = 0.075 \text{（mg）}$$

【例 2-15】 称量标准品过程中，评定由天平误差引入的测量不确定度

采用万分之一天平，称量标准品 25.9mg，所使用天平检定证书给出的误差为±0.1mg，评定称量该标准品 25.9mg 时，由天平误差引入的测量不确定度。

解：

假设天平误差导致的不确定度为矩形分布，查表 2-15 可知，置信因子 $k = \sqrt{3}$。

根据平检定证书给出的误差，其称量误差区间半宽度 $a = 0.1\text{mg}$。

因此称量该标准品 25.9mg 时，由天平误差引入的测量不确定度为：

$$u_B(x) = \frac{0.1}{\sqrt{3}} = 0.058 \text{（mg）}$$

3. 计算合成标准不确定度 u_c

当被测量（y）是若干输入量（x_i）的函数 $y = f(x_1, x_2, \cdots, x_n)$ 确定

时，则被测量 y 估计值的合成不确定度（ u_c ）按照不确定度传播率［式（2-62）］计算获得，

$$u_c = \sqrt{\sum_{i=1}^{n} \left(\frac{\partial f}{\partial x_i}\right)^2 u^2(x_i) + 2\sum_{i=1}^{n-1}\sum_{j=i+1}^{n} \frac{\partial f}{\partial x_i}\frac{\partial f}{\partial x_j} u^2(x_i, x_j)} \qquad (2-62)$$

式中　　$u(x_i)$ ——输入量 x_i 的标准不确定度；

$\dfrac{\partial f}{\partial x_i}$ ——输出量 y 与有关输入量 x_i 之间的函数对输入量 x_i 的偏导数，

称为 x_i 灵敏系数；

$\dfrac{\partial f}{\partial x_j}$ ——输出量 y 与有关输入量 x_j 之间的函数对输入量 x_j 的偏导数，

称为 x_j 灵敏系数；

$u(x_i, x_j)$ ——输入量 x_i 与 x_j 的协方差，可按照式（2-63）计算获得。

$$u(x_i, x_j) = r(x_i, x_j) u(x_i) u(x_j) \qquad (2-63)$$

式中　　$r(x_i, x_j)$ ——输入量 x_i 与 x_j 的相关系数；

$u(x_i)$ ——输入量 x_i 的标准不确定度；

$u(x_j)$ ——输入量 x_j 的标准不确定度。

式（2-62）是合成不确定度的通用公式，当输入量之间相关时，需要考虑这些输入量的协方差；当输入量不相关（独立）时，相关系数 $r(x_i, x_j)$ 为零，即输入量间的协方差 $u(x_i, x_j)$ 为零，则被测量 y 估计值的合成不确定度（ u_c ）按照式（2-64）计算获得。

$$u_c = \sqrt{\sum_{i=1}^{n} \left(\frac{\partial f}{\partial x_i}\right)^2 u^2(x_i)} \qquad (2-64)$$

例 2-16 给出了合成标准不确定度的示例。

【例 2-16】　根据已知模型，计算合成不确定测量不确定度

被测量（ y ）与 3 个相互独立的输入量（ x_1、x_2、x_3 ）的函数关系（测量模型）如下：

$$y = \frac{x_1 x_2}{x_3}$$

3 个输入量 $x_1 = 100$、$x_2 = 150$、$x_3 = 200$ 时，所评定的标准测量不确定度分别为 $u(x_1) = 1.0$、$u(x_2) = 1.5$、$u(x_3) = 2.0$，计算 y 估计值的合成不确定度。

解：

由于 3 个输入量独立不相关，根据已知函数关系，按照不确定度传播率

式（2-64）计算结果如下：

$$u_c = \sqrt{\sum_{i=1}^{n} \left(\frac{\partial f}{\partial x_i}\right)^2 u^2(x_i)}$$

$$= \sqrt{\left(\frac{\partial f}{\partial x_1}\right)^2 u^2(x_1) + \left(\frac{\partial f}{\partial x_2}\right)^2 u^2(x_2) + \left(\frac{\partial f}{\partial x_3}\right)^2 u^2(x_3)}$$

$$= \sqrt{\left(\frac{x_2}{x_3}\right)^2 u^2(x_1) + \left(\frac{x_1}{x_3}\right)^2 u^2(x_2) + \left(\frac{x_1 x_2}{x_3^2}\right)^2 u^2(x_3)}$$

将上式两边同除以被测量 y，则有：

$$\frac{u_c}{y} = \sqrt{\frac{\left(\frac{x_2}{x_3}\right)^2}{\left(\frac{x_1 x_2}{x_3}\right)^2} u^2(x_1) + \frac{\left(\frac{x_1}{x_3}\right)^2}{\left(\frac{x_1 x_2}{x_3}\right)^2} u^2(x_2) + \frac{\left(\frac{x_1 x_2}{x_3^2}\right)^2}{\left(\frac{x_1 x_2}{x_3}\right)^2} u^2(x_3)}$$

$$= \sqrt{\frac{u^2(x_1)}{x_1^2} + \frac{u^2(x_2)}{x_2^2} + \frac{u^2(x_3)}{x_3^2}}$$

最终得到式（2-65）：

$$\frac{u_c}{y} = \sqrt{\left[\frac{u(x_1)}{x_1}\right]^2 + \left[\frac{u(x_2)}{x_2}\right]^2 + \left[\frac{u(x_3)}{x_3}\right]^2} \qquad (2-65)$$

式中 $\frac{u_c}{y}$、$\frac{u(x_1)}{x_1}$、$\frac{u(x_2)}{x_2}$、$\frac{u(x_3)}{x_3}$ 分别代表 y、x_1、x_2、x_3 的相对合成标准不确定度，可以用 $u_{rel}(y)$、$u_{rel}(x_1)$、$u_{rel}(x_2)$、$u_{rel}(x_3)$ 表示。

根据输入量和已知函数关系，计算被测量结果为：

$$y = \frac{x_1 x_2}{x_3} = \frac{100 \times 150}{200} = 75$$

则按照式（2-65）计算获得 y 估计值的合成标准不确定度为

$$u_c = y \cdot \sqrt{\left[\frac{u(x_1)}{x_1}\right]^2 + \left[\frac{u(x_2)}{x_2}\right]^2 + \left[\frac{u(x_3)}{x_3}\right]^2}$$

$$= 75 \times \sqrt{\left[\frac{1}{100}\right]^2 + \left[\frac{1.5}{150}\right]^2 + \left[\frac{2}{200}\right]^2} = 1.3$$

在例 2-16 中，所推导出的式（2-65）非常重要，当输入量彼此独立，且函数关系中各输入量仅是乘、除模型，只要先计算相对合成标准不确定度，然后再求出合成标准不确定度。

4. 确定扩展不确定度 U

扩展不确定度是被测量可能值包含区间的半宽度。扩展不确定度分为 U

和 U_p 两种。在给出测量结果时,一般情况下报告扩展不确定度 U。

扩展不确定度 U 由合成标准不确定度 u_c 乘包含因子 k 得到,按式(2-66)计算。

$$U = k u_c \qquad (2\text{-}66)$$

k 值一般取 2 或 3,$U = 2 u_c$ 所确定的区间具有包含概率约为 95%,$U = 3 u_c$ 所确定的区间具有包含概率约为 99%。需要指出的是,在通常的化学分析中输入量的分布基本上是正态分布或近似正态分布,检测实验室测量结果的不确定度评定中一般可不计算有效自由度,而直接取置信水平 95%[5],即取 $k =$ 2。当取其他值时,应说明其来源。当给出扩展不确定度 U 时,一般应注明所取的 k 值;若未注明 k 值,则指 $k = 2$。

5. 报告测量结果

完整的测量结果应报告两个基本信息,一是被测量的估计值(y),另一个是其测量不确定度(U)以及有关的信息。报告应尽可能详细,以便使用者可以正确地利用测量结果。

在化学成分分析测试中,一般使用扩展不确定度 $U = k u_c$ 表示结果的测量不确定度。当不确定度单独表示时,不加"±"号。扩展不确定度 U 取 $k = 2$ 或 $k = 3$ 时,不必说明置信概率 p。通常根据需要,最终报告的扩展不确定度 U 取一位或两位有效数字。在相同计量单位下,被测量的估计值应修约到其末位与不确定度的末位一致。

例 2-17 给出了测量不确定度的表示与报告示例。

【例 2-17】 测量不确定度的表示与报告

多次测量烟用纸张中乙醇结果的平均值为 0.121mg/m^2,其合成标准不确定度为 0.006mg/m^2,对测量结果进行表示。

解:

取包含因子 $k = 2$,扩展不确定度 $U = 2 \times 0.006 = 0.012$($\text{mg/m}^2$)。

则乙醇测量结果可表示为:

$(0.121 \pm 0.012)\text{mg/m}^2$,$k = 2$;

或:乙醇含量为 0.121mg/m^2,$U = 0.012\text{mg/m}^2$,$k = 2$。

四、精密度法

2010 年,我国等同采用转化了 ISO/TS 21748:2004 国际标准技术规范,颁布了《GB/Z 22553—2010 利用重复性、再现性和正确度的估计值评估测量不确定的指南》，这种方法完全符合 GUM 的相关原理，同时也兼顾了由协同试验获得的方法性能数据，从而提供以了一种经济有效的对标准测试方法所得结果不确定度的评估方法。由于这种评定测量不确定度的方法以测量方法精密度为基础，因此也称为精密度法。

精密度法评定测量不确定度的程序包括[41]：

（1）根据该方法公布的信息，获得所用方法的重复性、再现性和正确度的估计值。

（2）根据（1）得到的数据，确认实验室测量的偏倚是否处于预期的范围内。

（3）根据（1）得到的重复性和再现性估计值，确认当前测量的精密度是否处于预期的范围内。

（4）对（1）中涉及的协同试验中尚未涵盖的任何测量影响予以识别，并对这些效应引起的方差予以量化，同时要考虑到每个影响的灵敏系数和不确定度。

（5）若偏倚和精密度均处于控制范围内，合并再现性估计值与正确度的不确定度以及其他影响效应，形成合成不确定度的估计值。

精密度法评定测量不确定度的内容实质是，若确保测量过程的偏倚（正确度）和精密度（重复性）受控，且能够忽略标准物质的不确定度和抽样效应，则实验室可参考再现性标准差（S_R）作为实验室测量标准不确定度的估计值。

例 2-18 给出评定精密度法评定测量不确定度的示例。

【例 2-18】 精密度法评定烟用纸张中丁酮测量结果的不确定度

参加实验室（j）对参考文献［30］中烟用纸张中 B 烟用纸张中丁酮的测试结果分别为 1.502，1.530，1.521，采用精密度法评定烟用纸张中丁酮测量结果的不确定度。

解：

（1）协同试验信息 根据参考文献［30］可知，利用 2016 年国家烟草质量监督检验中心实施的 YC/T 207—2014 标准测量方法共同实验，对 50 家实验室的 3 个水平样品检测结果进行柯克伦和格拉布斯离群值检查，按照 GB/T 6379.2—2004/ISO 5725-2：1994 的方法获得了 B 样品烟用纸张中丁酮的含量公议值 $\mu = 1.455 \mathrm{mg/m^2}$，重复性标准差 $s_r = 0.025 \mathrm{mg/m^2}$，再现性标准差 $s_R =$

0.103mg/m²，实验室间标准差 $s_L = 0.100$mg/m²。

（2）偏倚的控制　2016 年的协同试验涵盖了不同范围水平的样品，具有良好和代表性的胜任实验室参加，以协同试验所获得公议值为接受参考值（μ）。

则实验室（j）测试 3 次重复结果平均值（$\overline{m}$）的偏倚估计值（$\overline{\Delta}$）为：

$$|\overline{\Delta}| = |\overline{m} - \mu| = \left| \frac{1.502 + 1.530 + 1.521}{3} - 1.455 \right| = 0.063$$

实验室（j）测试 3 次重复结果的偏倚标准偏差（s_Δ）为：

$$s_\Delta = \sqrt{\frac{\sum\limits_{n_j=1}^{n_j} (\Delta_{n_j} - \overline{\Delta})^2}{n_j - 1}} = 0.014$$

参加实验室（j）采用 YC/T 207—2014 测量方法（参加协同试验）确认得到的标准偏差（s_D）为：

$$s_D = \sqrt{s_L^2 + \frac{s^2(\Delta)}{n_j}} = \sqrt{0.100^2 + \frac{0.014^2}{3}} = 0.100$$

根据 GB/T 27411—2012 的规定，由于 $|\overline{\Delta}| < 2s_D$，认为实验室（$j$）测量结果的正确度满足要求，偏倚处于受控。

（3）精密度的控制　实验室（j）测试 3 次重复结果的标准偏差（s_j）为：

$$s_j = \sqrt{\frac{\sum\limits_{n_j=1}^{n_j} (m_{n_j} - \overline{m})^2}{n_j - 1}} = 0.014$$

由于 $s_j < s_r$，即实验室（j）的重复性小于测量方法重复性限标准差，说明实验室（j）精密度处于受控，符合测量方法重复性要求。

（4）不确定度评定　根据 GB/T 27411—2012 的规定，在测量过程的偏倚和精密度受控下，再现性标准差（s_R）可作为测量不确定度（u_c）的估计值。

根据文献［30］，丁酮含量水平在 0.147~2.755mg/m² 时，再现性标准差依赖于测量水平，$s_R = 0.0514m + 0.0173$。因此对于实验室（j）测试 3 次重复结果平均值 $\overline{m} = 1.518$mg/m²，其再现性标准差 $s_R = 0.0514 \times 1.518 + 0.0173 = 0.095$（mg/m²）。

取包含因子 $k = 2$，扩展不确定度 $U = ku_c = 2 \times 0.095 = 0.19$（mg/m²）。

实验室（j）对于丁酮测量结果可表示为：

（1.52 ± 0.19）mg/m²，$k = 2$

第十一节 确认验证方法特性参数的选择

一、方法确认的典型特性参数

方法确认是实验室针对非标准方法、实验室制定的方法、超出其预定范围使用的标准方法、扩充和修改过的标准方法的确认。

方法确认首先应明确检测对象特定的需求，包括样品的特性、数量等，并应满足客户的特殊需求，同时应根据方法的预期用途，选择需要确认的方法特性参数。

根据《GB/T 27417—2017 合格评定 化学分析方法确认和验证指南》的规定，典型的需要确认的方法特性参数（方法性能指标）如表 2-16 所示[4]。

表 2-16　　　　　　　典型方法确认参数的选择

待评估性能参数	确证方法[b] 定量[d]	确证方法[b] 定性[e]	筛选方法[c] 定量[d]	筛选方法[c] 定性[e]
检出限[a]	√	√	√	—
定量限	√	—	√	—
灵敏度	√	√	—	—
选择性	√	√	√	√
线性范围	√	—	√	—
测量范围	√	—	√	—
基质效应	√	√	√	—
精密度（重复性和再现性）	√	—	√	—
正确度	√	—	—	—
稳健性	√	√	√	√
测量不确定度	√	—	—	—

注：√：表示正常情况下需要确认的性能参数；—：表示正常情况下不需要确认的性能参数。

a 被测物的浓度接近于"零"时需要确认此性能参数。

b 确认方法（confirmatorymethod）指能提供目标物全部或部分信息，依据这些信息可以明确定性，在必要时可在关注的浓度水平上进行定量的方法。

c 筛选方法（screeningmethod）指具有高效处理大量样品的能力，用于检测一种物质或一组物质在所关注的浓度水平上是否存在的方法。

d 定量方法（quantitativemethod）指测定被分析物的质量或质量分数的分析方法，可用适当单位的数值表示。

e 定性方法（qualitativemethod）指根据物质的化学、生物或物理性质对其进行鉴定的分析方法。

二、方法验证的典型特性参数

方法验证是实验室针对标准方法或官方发布的方法的验证。

在化学分析实验室引入标准方法时，实验室应验证操作该方法是否满足标准的要求，包括实验方法能在该实验室现有的设施设备、人员、环境等条件下获得令人满意的结果，必要时可参加能力验证或进行实验室比对。

如果只是对标准方法稍加修改，如使用不同制造商的同类设备或试剂等，必要时也应进行验证，以证明能够获得满意的结果，并将其修改内容制订成作业指导书文件。

根据《GB/T 27417—2017 合格评定　化学分析方法确认和验证指南》的规定，典型的需要验证的方法特性参数（方法性能指标）如表 2-17 所示[4]。

表 2-17　　典型方法验证参数的选择

待评估性能参数	方法验证	
	定量b	定性c
检出限a	√	—
定量限	√	—
灵敏度	√	√
选择性	√	√
线性范围	√	—
测量范围	√	—
基质效应	√	√
精密度（重复性和再现性）	√	√
正确度	√	—
稳健性	—	—
测量不确定度	（1）	—

注：√：表示正常情况下需要确认的性能参数；—：表示正常情况下不需要确认的性能参数；
（1）：表示如果一个公认测试方法中对不确定度的主要影响因素贡献值和对结果的表达方法有要求，则实验室应该满足 ISO/IEC 170525 同类标准的要求。

a 被测物的浓度接近于"零"时需要验证此性能参数。

b 定量方法（quantitative method）指测定被分析物的质量或质量分数的分析方法，可用适当单位的数值表示。

c 定性方法（qualitative method）指根据物质的化学、生物或物理性质对其进行鉴定的分析方法。

参考文献

［1］ISO/IEC 17025：2017 General requirements for the competence of testing and calibration laboratories ［S］.

［2］GB/T 32465—2015 化学分析方法验证确认和内部质量控制要求 ［S］.

［3］GB/T 32467—2015 化学分析方法验证确认和内部质量控制 术语及定义 ［S］.

［4］GB/T 27417—2017 合格评定 化学分析方法确认和验证指南 ［S］.

［5］曹宏燕，等．分析测试统计方法和质量控制 ［M］. 北京：化学工业出版社，2016.

［6］周宇艳，周明辉．化学分析方法验证程序及应用实例 ［M］. 杭州：浙江大学出版社，2015.

［7］Hage D S, Carr J D. Analytical chemistry and quantitative analysis ［M］. Upper Saddle River, NJ：Prentice Hall, 2011.

［8］GB/T 35655—2017 化学分析方法验证确认和内部质量控制实施指南 色谱分析 ［S］.

［9］YC/T 207—2014 烟用纸张中溶剂残留的测定 顶空-气相色谱/质谱联用法 ［S］.

［10］GB/T 22554—2010 基于标准样品的线性校准 ［S］.

［11］任成忠，毛丽芬．加标回收实验的实施及回收率计算的研究 ［J］. 工业安全与环保，2006，32（2）：9-11.

［12］Vanatta L E, Coleman D E. Calibration, uncertainty, and recovery in the chromatographic sciences ［J］. Journal of Chromatography A, 2007, 1158（1-2）：47-60.

［13］GB/T 27404—2008 实验室质量控制规范 食品理化检测 ［S］.

［14］YC/T 242—2008 烟用香精 乙醇、1，2-丙二醇、丙三醇含量测定气相色谱法 ［S］.

［15］李中皓，唐纲岭，陈再根，等．顶空-气质联用法测定卷烟包装材料中苯不确定度评定 ［J］. 质谱学报，2009，30（6）：359-363.

［16］CNAS—CL10：2012 检测和校准实验室能力 认可准则在化学检测领域的应用说明 ［S］.

［17］GB/T 6379.1—2004/ISO 5725-1：1994 测量方法与结果的准确度（正确度与精密度） 第1部分：总则与定义 ［S］.

［18］斯文，黄华，王雨凝，等．烟用接装纸质控样品的制备与应用 ［J］. 化学分析计量，2014，23（3）：5-8.

［19］GB/T 6379.2—2004/ISO 5725-2：1994 测量方法与结果的准确度（正确度和精密度） 第2部分：确定标准测量方法重复性和再现性的基本方法 ［S］.

［20］闻向东，邵梅，曹宏燕．测量方法精密度共同试验测量数据的统计分析 ［J］. 中国无机分析化学，2014，4（1）：69-75.

［21］Zanobini, A., Sereni, B., Catelani, M., Ciani, L.; Repeatability and Reproducibility techniques for the analysis of measurement systems ［J］. Measurement 2016, 86, 125-132.

［22］李中皓，唐纲岭，胡清源. 两种抽吸模式对卷烟主流烟气测量方法与结果精密度的影响 ［J］. 烟草科技, 2016, 49（3）：43-51.

［23］李中皓，邓惠敏，杨飞，等. 烟用纸张中溶剂残留标准测量方法的精密度共同实验 ［J］. 2016, 50（2）：33-41.

［24］William H. Protocol for the design, conduct and interpretation of method-performance studies ［J］. Pure & Appl Chem, 1995, 67（2）：331-343.

［25］Mcclure F D, Lee Jung-Keun, Wilson D B. Validity of the percent reduction in standard deviation outlier test for screening laboratory means from a collaborative study ［J］. JAOAC, 2003, 86（5）：1045-1055.

［26］GB/T 6379.6—2014/ISO 5725-6：1994《测量方法与结果的准确度（正确度和精密度）第6部分：准确度的实际应用》［S］.

［27］Horwitz W, Kamps L R, Boyer K W. Quality assurance in the analysis of foods and trace constituents ［J］. Journal-Association of Official Analytical Chemists, 1980, 63（6）：1344-1354.

［28］Rivera C, Rodríguez R. Horwitz equation as quality benchmark in ISO/IEC 17025 testing laboratory ［J］. Private communication, 2014.

［29］Horwitz W, Albert R. The Horwitz ratio（HorRat）：a useful index of method performance with respect to precision ［J］. Journal of AOAC International, 2006, 89（4）：1095-1109.

［30］李中皓，邓惠敏，杨飞，等. 烟用纸张中溶剂残留标准测量方法的精密度共同实验 ［J］. 2016, 50（2）：33-41.

［31］李中皓，唐纲岭，王庆华，等. 超高效液相色谱法测定卷烟包装纸中的二苯甲酮和4-甲基二苯甲酮 ［J］. 现代食品科技, 2011, 10：028.

［32］GB/T 35657—2017 化学分析方法验证确认和内部质量控制实施指南 基于样品消解的金属组分分析 ［S］.

［33］GB/T 10092—2009 数据的统计处理和解释测试结果的多重比较 ［S］.

［34］Methods, method verification and validation, Document No.：ORA-LAB.5.4.5, Version No.：1.7 ［EB/OL］. FDA, https：//www.fda.gov/downloads/scienceresearch/field-science/laboratorymanual/ucm092147.pdf.

［35］JJF 1001—2011 通用计量术语及定义 ［S］.

［36］ISO/TS 21748：2005 Measurement uncertainty for metrological applications —— Repeated measurements and nested experiments ［S］.

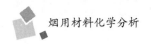

［37］ JJF 1059.1—2012 测量不确定度评定与表示［S］.

［38］ JJF 1059.2—2012 用蒙特卡洛法评定测量不确定度［S］.

［39］ CNAS—GL06 化学分析中不确定度的评估指南［S］.

［40］ GB/T 27411—2012 检测实验室中常用不确定度评定方法与表示［S］.

［41］ ISO/TS 21748：2005 Measurement uncertainty for metrological applications – Repeated measurements and nested experiments［S］.

第三章
实验室比对与能力验证

第一节　概述

对实验室能力的持续信任，不仅对实验室及其客户至关重要，而且对其他利益相关方也极其重要，这些相关方包括管理部门、实验室认可机构，以及其他对实验室持有特定要求的组织[1]。开展实验室比对和参加能力验证是确保检测结果有效性的两个重要措施[2]，是判断和监控实验室能力的有效手段，是实验室外部质量控制活动的重要组成。

根据《CNAS-CL01：2018 检测和校准实验室能力认可准则》[2]，实验室比对与能力验证的定义如下：

实验室间比对（interlaboratory comparision）——按照预先规定的条件，由两个或多个实验室对相同或类似的物品进行测量或检测的组织、实施和评价。

实验室内比对（intralaboratory comparision）——按照预先规定的条件，在同一实验室内部对相同或类似的物品进行测量或检测的组织、实施和评价。

能力验证（proficiency testing）——利用实验室间比对，按照预先制定的准则评价参加者的能力。

从上述定义可以看出，实验室比对分为实验室内比对和实验室间比对，而实验室间比对的应用更为广泛，其应用在国际上日益增长，实验室间比对的代表性目的有[3]：

（1）评定实验室从事特定检测或测量的能力及监测实验室的持续能力；

（2）识别实验室存在的问题并启动改进措施，这些问题可能与不适当的检测或测量程序、人员培训和监督的有效性、设备校准等因素有关；

（3）建立检测或测量方法的有效性和可比性；

（4）增强实验室客户的信心；

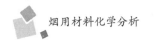

（5）识别实验室间的差异；

（6）根据比对的结果，帮助参加实验室提高能力；

（7）确认声称的不确定度；

（8）评估某种方法的性能特征——通常称为协作试验；

（9）用于标准物质/标准样品的赋值及评定其在特定检测或测量程序中使用的适用性；

（10）支持由国际计量局（BIPM）及其相关区域计量组织，通过"关键比对"及补充比对所达成的国家计量院间测量等效性的声明。

能力验证是利用实验室间比对确定实验室的能力，是重要的外部质量评价活动，其目的包含了（1）～（10）所列的内容，而能力验证通常不从事（8）、（9）和（10）活动，因为在这些比对中实验室的能力已被设定，但这些应用可以为实验室的能力提供独立的证明。

第二节　能力验证

一、能力验证规则

能力验证是实验室认可以及实验室质量管理的重要手段。作为重要的外部评价活动，寻求并参加能力验证是合格评定机构的责任和义务。

2007 年，为了确保中国合格评定国家认可委员会（China National Accreditation Service for Conformity Assessment，CNAS）认可的有效性，保证 CNAS 认可质量，CNAS 依据 ISO/IEC 有关标准和指南、国际实验室认可合作组织（International Laboratory Accreditation Cooperation，ILAC）和亚太实验室认可合作组织（Asia Pacific Laboratory Accreditation Cooperation，APLAC）的相关要求制定了 CNAS—RL02《能力验证规则》。此后，该规则经历了 2010 年换版修订，2015 年 6 月换版后第 1 次修订，2016 年换版修订，2018 年修订。

根据 CNAS—RL02：2018 的要求，对于初次认可和扩大认可范围时，只要存在可获得的能力验证，合格评定机构申请认可的每个子领域应至少参加过 1 次能力验证且获得满意结果，或虽为有问题（可疑）结果，但仍符合认可项目依据的标准或规范所规定的判定要求。对于复评审和监督评审，只要存在可获得的能力验证，获准认可合格评定机构参加能力验证的领域和频次应满足 CNAS 能力验证领域和频次的要求。其中，在检测（不包括医学和法庭科学）的 18 个行业领域中，化学分析领域能力验证的频次大多一般为每年 1 次。

当合格评定机构在参加能力验证中结果为不满意且已不能符合认可项目依据的标准或规范所规定的判定要求时，应自行暂停在相应项目的证书/报告中使用 CNAS 认可标识，并按照合格评定机构体系文件的规定采取相应的纠正措施，验证措施的有效性。在验证纠正措施有效后，合格评定机构自行恢复使用认可标识。

在选择能力验证活动时，合格评定机构应优先选择按照 ISO/IEC 17043 运作的能力验证计划，并按照以下顺序选择参加[4]：

（1）CNAS 认可的能力验证提供者（PTP）以及已签署 PTP 相互承认协议（MRA）的认可机构认可的 PTP 在其认可范围内运作的能力验证计划；

（2）未签署 PTP MRA 的认可机构依据 ISO/IEC 17043 认可的 PTP 在其认可范围内运作的能力验证计划；

（3）国际认可合作组织运作的能力验证计划，例如：亚太实验室认可合作组织（APLAC）等开展的能力验证计划；

（4）国际权威组织实施的实验室间比对，例如：国际计量委员会（CIPM）、亚太计量规划组织（APMP）、世界反兴奋剂联盟（WADA）等开展的国际、区域实验室间比对；

（5）依据 ISO/IEC 17043 获准认可的 PTP 在其认可范围外运作的能力验证计划；

（6）行业主管部门或行业协会组织的实验室间比对；

（7）其他机构组织的实验室间比对。

能力验证提供者（proficiency testing provider）——对能力验证计划建立和运作中所有任务承担责任的组织[1]。

参加者（participant）——接受能力验证物品并提交结果以供能力验证提供者评价的实验室、组织或个人[1]。

能力验证计划（proficiency testing scheme）——在检测、测量、校准或检验的某个特定领域，设计和运作的一轮或多轮次能力验证[5]。

二、能力验证物品的均匀性和稳定性

确保每个参加者都收到具有可比性的能力验证物品，并且这些能力验证物品在整个能力验证过程中保持稳定，是有效实施能力验证活动的基础。在实施能力验证计划时，组织方应确保能力验证中出现的不满意结果不归咎于样品之间或样品本身的变异性。因此，对于能力验证样品的检测特性量，必须进行均匀性检验和（或）稳定性检验[6]。

能力验证物品（proficiency testing item）——用于能力验证的样品、产品、人工制品、标准物质/标准样品、设备部件、测量标准、数据组或其他信息[1]。

（一）均匀性

均匀性（Homogeneity）是指对于物质的一种或多种指定特性具有相同特性量值或相同结构或相同组分的一种物质状态。如果物质的一部分（子样）特性值与另一部分（另一子样）特性值之间的差异很小，甚至不能被实验检测所区分，则该物质就该特性而言，可以认定为是均匀的[7]。

对于制备批量样品的检测能力验证计划，通常必须进行均匀性检验。能力验证提供者在制备能力验证物品后，随机抽取适当数量的样品进行重复测试，采用统计方法对抽样测试结果进行均匀性检验，并用以表征样本总体的均匀性特征。

1. 均匀性检验要求

在开展均匀性检验时，需要满足以下要求：

（1）随机抽样要求　对能力验证计划所制备的每一个样品编号。从样品总体中随机抽取10个（套）或10个（套）以上的样品用于均匀性检验。若必要，也可以在特性量可能出现差异的部位按一定规律抽取相应数量的检验样品。

（2）检测方法要求　用于均匀性检验的测试方法，其精密度和灵敏度不应低于能力验证计划预定测试方法的精密度和灵敏度。均匀性检验所用的取样量不应大于能力验证计划预定测试方法的取样量。对抽取的每个样品，在重复条件下至少测试2次。重复测试的样品应分别单独取样。为了减小测量中定向变化的影响（飘移），样品的所有重复测试应按随机次序进行。

（3）统计检验要求　当检测样品有多个待测特性量时，可从中选择有代表性和对不均匀性敏感的特性量进行均匀性检验。对检验中出现的异常值，在未查明原因之前，不应随意剔除。

2. 均匀性检验统计方法

均匀性检验常用的统计方法包括：单因子方差分析（one way ANOVA）法（F 法）和不均匀性标准偏差法。

（1）单因子方差分析法（F 法） 为检验样品的均匀性，抽取 i 个样品（$i = 1$，2，$\cdots$，m），每个样在重复性条件下测试 j 次（$j = 1$，2，$\cdots$，n）。

每个样品的测试平均值：

$$\bar{x}_i = \frac{\sum_{j=1}^{n} x_{ij}}{n_i} \tag{3-1}$$

全部样品测试的总平均值：

$$\bar{\bar{x}} = \frac{\sum_{i=1}^{m} \bar{x}_i}{m} \tag{3-2}$$

测试总次数：

$$N = \sum_{i=1}^{m} n_i \tag{3-3}$$

自由度：

$$f_1 = m - 1$$
$$f_2 = N - m \tag{3-4}$$

样品间平方和：

$$SS_1 = \sum_{i=1}^{m} n_i (\bar{x}_i - \bar{\bar{x}})^2 \tag{3-5}$$

均方：

$$MS_1 = \frac{SS_1}{f_1} \tag{3-6}$$

样品内平方和：

$$SS_2 = \sum_{i=1}^{m} \sum_{j=1}^{n_i} (x_{ij} - \bar{x}_i)^2 \tag{3-7}$$

均方：

$$MS_2 = \frac{SS_2}{f_2} \tag{3-8}$$

统计量：

$$F = \frac{MS_1}{MS_2} \tag{3-9}$$

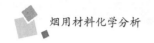

若 F 小于自由度为 (f_1, f_2) 及给定显著性水平 a （通常 $a = 0.05$）的临界值 $F_a(f_1, f_2)$，则表明样品内和样品间无显著性差异，即样品是均匀的。

【例 3-1】 均匀性检验实例

在 2018 年烟草检测-烟用纸张中溶剂残留的测定能力验证计划（计划编号：CTQTC T201803）中，共制备能力验证样品 150 套，样品编号 H2VOC001~150，对所制备烟用纸张中溶剂残留 150 个盲样中的 10 个盲样（样品流水号 007、023、049、058、070、082、095、115、128、147）进行测试，每样在重复性条件下进行 2 平行测定。

测定结果与单因子方差统计分析结果如表 3-1 所示。

表 3-1 CTQTC T201803 能力验证样品均匀性检验结果及判定   单位：mg/m^2

样品号	乙酸正丁酯		异丙醇		甲苯	
01	2.093	2.042	2.197	2.212	0.240	0.240
02	1.981	1.967	2.182	2.154	0.229	0.233
03	1.987	1.947	2.135	2.117	0.229	0.230
04	2.130	1.934	2.270	2.072	0.250	0.228
05	2.256	1.923	2.342	2.059	0.263	0.227
06	2.360	1.952	2.437	2.085	0.280	0.228
07	2.230	1.991	2.332	2.073	0.261	0.229
08	2.154	2.294	2.280	2.622	0.252	0.269
09	2.157	2.418	2.287	2.608	0.253	0.271
10	2.274	1.996	2.385	2.613	0.270	0.274
总平均值 ($\bar{x}$)	2.104		2.273		0.248	
方差来源	样品间	样品内	样品间	样品内	样品间	样品内
自由度 (f)	9	10	9	10	9	10
均方 (MS)	0.021	0.027	0.038	0.029	0.00039	0.00031
F	0.771		1.306		1.242	
F 临界值	3.02		3.02		3.02	

结论：所制备能力验证样品 3 个指标的 F 值分别为 0.771、1.306、1.242、小于 $F_{0.05}(9, 10)$ 临界值 3.02，说明所制备样品中乙酸正丁酯、异丙醇、甲苯 3 个指标残留量均匀。

（2）不均匀性标准偏差法　不均匀性标准偏差法也称 $S_s \leqslant 0.3\sigma$ 准则法。该准则指，若不均匀性标准偏差（S_s）小于等于能力验证计划中能力评价标准偏差的目标值（σ）的 0.3 倍，即样品间方差对能力评定方差的贡献不多于 10%，则使用的样品可认为在本能力验证计划中是均匀的。因此，这种方法应适用于 σ 已知的情形。

从能力验证计划制备的样品中随机抽取 i 个样品（$i = 1$，2，$\cdots$，m），每个样在重复条件下测试 j 次（$j = 1$，2，$\cdots$，n）。按单因子方差法计算均方 $\mathrm{MS_1}$、$\mathrm{MS_2}$。

若每个样品的重复测试次数均为 n 次。按下式计算样品之间的不均匀性标准偏差（S_s）：

$$S_s = \sqrt{(\mathrm{MS_1} - \mathrm{MS_2})/n} \qquad\qquad (3-10)$$

式中　$\mathrm{MS_1}$——样品间均方；

　　　　$\mathrm{MS_2}$——样品内均方；

　　　　n——测量次数。

在特殊情况下，如出现 $\mathrm{MS_1} < \mathrm{MS_2}$ 时，则样品之间的不均匀性标准偏差（S_s）按下式计算：

$$S_s = \sqrt{\mathrm{MS_2}/n} \times \sqrt[4]{2/(N-m)} \qquad\qquad (3-11)$$

式中　$\mathrm{MS_2}$——样品内均方；

　　　　n——测量次数；

　　　　N——测试总次数；

　　　　m——随机抽取样品个数。

（二）稳定性

稳定性（stability）是指所研究的物质在规定的贮存和使用条件下，在规定的时间间隔内，这种物质的特性量值、结构或组分保持在规定的范围之内的能力。对于应用于实验室间对比的能力验证试样，就是要通过定期的稳定性检验，以确保在整个能力验证期间验证样的特性量值、结构或组分是稳定的[7]。

对于稳定性检验，可根据样品的性质和计划的要求来决定。对于性质较不稳定的检测样品如生物制品，以及在校准能力验证计划中传递周期较长的测量物品，稳定性检验是必不可少的。

1. 稳定性的检验要求

在开展稳定性检验时，需要满足以下要求：

（1）随机抽样要求　稳定性检验的样品应从包装单元中随机抽取，抽取的样品数具有足够的代表性。通常，在计划运作的始末或期间随机抽样并进行样品的稳定性检验。

（2）检测方法要求　稳定性检验的测试方法应是精密和灵敏的，并且具有很好的复现性。

（3）统计检验要求　当检测样品有多个待测特性量时，应选择容易发生变化和有代表性的特性量进行稳定性检验。

2. 稳定性的检验统计方法

稳定性检验常用的统计方法包括 t 检验法和 $|\bar{x} - \bar{y}| \leqslant 0.3\sigma$ 准则法。

（1）t 检验法

方法一：一系列测量的平均值与标准值/参考值的比较。

按式（3-12）计算 t 值：

$$t = \frac{|\bar{x} - \mu|\sqrt{n}}{S} \tag{3-12}$$

式中　$\bar{x}$——n 次测量的平均值；为了保证平均值的精确度，通常 $n \geqslant 5$；

　　　μ——标准值/参考值；

　　　n——测量次数；

　　　S——n 次测量结果的标准偏。

若 t 小于显著性水平 α（通常 $\alpha = 0.05$）自由度为 $n-1$ 的临界值 $t_{\alpha(n-1)}$，则平均值与标准值/参考值之间无显著性差异。

方法二：二个平均值之间的一致性。

按式（3-13）计算 t 值：

$$t = \frac{|\bar{x}_2 - \bar{x}_1|}{\sqrt{\frac{(n_1-1)s_1^2 + (n_2-1)s_2^2}{n_1 + n_2 - 2} \cdot \frac{n_1 + n_2}{n_1 \cdot n_2}}} \tag{3-13}$$

式中　x_1、s_1 和 n_1——第一次检验测量时数据的平均值、标准偏差和测量次数；

　　　x_2、s_2 和 n_2——第二次检验测量时数据的平均值、标准偏差和测量次数。

为了保证平均值的精确度，通常 n_1 和 n_2 均 $\geqslant 5$。

若 t 小于显著性水平 α（通常 $\alpha = 0.05$）自由度为 $n_1 + n_2 - 2$ 的临界值 $t_{\alpha(n_1+n_2-2)}$，则二个平均值之间无显著性差异。

（2）$|\bar{x} - \bar{y}| \leqslant 0.3\sigma$ 准则法　该准则指，若式（3-14）成立，则认为被检的样品是稳定的。

$$|\bar{x} - \bar{y}| \leqslant 0.3\sigma \qquad\qquad (3\text{-}14)$$

式中　$\bar{x}$——均匀性检验的总平均值；

　　　$\bar{y}$——稳定性检验时，对随机抽出样品的测量平均值；抽样数 $\geqslant 3$。对每个抽取的样品重复测试 2 次，每次分别单独取样。测量方法与均匀性检验用的测量方法相同；

　　　σ——该能力验证计划的能力评价标准偏差目标值。

【例 3-2】　　稳定性检验实例

在 2018 年烟草检测——烟用纸张中溶剂残留的测定能力验证计划（计划编号：CTQTC T201803）中，能力验证提供者在能力验证计划末，对 3 个留样制备的 6 平行样品进行测试（每样在重复性条件下进行 2 平行测定），测定方法与均匀性检验用的测量方法相同。

以能力验证计划初所获得的均匀性检验的总平均值为参考值，采用 t 检验方法一对结果进行稳定性检验，测定结果与统计分析结果如表 3-2 所示。

表 3-2　　CTQTC T201803 能力验证样品稳定性检验结果及判定

样品号	乙酸正丁酯	异丙醇	甲苯
1	2.216	2.316	0.285
2	2.073	2.273	0.262
3	2.109	2.109	0.263
4	2.134	2.134	0.278
5	1.956	2.012	0.228
6	1.899	1.966	0.221
平均值（$\bar{x}$）	2.065	2.135	0.256
标准差（S）	0.1175	0.1387	0.0261
测量次数（n）	6	6	6
参考值（μ）	2.104	2.273	0.248
t	0.82	2.44	0.77
t 临界值	2.57	2.57	2.57

结论：3 个指标 t 检验值分别为 0.82、2.44、0.77，小于 $t_{0.05}$（5）临界

值 2.57，说明所制备样品稳定。说明所制备样品中乙酸正丁酯、异丙醇、甲苯 3 个指标残留量稳定。

三、指定值

在能力验证活动中，指定值的确定是一个非常重要的环节[8]。根据《GB/T 28043—2011 利用实验室间比对进行能力验证的统计方法》[9]，指定值的定义如下：

指定值（assigned value）——对于给定目的具有适当不确定度的赋予特定量的值，有时该值是约定采用的。

指定值（X）的确定有多种方法，常用的方法包括[10]：

（1）已知值　根据特定能力验证物品配方（如制造或稀释）确定的结果。

（2）有证参考值　根据定义的检测或测量方法确定（针对定量检测）。

（3）参考值　根据对能力验证物品和可溯源到国家标准或国际标准的标准物质/标准样品或参考标准的并行分析、测量或比对来确定。

（4）由专家实验室确定的公议值　专家实验室（某些情况下可能是参考实验室）应当具有可证实的测定被测量的能力，并使用已确认的、有较高准确度的方法，且该方法与常用方法有可比性。

（5）由参加者确定的公议值　使用 GB/T 28043 和 IUPAC 国际协议等给出的统计方法，并考虑离群值的影响。例如，以参加者结果的稳健平均值、中位值（也称为中位数）等作为指定值。

在上述五种常用确定指定值的方法中，前四种方法（已知值、有证参考值、参考值、由专家实验室确定的公议值）所确定的指定值均可以在能力验证样品发放之前确定，而最后一种指定值确定方法（由参加者确定的公议值）需要收回所有参加者的测定结果之后经过统计计算才能完成。

目前，最常用的指定值的确定方法是根据参加者反馈的测定结果确定[11]。但在使用由参加者确定的公议值确定指定值时，除了需要考虑离群值的影响之外，还需要注意以下两点。

（1）数据分布　应确保该指定值正确和事先对数据的分布状态进行检验。当所有结果已被输入并经过检查时（必要时可经过变换），然后制作显示结果分布的数据直方图，以检验正态性假设。只有近似正态分布的数据（具有单一峰、对称图形）方可适用统计方法进行数据分析，否则，统计分析可能无效。当直方图出现两组有差异的结果（即双峰分布）时，需对此种情况进行分析并查找原因，若是由于两种不同的检测方法所引起，应对两种方法的数据进行分离，然后对每一种方法的数据分别进行统计分析。

（2）不确定度 当指定值的标准不确定度 u_X 远大于能力验证中使用的能力评定标准差（$\hat{\sigma}$）时，会存在一种风险，即某些实验室将会因为指定值不准确而导致结果可疑或不满意，而不是因为实验室内部的任何原因。根据 GB/T 28043—2011，当 $u_X \leq 0.3\,\hat{\sigma}$ 时，指定值的不确定度可忽略，并可不包含在能力验证结果中。否则，应选择另一种确定指定值的方法，使指定值的不确定度满足 $u_X \leq 0.3\,\hat{\sigma}$；在能力验证的结果解释中使用指定的不确定度；通知能力验证的参加者，指定值的不确定不可忽略。

需要说明的是，如果指定值由参加者公议确定，指定值的不确定度往往与参加者（实验室）数目有关，参加者越多，由参加者公议确定指定值的标准不确定度越小，当参加者达到一定数目后，指定值的标准不确定度往往可以忽略。

例 3-3 给出了两种常见的由参加者公议确定指定值的不确定度示例。

【例 3-3】 由参加者公议确定指定值的不确定度示例

示例 1：当指定值 X 由 11 个实验室测试结果的算术平均值（$\bar{x}$）确定时，能力评定标准差（$\hat{\sigma}$）为这 11 个结果的标准差 s，即 $\hat{\sigma} = s$。作为估计，指定值的标准不确定度可由 $u_X = s/\sqrt{11} \approx 0.3s$ 确定。

由此证明，当指定值由若干个实验室测试结果的算术平均值确定时，当实验室数目 ≥ 11 个，则 $u_X \leq 0.3\,\hat{\sigma}$ 成立，即指定值的不确定度可忽略。

示例 2：当指定值 X 由 18 个实验室测试结果的稳健平均值（按照稳健分析：算法 A[12]）确定时，指定值 X 的标准不确定度由下式估计：

$$u_X = 1.25 \times s^* / \sqrt{p} \tag{3-15}$$

式中 u_X——指定值 X 的标准不确定度；

s^*——由参加者结果得到的稳健标准差；

p——参加者数目。

能力评定标准差（$\hat{\sigma}$）为 18 个结果按照稳健分析算法 A 所获得的稳健标准差（s^*），即 $\hat{\sigma} = s^*$。作为估计，根据式（3-15），指定值的标准不确

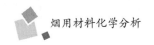

定度可由 $u_X = 1.25 \times s^* / \sqrt{18} \approx 0.3 s^*$ 确定。

由此证明，当指定值由若干个实验室测试结果的稳健平均值（按照算法 A）确定时，当实验室数目大于等于 18 个，则 $u_X \leqslant 0.3 \hat{\sigma}$ 成立，即指定值的不确定度可忽略。

四、能力评定标准差

能力评定标准差已经在"三、指定值"提到，根据《GB/T 28043—2011 利用实验室间比对进行能力验证的统计方法》[13]，能力评定标准差的定义如下。

能力评定标准差（standard deviation for proficiency assessment）——基于可用信息，用于能力评估的离散性度量。

能力评定标准差（$\hat{\sigma}$）的确定有多种方法，常用的方法包括[10]：

（1）与能力评价的目标和目的相符，由专家判定或法规规定（规定值）；

（2）根据以前轮次的能力验证得到的估计值或由经验得到的预期值（经验值）；

（3）由统计模型得到的估计值（一般模型）；

（4）由精密度试验得到的结果；

（5）由参加者结果得到的稳健标准差、标准化四分位距、传统标准差等。

目前，最常用的能力评定标准差的确定方法是根据参加者反馈的测定结果，采用稳健统计统计方法确定，常用确定能力验证标准差的稳健统计方法包括迭代稳健统计法和四分位稳健统计法[11]，其分别对应指定值由参加者结果得到的稳健平均值和中位值两种情况。

稳健统计方法（robust statisticalmethod）——基于可用信息，用于能力评估的离散性度量。

1. 迭代稳健统计法

根据《GB/T 6379.5—2006 测量方法与结果的准确度（正确度与精密度）第 5 部分：确定标准测量方法精密度的可替代方法》，迭代稳健统计法包括算法 A 和算法 S 两种。若不考虑实验室内的标准偏差或变动范围，则通常采用迭代稳健统计的 A 算法。

具体步骤如下：

（1）计算 x^* 和 s^* 的初始值

$$x^* = \mathrm{med}\ x_i \quad (i = 1, 2, \cdots, p) \tag{3-16}$$

$$s^* = 1.483 \times \mathrm{med}\,|x_i - x^*| \quad (i = 1, 2, \cdots, p) \tag{3-17}$$

式中　med——中位数；

x^*——稳健平均值初始值；

s^*——稳健标准差初始值；

x_i——按递增顺序排列后的第 i 个结果；

p——一个特定检测中得到的结果总数。

（2）计算 x^* 和 s^* 的更新值

令 $\delta = 1.5 s^*$，对每个 $x_i(i = 1, 2, \cdots, p)$，计算：

$$x_i^* = \begin{cases} x^* - \varphi, & 若 x_i < x^* - \varphi \\ x^* + \varphi, & 若 x_i > x^* + \varphi \\ x_i, & 其他 \end{cases} \tag{3-18}$$

（3）计算新的 x^* 和 s^* 值

$$x^* = \sum_{i=1}^{p} x_i^* / p \tag{3-19}$$

$$s^* = 1.134 \sqrt{\sum_{i=1}^{p} (x_i^* - x^*)^2 / (p - 1)} \tag{3-20}$$

稳健估计值 x^* 和 s^* 可由迭代计算得出，例如用已修改数据更新 x^* 和 s^*，直至过程收敛。当稳健标准差的第三位有效数字和稳健平均值相对应的数字在连续两次迭代中不再变化时，即可认为过程是收敛的。这是一种可用计算机编程实现的简单方法。此外，还有一种简化的稳健计算方法可以替代算法 A。按式（3-16）计算稳健平均值，按式（3-17）计算稳健标准差，不再进行迭代，以稳健均值和稳健标准差的初始值作为数据平均值和标准差的稳健值[10]。

2. 四分位稳健统计法

中位值和标准化四分位距法是一种简单的稳健统计方法，在能力验证活动中应用广泛。应用此方法计算得到的中位值（Median）和标准化四分位距（NIQR），分别作为数据总体均值的估计值和总体标准差的估计值。

（1）中位值　中位值也称为中位数，或 0.5 分位数，是分布中间位置的一个估计值。其计算方法如下：

将 p 个检测数据按顺序（递增或递减）排列，表示为：

x_1，x_2，$\cdots x_p$，则这一组数据的中位值 $\text{med}(x)$ 计算方法为：

$$\text{med}(x) = \begin{cases} x_{(p+1)/2}, & p \text{ 为奇数} \\ [x_{p/2} + x_{(p/2+1)}]/2, & p \text{ 为偶数} \end{cases} \tag{3-21}$$

（2）标准化四分位距   将 p 个检测数据按递增顺序排列并分成四等份，处于三个分割点位置的数值就是四分位数（Quartile）。其中，该样本中所有数值由小到大排列后第 25% 的数字称为 0.25 分位数，又称第一四分位数（Q_1）或低四分位数；该样本中所有数值由小到大排列后第 50% 的数字称为 0.5 分位数，又称第二四分位数（Q_2），即中位数；该样本中所有数值由小到大排列后第 75% 的数字称为 0.75 分位数，又称第三四分位数（Q_3）或高四分位数。

四分位距（Inter Quartile Range，IQR）是描述统计学中的一种方法。四分位距等于第三四分位数与第一四分位数的差距。即：

$$\text{IQR} = Q_3 - Q_1$$

标准化四分位距等于 0.7413 乘以四分位距。即：

$$\text{NIQR} = 0.7413 \times \text{IQR} \tag{3-22}$$

在式（3-22）中，0.7413 为 0.6745 的倒数除以 2，是根据标准正态分布计算的标准差矫正系数[11]。

【例3-4】   标准化四分位距计算示例

一组测量数据，分别为 103，60，106，101，102，105，108，105，106，106，120。则四分位数如下：

数列	数值	备注
1	60	
2	101	
3	102	Q_1
4	103	
5	105	
6	105	Q_2（中位值）
7	106	
8	106	
9	106	Q_3
10	108	
11	120	

四分位距等于：

IQR = $Q_3 - Q_1$ = 106 - 102 = 4

标准化四分位距等于：

NIQR = 0.7413 × 4 = 2.9652

五、能力统计量

能力验证结果通常需要转化为能力统计量，以便进行解释和与其他确定的目标作比较。其目的是依据能力评定准则来度量与指定值的偏离。

能力统计量也成为性能统计量。根据《CNAS-GL002：2018 能力验证结果的统计处理和能力评价指南》，按照对参加者结果转化由简至繁的顺序，定量结果的常用统计量包括以下六种。

（1）差值 D　也称为实验室偏倚的估计值。按照式（3-23）计算：

$$D = x - X \tag{3-23}$$

式中　x——参加者结果；

　　　X——指定值。

（2）相对差 $D\%$　按照式（3-24）计算：

$$D\% = \frac{x - X}{X} \times 100 \tag{3-24}$$

式中　x——参加者结果；

　　　X——指定值。

（3）z 比分数　按照式（3-25）计算：

$$z = \frac{x - X}{\hat{\sigma}} \tag{3-25}$$

式中　x——参加者结果；

　　　X——指定值；

　　　$\hat{\sigma}$——能力评定标准差。

z 比分数（z-score）由能力验证的指定值和能力评定标准差计算的实验室偏倚的标准化度量[10]。

（4）z' 比分数　按照式（3-26）计算：

$$z' = \frac{x - X}{\sqrt{\hat{\sigma}^2 + u_X^2}} \tag{3-26}$$

式中　x——参加者结果；

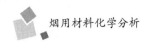

X ——指定值；

$\hat{\sigma}$ ——能力评定标准差；

u_X ——指定值的标准不确定度。

注：当指定值的确定未用到参加者的结果时，可用式（3-26）来计算

（5）ζ 比分数　按照式（3-27）计算：

$$\zeta = \frac{x - X}{\sqrt{u_x^2 + u_X^2}} \tag{3-27}$$

式中　x ——参加者结果；

X ——指定值；

u_x ——参加者结果的合成标准不确定度；

u_X ——指定值的标准不确定度。

仅当 x 和 X 不相关时，式（3-27）才成立，只有所有参加者采用一致的方法（比如按照 ISO/IEC 指南 98-3 的原则）评估不确定度，该方法才有意义。

（6）E_n 值　按照式（3-28）计算：

$$E_n = \frac{x - X}{\sqrt{U_x^2 + U_X^2}} \tag{3-28}$$

式中　x ——参加者结果；

X ——指定值；

U_x ——参加者结果的扩展标准不确定度，包含因子取 $k = 2$；

U_X ——指定值的扩展不确定度，包含因子取 $k = 2$。

仅当 x 和 X 不相关时，式（3-28）才成立，只有所有参加者采用一致的方法（比如按照 ISO/IEC 指南 98-3 的原则）评估不确定度，该方法才有意义。

当对一个特定被测量使用了一个以上能力验证物品（如能力验证活动中使用了两个或两个以上的数量的样品进行测量），或有一组相关被测量（如在能力验证活动中 1 个样品需要对两个或两个以上数量的指标进行测量）时，可根据一轮能力验证计划中两个或两个以上的结果评定参加者的能力。这样可以对参加者能力进行全面评定。需要特别注意的是，应尽量不使用多个能力比分数的平均值作为参加者的能力统计量。因为这将掩盖对一个或多个能力验证物品的较差的检测或测量能力，而这正是需要调查的。最常用的合成的能力比分数是可接受结果的数量（或百分比）[10]。

六、能力评定

能力评定结果反映参加者在能力验证活动中的表现。通常能力评定的方式主要包括以下四种。

1. 专家公议

由顾问组或其他有资格的专家直接确定报告结果是否与预期目标相符合；专家达成一致是评估定性测试结果的典型方法。

2. 与目标的符合性

根据方法性能指标和参加者的操作水平等预先确定准则。

3. 用统计方法确定比分数（值）

其准则应当适用于每个比分数（值）。常用的比分数如下：

（1）z 比分数和 ξ 比分数（简单起见，示例中仅给出了 z 比分数，对 ξ 也适用）。

——$|z| \leqslant 2.0$ 表明能力"满意"，无需采取进一步措施；

——$2.0 < |z| < 3.0$ 表明能力"有问题"，产生警戒信号；

——$|z| \geqslant 3.0$ 表明能力"不满意"，产生措施信号。

（2）E_n 值。

——$|E_n| \leqslant 1.0$ 表明能力"满意"，无需采取进一步措施；

——$|E_n| > 1.0$ 表明能力"不满意"，产生措施信号。

4. 参加者的公议

由一定百分比的参加者或由某个参考标准组提供的比分数值或结果的范围。如：中心百分比（80%，90%或95%）满意，或单侧百分比（最低90%）满意。

需要注意的是，有时，能力验证计划中某些参加者的结果虽为不满意结果，但可能仍在相关标准或规范规定的允差范围之内。鉴于此，在能力验证计划中，对参加者的结果进行评价时，通常不作"合格"与否的结论，而是使用"满意/不满意"或"离群"的概念，即能力评定结果仅基于此次能力验证活动（"游戏规则"）为依据进行评定。

七、能力验证结果的利用[14]

实验室如果不能充分利用能力验证所给出的相关信息，而仅关注其结果

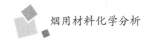

的满意与否，那么实验室参加能力验证的价值将非常有限。

能力验证结果的利用，会涉及实验室所有层级的人员，从一般技术人员到最高管理层。例如：检测、校准或者测量的技术人员要熟悉能力验证的运作方式和结果评价。质量管理人员应参与能力验证结果的利用，尤其是对连续能力验证计划结果的利用。最高管理层不一定要熟悉能力验证的具体运作，但要正确理解能力验证的作用，以避免错误的利用能力验证结果。

1. 参加者对于能力验证结果的利用

对于单次能力验证结果而言，参加者对造成不满意或者可疑结果的原因，可以从以下几方面（但不限于）进行分析：

（1）笔误　尽管笔误与技术能力没有直接联系，但存在这种错误表明实验室在向客户报告结果的时候，有可能存在类似的问题。如果笔误是出现不满意结果的一个常见原因，则实验室应该关注其管理体系的有效性。笔误可能包括以下几种：

①抄写错误；

②贴错标识，导致错报为其他能力验证物品的结果；

③测量单位错误；

④小数点错误。

（2）技术上的问题　由于检测、校准和测量工作的复杂性，问题可能出现在其中的任一环节，实验室调查技术问题可以从以下几方面考虑：

①能力验证物品的储存：如能力验证物品的储存是否有问题，是否可能存在变质或污染？

②能力验证物品的预处理：如能力验证物品和日常样品的基质是否不同？

③方法/内部质量控制数据：如能力验证物品的浓度/含量水平是否超出了方法的使用范围？质控样品的结果是否满意？

④设备/校准：如是否存在设备校准的系统性偏差？

⑤环境条件：如是否满足环境的温湿度条件，是否存在环境污染？

⑥数据处理。

如果调查工作并未能够从中识别出根本原因，则可能有必要对方法的验证进行审查。

2. 能力验证提供者对于能力验证结果的利用

可能由于所选择的能力验证计划不适宜而造成结果不满意或者可疑，则能力验证提供者应从以下方面（但不限于）进行分析：

（1）能力验证物品是否稳定或均匀？

（2）给参加实验室的指导书是否存在不当之处？

（3）能力验证是否考虑测量方法的差异，存在分组统计不当？

（4）指定值是否合适？

（5）能力评定标准差是否合适？

（6）输入、转移或者报告的数据是否有误？

八、两个关系的理解

能力验证通过评价参加实验室在实验室间比对过程中的表现，来证明参加实验室的技术能力和工作水平。在理解能力验证的概念时，首先需要明晰能力验证和实验室间比对，以及能力验证和测量审核这两个关系。

1. 能力验证和实验室间比对的关系

实验室间比对是一个更为广泛的概念，实验室间比对包含了能力验证。事实上，能力验证是用于特定目的的实验室间比对。

按照不同的目的，实验室间比对的叫法会有所不同。例如，当按照《GB/T 6379.2—2004/ISO 5725-2：1994 测量方法与结果的准确度（正确度和精密度）第 2 部分：确定标准测量方法重复性和再现性的基本方法》用于评估方法精密度等性能特征时，实验室比对常称为"协作试验"[14]、"协同实验室间试验"、"实验室间协同试验"[15]或"协同试验"[16]；当用于支撑国家计量院间测量等效性声明时，实验室比对称为"关键比对"或"辅助比对"[14]。在这些比对中，实验室的能力已经被提前设定，其组织实施有别于能力验证，因而并不属于能力验证的范畴，但可用于证明实验室的能力。一般来说，用于评价实验室具有特定检测、校准和检验能力的实验室间比对，可以通称为"能力验证"，能力验证属于合格评定的范畴。

2. 能力验证和测量审核的关系

测量审核是能力验证计划的一种特殊形式。它是将一个参加实验室对被测物品（材料或制品）的测量结果与参考值（参照值）进行比较，并按预定准则进行评价活动。测量审核有时也成为"一对一"的能力验证计划。

测量审核（measurement audit）——一个参加者对被测物品（材料或制品）进行实际测试，其测试结果与参考值进行比较的活动[10]。

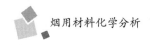

测量审核是对一个参加者进行"一对一"能力评价的能力验证计划。

综上可以看出，就概念和范畴而言，能力验证、实验室间比对和测量审核的关系如图3-1所示。

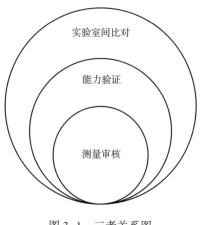

图3-1　三者关系图

九、需要关注的问题

能力验证作为评价实验室技术能力的重要手段之一，与现场评审互为补充，构成了认可机构最常用的两种能力评价技术。同时能力验证是认可机构加入和维持国际/区域性认可合作组织多边互认协议（MRA）的必要条件之一。正是由于能力验证结果对于参加实验室十分重要，因此当使用能力验证结果表达实验室技术能力时，需要关注以下问题。

能力验证与实验室的技术能力具有较强的相关性，但又不完全等同。例如，在单次能力验证计划中，如果所有参加实验室的结果均为满意，实验室获得了满意结果，并不一定表明实验室具备多高的技术能力，这可能是由于能力评定标准差过大导致的。反之，在单次能力验证计划中，如果实验室获得了不满意或可疑结果，也不一定表明实验室没有能力，这可能是由于能力评定标准差过小所致。对于单次能力验证结果，只要实验室对不满意或可疑结果进行了调查，找出可能存在的问题，避免再次发生即可。

但是，如果实验室在连续能力验证计划中持续出现不满意或可疑结果，则表明实验室的测量过程在某些方面存在问题。

第三节　测量审核

测量审核（Measurement Audits）是一个参加实验室对被测物品（材料或制品）进行实际测试，其测试结果与参考值进行比较的活动。在上一节中已经提到，测量审核是能力验证计划的有效补充，是能力验证活动的重要方式之一。测量审核数据是 CNAS 判断实验室能力的重要技术依据。

一、测量审核的特点

由于能力验证计划的组织受到项目方案设计、样品制备、参加实验室数量以及费用投入等多种因素的制约，每年实施的项目十分有限。而测量审核活动可以采用能力验证计划项目、有证参考物质等多种类型的已获得指定值的试验样品，故更具广泛性、常态性和实时性[17]。

二、测量审核结果的评定

测量审核是对一个参加者进行"一对一"能力评价的能力验证计划，在《CNAS-GL002：2018 能力验证结果的统计处理和能力评价指南》附录 C 中，共推荐了 3 种测量审核结果的评定方法[10]。

1. E_n 值评定

（1）E_n 值的计算　见式（3-28）。

（2）E_n 值的评价

$|E_n| \le 1.0$ 表明能力"满意"，无需采取进一步措施；

$|E_n| > 1.0$ 表明能力"不满意"，产生措施信号。

（3）E_n 值评定的特点　E_n 值评价方法是十分有用的方法，特别适用于方法允许差计算无明确规定的测定，用于试验结果的质量评定。但是用该评定方法的前提是参加者必须能正确评定测量不确定度。由于各实验室不确定度评定方法的推广不均衡，所建立评定方法不规范，影响了该方法的推广。

2. 临界值（CD 值）评定

（1）临界值的计算　由于测量审核评定本质上就是一个实验室的测量结果与参考值的比较，根据《GB/T 6379.6—2014/ISO 5725-6：1994 测量方法与结果的准确度（正确度和精密度）第 6 部分：准确度的实际应用》[18] 中

4.2.3 条款有关的规定：如果在重复性条件下，一个实验室得到了 n 个测试结果，其算术平均值为 $\bar{y}$，当确定的参照值为 μ_0，在偏倚的实验室分量尚未确定的情况下，95% 概率水平下，$|\bar{y} - \mu_0|$ 的临界差（$CD_{0.95}$）为：

$$CD_{0.95} = \frac{1}{\sqrt{2}}\sqrt{(2.8\,\sigma_R)^2 - (2.8\,\sigma_r)^2\left(\frac{n-1}{n}\right)} \qquad (3-29)$$

式中　$CD_{0.95}$——参加实验室 n 次测量结果与参照值绝对差在 95% 概率水平下的临界值；

　　　　σ_R——再现性标准差；

　　　　σ_r——重复性标准差；

　　　　n——重复测量次数。

从式（3-29）可知，如果实验室重复测量次数仅 1 次，则：

$$CD_{0.95} = \frac{2.8\,\sigma_R}{\sqrt{2}} \approx \frac{R}{\sqrt{2}} \qquad (3-30)$$

式中　$CD_{0.95}$——参加实验室 1 次测量结果与参照值绝对差在 95% 概率水平下的临界值；

　　　　σ_R——再现性标准差；

　　　　R——再现性限。

（2）临界值的评价　$|\bar{y} - \mu_0| \leqslant CD_{0.95}$ 表明参加者的测量结果可以接受，结果判定为"满意结果"；$|\bar{y} - \mu_0| > CD_{0.95}$ 表明参加者的测量结果被认为可疑，结果判定为"不满意结果"。

（3）临界值评定的特点　从临界值的计算方法可以看出，若要使用临界值评定方法，前提是测量方法的重复性和再现性精密度已知并可靠。目前，国际标准（ISO）、国家标准（GB）、烟草行业标准（YC）的许多检测方法标准一般会在资料性附录部分给出不同含量水平下的重复性和再现性评价结果。因此，在对这个标准方法进行实验室测量审核时，临界值评定方法的应用广泛。

3. 按专业标准方法规定评定

（1）P_A 值的计算　如果相应专业标准规定了测试结果的允许差，则可按照标准规定评定参加者结果。

首先需要计算 P_A 值，其计算方法如下：

$$P_A = \frac{x_{LAB} - x_{REF}}{\delta_E} \qquad (3-31)$$

式中　x_{LAB}——参加者结果；

　　　x_{REF}——被测物品的参考值；

　　　δ_E——标准中规定的允许差。

（2）P_A值的评价　$|P_A| \leqslant 1.0$ 表明能力"满意"，无需采取进一步措施；$|P_A| > 1.0$ 表明能力"不满意"，产生措施信号。

（3）按专业标准方法规定评定的特点　通常，在绝大多数的国家标准和烟草行业检测方法标准中，会在"结果计算与表述"部分给出重复测试结果的允许差，因此这种方法极为简便。有时这个允许差是绝对值，即式（3-32）中的 δ_E，例如"两次测定值之间绝对偏差应小于 0.10"；有时这个允许差是相对值，例如"两次测定值之间相对平均偏差应小于 10%"。

因此，在利用式（3-32）计算 P_A 值时，当标准方法规定的允许差为相对值时，需要将相对允许差转换为绝对允许差后再进行计算。其计算方法如下：

$$\delta_E = x_{REF} \times \delta_{Erel} \tag{3-32}$$

式中　δ_E——标准中规定的允许差；

　　　x_{REF}——被测物品的参考值；

　　　δ_{Erel}——标准规定的相对允许差。

第四节　实验室比对的其他统计评定方法

除了能力验证和测量审核之外，在实际的实验室比对活动中，经常会开展实验室内比对（如人员比对、仪器比对、方法比对）、实验室间比对（2 个实验室间比对、多个实验室间比对）等活动，以实现对实验室质量进行控制的目的。

在评价实验室内或实验室间比对结果是否可接受时，往往需要将实验室的结果与一个类似临界差之类的限值（CD）进行比较。通常，当实验室比对的实际绝对差异不超过临界差限值时，结果可以接受，反之表明比对结果可疑或者不能接受。

因此，获得并利用这个限值是实验室内比对或实验室间比对的常用统计方法。

一、重复性限和再现性限

重复性限和再现性限是典型的临界差限值。重复性限的定义为一个数值，

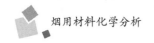
在重复性条件下，两个测试结果的绝对差小于或等于此数的概率为 95%；再现性限的定义为一个数值，在再现性条件下，两个测试结果的绝对差小于或等于此数的概率为 95%。

根据《GB/T 6379.6—2014/ISO 5725-6：1994 测量方法与结果的准确度（正确度和精密度）第 6 部分：准确度的实际应用》，重复性限和再现性限的计算原理及应用如下。

1. n 个独立估计量和或差的标准差

如果一个估计量是 n 个独立估计量的和或差，每个估计量的标准差均为 σ，则和或者差的标准差为 $\sigma\sqrt{n}$。

对于两个测试结果差的标准差，由于 $n = 2$，因此，其相应的标准差为 $\sigma\sqrt{2}$。

类似，由于再现性限（R）和重复性限（r）均为两个测试结果之间的差，因此，其相应的标准差则分别为 $\sigma_R\sqrt{2}$ 和 $\sigma_r\sqrt{2}$。

2. 临界差

在常规的统计工作中，为了检查两个测试结果之间的差异（通常用这两个测试结果的绝对差来表征），往往用这个标准差的 f（临界差系数）倍作为临界差。

对于正态分布，95% 的概率水平下，$f = 1.96$，因此，$f\sqrt{2} = 2.77 \approx 2.8$。

最终，95% 的概率水平下，两个测试结果的临界差为：$CD_{0.95} = f \cdot \sigma \cdot \sqrt{2} = 2.8\sigma$。

类似，再现性限（R）就等于 2.8 倍的再现性标准差（$2.8\sigma_R$），重复性限（r）就等于 2.8 倍的重复性标准差 $2.8\sigma_r$。

在实际过程中，通常用标准差的估计值（s）代替标准差真值（σ），其中，重复性和再现性标准差的估计值按照《GB/T 6379.1—2004/ISO 5725-1：1994 测量方法与结果的准确度（正确度与精密度）第 1 部分：总则与定义》[19] 和《GB/T 6379.2—2004/ISO 5725-2：1994 测量方法与结果的准确度（正确度和精密度）第 2 部分：确定标准测量方法重复性和再现性的基本方法》[15] 给出的程序获得。

二、实验室内两组测量结果的比对

一个实验室内两组测量结果的比对属于重复性条件范畴。当实验室内进行了两组测量，第一组算数平均值为 $\bar{x}_1$；第二组算数平均值为 $\bar{x}_2$。比较 $\bar{x}_1$ 与 $\bar{x}_2$ 的差异时，计算步骤如下。

1. $(\bar{x}_1 - \bar{x}_2)$ 的标准差

$(\bar{x}_1 - \bar{x}_2)$ 的标准差的计算公式如下：

$$\sigma = \sqrt{\sigma_r^2 \left(\frac{1}{n_1} + \frac{1}{n_2} \right)} \tag{3-33}$$

式中　σ —— $(\bar{x}_1 - \bar{x}_2)$ 的标准差；

　　　σ_r ——重复性标准差；

　　　n_1 ——第一组测试结果数；

　　　n_2 ——第二组测试结果数。

2. 临界差

根据"一、重复性限和再现性限"的原理，在95%概率水平下，临界差（$CD_{0.95}$）等于标准差（σ）乘以临界差系数（f），即：

$$CD_{0.95} = f\sigma = \frac{f\sqrt{2}}{\sqrt{2}}\sigma = \frac{2.8}{\sqrt{2}}\sqrt{\sigma_r^2 \left(\frac{1}{n_1} + \frac{1}{n_2} \right)}$$

对于正态分布，95%的概率水平下，$f = 1.96$，因此，$f\sqrt{2} = 2.77 \approx 2.8$。

最终，推导获得实验室内两组测量结果 $|\bar{x}_1 - \bar{x}_2|$ 的临界差计算公式为：

$$CD_{0.95} = 2.8\sigma_r \sqrt{\left(\frac{1}{2n_1} + \frac{1}{2n_2} \right)} \tag{3-34}$$

式中　$CD_{0.95}$ —— $|\bar{x}_1 - \bar{x}_2|$ 的临界差；

　　　σ_r ——重复性标准差；

　　　n_1 ——第一组测试结果数；

　　　n_2 ——第二组测试结果数。

从式（3-34）可以看出，当两组测试结果数均为 1 时，$CD_{0.95} = 2.8\sigma_r = r$，即临界差等于重复性限，也就是"一、重复性限和再现性限"中所描述的情况。

三、两个实验室内两组测量结果的比对

两个实验室内两组测量结果的比对属于实验室间的再现性条件范畴。当两个实验室分别进行了两组测量，第一个实验室算数平均值为 $\bar{x}_1$；第二个实验室算数平均值为 $\bar{x}_2$。比较 $\bar{x}_1$ 与 $\bar{x}_2$ 的差异时，计算步骤如下。

1. $(\bar{x}_1 - \bar{x}_2)$ 的标准差

$(\bar{x}_1 - \bar{x}_2)$ 的标准差的计算公式如下：

$$\sigma = \sqrt{2(\sigma_L^2 + \sigma_r^2) - 2\sigma_r^2\left(1 - \frac{1}{2n_1} - \frac{1}{2n_2}\right)} = \sqrt{2\sigma_R^2 - 2\sigma_r^2(1 - \frac{1}{2n_1} - \frac{1}{2n_2})} \quad (3-35)$$

式中　σ —— $(\bar{x}_1 - \bar{x}_2)$ 的标准差；

　　　σ_L ——实验室间标准差；

　　　σ_r ——重复性标准差；

　　　σ_R ——再现性标准差，$\sigma_R^2 = \sigma_L^2 + \sigma_r^2$；

　　　n_1 ——第一个实验室测试结果数；

　　　n_2 ——第二个实验室测试结果数。

2. 临界差

根据"一、重复性限和再现性限"的原理，在 95% 概率水平下，临界差（$CD_{0.95}$）等于标准差（σ）乘以临界差系数（f），即：

$$CD_{0.95} = f\sigma$$

$$= f\sqrt{2\sigma_R^2 - 2\sigma_r^2\left(1 - \frac{1}{2n_1} - \frac{1}{2n_2}\right)}$$

$$= \sqrt{(f\sqrt{2})^2\sigma_R^2 - (f\sqrt{2})^2\sigma_r^2\left(1 - \frac{1}{2n_1} - \frac{1}{2n_2}\right)}$$

$$= \sqrt{2.8^2\sigma_R^2 - 2.8^2\sigma_r^2\left(1 - \frac{1}{2n_1} - \frac{1}{2n_2}\right)}$$

对于正态分布，95% 的概率水平下，$f = 1.96$，因此，$f\sqrt{2} = 2.77 \approx 2.8$。

最终，推导获得两个实验室内两组测量结果 $|\bar{x}_1 - \bar{x}_2|$ 的临界差计算公式为：

$$CD_{0.95} = \sqrt{(2.8\sigma_R)^2 - (2.8\sigma_r)^2\left(1 - \frac{1}{2n_1} - \frac{1}{2n_2}\right)} \quad (3-36)$$

式中　$CD_{0.95}$ —— $|\bar{x}_1 - \bar{x}_2|$ 的临界差；

　　　σ_R ——再现性标准差；

　　　σ_r ——重复性标准差；

　　　n_1 ——第一个实验室测试结果数；

　　　n_2 ——第二个实验室测试结果数。

从式（3-36）可以看出，当两个实验室的测试结果数均为 1 时，$CD_{0.95} = 2.8\sigma_R = R$，即临界差等于再现性限，也就是"一、重复性限和再现性限"中所描述的情况。

四、一个实验室结果与参照值的比对

测量审核临界值评定常采用这个方法。因此，有关一个实验室结果与参照值的比对请参见本章第三节中测量审核结果的临界值（CD 值）评定方法。

五、多个实验室结果与参照值的比对

多个实验室的多组测量结果与参照值的比对同样属于实验室间的再现性条件范畴。若有 p 个实验室，分别在重复性条件下得到了 $n_i(i = 1, 2, \cdots, p)$ 个测试结果，每个实验室测试结果的算数平均值为 $\bar{x}_i$，则所有实验室测试结果的总平均值（$\bar{\bar{x}}$）为：

$$\bar{\bar{x}} = \frac{1}{p} \sum_{i=1}^{p} \bar{x}_i$$

将总平均值与参照值（μ_0）进行比较，计算步骤如下。

1. （$\bar{\bar{x}} - \mu_0$）的标准差

$$\sigma = \frac{1}{\sqrt{2p}} \sqrt{2(\sigma_{\mathrm{L}}^2 + \sigma_{\mathrm{r}}^2) - 2\sigma_{\mathrm{r}}^2 \left(1 - \frac{1}{p} \sum_{i=1}^{p} \frac{1}{n_i}\right)}$$

$$= \frac{1}{\sqrt{2p}} \sqrt{2\,\sigma_{\mathrm{R}}^2 - 2\sigma_{\mathrm{r}}^2 \left(1 - \frac{1}{p} \sum_{i=1}^{p} \frac{1}{n_i}\right)} \tag{3-37}$$

式中 σ —— （$\bar{\bar{x}} - \mu_0$）的标准差；

       σ_{L} ——实验室间标准差；

       σ_{r} ——重复性标准差；

       σ_{R} ——再现性标准差，$\sigma_{\mathrm{R}}^2 = \sigma_{\mathrm{L}}^2 + \sigma_{\mathrm{r}}^2$；

       p ——实验室数；

       n_i ——第 i 个实验室的测试结果数。

2. 临界差

根据"一、重复性限和再现性限"的原理，在 95% 概率水平下，临界差（$CD_{0.95}$）等于标准差（σ）乘以临界差系数（f），即：

$$CD_{0.95} = f\sigma$$

$$= f \frac{1}{\sqrt{2p}} \sqrt{2\,\sigma_{\mathrm{R}}^2 - 2\sigma_{\mathrm{r}}^2 \left(1 - \frac{1}{p} \sum_{i=1}^{p} \frac{1}{n_i}\right)}$$

$$= \frac{1}{\sqrt{2p}} \sqrt{(f\sqrt{2})^2 \sigma_R^2 - (f\sqrt{2})^2 \sigma_r^2 \left(1 - \frac{1}{p} \sum_{i=1}^{p} \frac{1}{n_i}\right)}$$

$$= \frac{1}{\sqrt{2p}} \sqrt{2.8^2 \sigma_R^2 - 2.8^2 \sigma_r^2 \left(1 - \frac{1}{p} \sum_{i=1}^{p} \frac{1}{n_i}\right)}$$

对于正态分布，95%的概率水平下，$f = 1.96$，因此，$f\sqrt{2} = 2.77 \approx 2.8$。

最终，参照值为 μ_0，在偏倚的实验室分量尚未确定的情况下，95%概率水平下，$|\bar{\bar{x}} - \mu_0|$ 的临界差（$CD_{0.95}$）为：

$$CD_{0.95} = \frac{1}{\sqrt{2p}} \sqrt{(2.8\sigma_R)^2 - (2.8\sigma_r)^2 \left(1 - \frac{1}{p} \sum_{i=1}^{p} \frac{1}{n_i}\right)} \tag{3-38}$$

参考文献

［1］CNAS-CL03：2010 能力验证提供者认可准则［S］.

［2］CNAS-CL01：2018 检测和校准实验室能力认可准则［S］.

［3］GB/T 27043—2012/ISO/IEC 17043：2010 合格评定　能力验证的通用要求［S］.

［4］CNAS-RL02：2018 能力验证规则［S］.

［5］GB/T 27043—2012/ISO/IEC 17043：2010 合格评定　能力验证的通用要求［S］.

［6］CNAS-GL003：2018 能力验证样品均匀性和稳定性评价指南［S］.

［7］王承忠. 实验室间比对的能力验证及稳健统计技术——第四讲 能力验证试样的均匀性和稳定性检验［J］. 理化检验：物理分册，2004，40（10）：533-538.

［8］董亮星. 能力验证中指定值的确定方法［J］. 中国计量，2006（10）：70-71.

［9］GB/T 28043—2011 利用实验室间比对进行能力验证的统计方法［S］.

［10］CNAS-GL002：2018 能力验证结果的统计处理和能力评价指南［S］.

［11］邢小茹，刘涛，马小爽，等. 化学分析领域能力验证与稳健统计技术［J］. 理化检验-化学分册，2016，52（7）：819-824.

［12］GB/T 6379.5—2006 测量方法与结果的准确度（正确度与精密度）第5部分：确定标准测量方法精密度的可替代方法［S］.

［13］GB/T 28043—2011 利用实验室间比对进行能力验证的统计方法［S］.

［14］中国合格评定国家认可委员会秘书处. 能力验证的本质与作用［M］. 北京：中国质检出版社，中国标准出版社，2015.

［15］GB/T 6379.2—2004/ISO 5725-2：1994 测量方法与结果的准确度（正确度和精密度）第2部分：确定标准测量方法重复性和再现性的基本方法［S］.

［16］GB/Z 22553—2010 利用重复性、再现性和正确度的估计值评估测量不确定的指南［S］.

［17］佟艳春，陈景华，胡洛翡，等 . 实验室测量审核结果的评定方法研讨［J］. 冶金分析，2009，29（7）：28-32.

［18］GB/T 6379.6-2014/ISO 5725-6：1994 测量方法与结果的准确度（正确度和精密度）第6部分：准确度的实际应用［S］.

［19］GB/T 6379.1—2004/ISO 5725-1：1994 测量方法与结果的准确度（正确度与精密度）第1部分：总则与定义［S］.

第四章
烟用材料化学分析用标准物质

第一节 标准物质概述

标准物质（reference material，RM），也称参考物质，是指具有足够均匀和稳定的特定特性的物质，其特性适用于测量或标称特性检查中的预期用途。国内所指的标准物质通常是有证标准物质，即附有由权威机构发布的文件，提供使用有效程序获得的具有不确定度和溯源性的一个或多个特性值的标准物质。我国标准物质的主管部门是国家市场监督管理总局，由全国标准物质管理委员会负责标准物质的评审和考核。

简单的理解，标准物质就是定性和定量测量分析的一种"标杆"[1]。标准物质的基本特性是均匀性、稳定性和量值的溯源性，这三个特性同时也是研制标准物质的基本要求。

标准物质具有测量标准的属性，其基本用途是校准、建立计量溯源性、为其他材料赋值、测量方法/程序确认、测量质量控制等。几乎所有技术领域的分析测试都离不开标准物质，或用标准物质作为计量标准校准分析仪器和测试结果并进行量值传递，或进行分析质量的监控，或验证和评价分析方法的可靠性、检验测试结果的正确度等[2]。具体到实际使用中，标准物质不仅是分析测试量值传递的基础，更是质量管理的工具，可在评定各种分析方法、对相关产品进行质量检查、校验分析仪器、实验室认可和实验室能力验证、不同实验室间数据比对等方面发挥重要的作用。

一、标准物质的定义

根据《JJF 1005—2016 标准物质通用术语和定义》[3]，标准物质相关的术语与定义如下。

标准物质（reference material，RM）——具有足够均匀和稳定的特定特性的物质，其特性适用于测量或标称特性检查中的预期用途。

标称特性的检查提供标称特性值及其不确定度。该不确定度不是测量不确定度。

赋予或未赋予量值的标准物质都可用于测量精密度控制，只有赋予量值的标准物质才可用于校准或测量正确度控制。

"标准物质"既包括具有量的物质，也包括具有标称特性的物质。

标准物质有时与特制装置是一体化的。

"标准物质"也称为"参考物质"。

有证标准物质（certified reference material, CRM）——附有由权威机构发布的文件，提供使用有效程序获得的具有不确定度和溯源性的一个或多个特性值的标准物质。

"文件"是以"证书"的形式给出。

有证标准物质制备和认定的程序是有规定的，参见 JJF 1342[4] 和 JJF 1343[5]。

在定义中，"不确定度"包含了测量不确定度和诸如同一性和序列的标称特性值的不确定度两个含义。"溯源性"既包含量值的计量溯源性，也包含标称特性值的追溯性。

"有证标准物质"的特定量值要求附有测量不确定度的计量溯源性。

国际标准化组织/标准物质委员会有类似定义，但修饰词"计量"既适用于量也适用于标称特性。

"有证标准物质"也称为"有证参考物质"。

标准物质候选物（candidate reference material）——拟研制（生产）为标准物质的物质。

候选物尚未经定值和测试，以确保其在测量过程中适用。为转化为标准物质，需对候选物进行考察，以确定其一个或多个特定特性足够均匀、稳定，并适用于针对这些特性的测量和测试方法开发中的预期用途。

标准物质候选物可以是其他特性的标准物质，也可以是目标特性的候选物质。

原级测量标准（primary measurement standard）——在特定范围内，其特性值在不参考相同特性或量的其他标准的情况下被采纳，被指定或广泛公认具有最高计量学品质的测量标准。

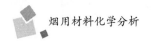

"原级测量标准"也称为"基准测量标准"。

次级测量标准（secondary measurement standard）——通过与相同特性或量的原级测量标准比对而赋予特性值的测量标准。

基体标准物质（matrix reference material）——具有实际样品特性的标准物质。

基体标准物质可直接从生物、环境或工业来源得到。

基体标准物质可通过将所关心的成分添加至既有物质中制得。

溶解在纯溶剂中的化学物质不是基体物质。

基体标准物质旨在用于与其有相同或相似基体的实际样品的分析。

标准物质的特性值（property value of a reference material）——与标准物质的物理、化学或生物特性有关的值。

特性值包括特性量值和标称特性值。

标准物质的定值（characterization of a reference material）——作为研制（生产）程序的一部分，确定标准物质特性值的过程。

认定值（certified value）——赋予标准物质特性的值，该值附带不确定度及计量溯源性的描述，并在标准物质证书中陈述。

最小取样量（minimum sample size，minimum sample intake）——确保标准物质响应文件中表达的特性值有效的情况下，可用于测量过程的用量低限，通常以质量表示。

"最小取样量"也称为"最小样品量"。

二、标准物质在分析测试中的用途

标准物质具有测量标准的属性，在分析测试中起着量值传递、评价分析方法和分析质量控制等作用。对于标准物质，尤其是有证标准物质，广泛用于以下目的[6]。

1. 校准

例如，在化学分析领域，多点校准的应用十分广泛。校准曲线在建立时基于一套校准物的测量以及适当的曲线拟合方法，常采用的拟合方法为使用线性最小二乘法建立相应的回归方程（校准曲线），再以测量参数计算样品的测量值。在日常化学分析中，采用相应的标准物质校准分析仪器的测量参数，实现量值的传递是简便和可靠的选择。

2. 建立计量溯源性

例如，在 pH 量值溯源中，我国现有的 pH 一级标准物质采用 pH 国家基准装置（无液接界电池）定值，主要用于建标考核和给二级标准物质附值。而在各领域广泛使用的是 pH 二级标准物质，并用这些二级标准物质对实验室使用的 pH 计或精密 pH 计进行校准和附值，从而实现了从国家基准到实验室测量的量值传递，也就是建立了从实验室测量到国家基准的量值溯源。

3. 为其他材料附值

例如，在化学成分定量测量中，标准物质，如纯度标准物质和校准用溶液标准物质常用于通过混合、稀释等手段制备其他工作用标准物质或校准物（标准工作溶液），它们的特性值及不确定度部分取决于用于制备的标准物质的特性值及不确定度。

4. 测量方法/程序确认

例如，利用与样品基质相匹配且浓度相近的有证标准物质评价分析方法的偏倚（正确度）。

5. 测量质量控制

例如，利用标准物质应用于测量精密度检查、质量控制图绘制及实验室间比对与能力验证评价。

三、我国标准物质的定级

1987 年，我国国家计量局根据《中华人民共和国计量法实施细则》中对"计量器具"的定义，制订了我国的《标准物质管理办法》，标志着标准物质纳入了依法管理的计量器具范围[7]。根据《标准物质管理办法》，我国将标准物质分为一级标准物质和二级标准物质。

1. 一级标准物质的定级条件

（1）用绝对测量法或两种以上不同原理的准确可靠的方法定值。在只有一种定值方法的情况下，用多个实验室以同种准确可靠的方法定值。

（2）准确度具有国内最高水平，均匀性在准确度范围之内。

（3）稳定性在一年以上或达到国际上同类标准物质的先进水平。

（4）包装形式符合标准物质技术规范的要求。

2. 二级标准物质的定级条件

（1）用与一级标准物质进行比较测量的方法或一级标准物质的定值方法

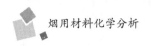

定值。

（2）准确度和均匀性未达到一级标准物质的水平，但能满足一般测量的需要。

（3）稳定性在半年以上，或能满足实际测量的需要。

（4）包装形式符合标准物质技术规范的要求。

目前，依据国家质检总局 2017 年发布的《标准物质定级鉴定审批事项服务指南》，我国标准物质的定级鉴定审批工作由国家质检总局受理并执行。

四、标准物质证书

标准物质证书是指包含使用有证标准物质所需全部基本信息的文件。根据《JJF 1186—2007 标准物质认定证书和标签内容编写规则》，标准物质证书通常由以下 10 个部分（附件除外）构成[8]。

1. 封面

封面内容由许可证标志、授权机构、有证标准物质编号、认定机构、中文名称、英文名称、证书编号、认定日期和有效期限等组成。

2. 概述

通常包括标准物质的总体描述、标准物质的物理状态和包装容器性质的描述，以及标准物质的预期用途描述。

3. 原材料来源与制备工艺

包括对所制备标准物质的原材料来源、制备方法、制备程序等信息的简要描述。

4. 认定值和不确定度

包括明确的标准物质特性量值（认定值）和不确定度。

5. 均匀性和稳定性

均匀性信息包括标准物质抽样方法、抽样数、均匀性检验方法和检验结果进行简要描述，以及使用该标准物质的最小取样量。稳定性信息包括标准物质在规定的保存条件下，定期抽取易变化的或有代表性的特性量值进行稳定性考查的结果，以及有效期。

6. 特性量值的测量方法

明确给出标准物质特性量值的测量方法。

7. 溯源性描述

包括标准物质测量程序原理、溯源途径、溯源方法的确切说明。

8. 正确使用说明

明确给出标准物质的正确使用条件。

9. 运输和贮存

简要描述该标准物质的运输方法和贮存条件，以保证有效使用。

10. 安全警示

如果标准物质涉及安全问题，例如：放射性、有毒害、有传染性等，应予以明示，并对有关危险状况加以警示，并对其适当防护措施进行详细说明。

第二节 三乙酸甘油酯中 21 种有机化合物溶液标准物质

一、简介

各类烟用纸张中残留的挥发性有机化合物主要来源于印刷纸、油墨和溶剂、印刷工艺等，这些残留成分不仅可能影响卷烟产品特有的香气和香味风格，更重要的是可能影响卷烟产品的安全性。《YC 263—2008 卷烟条与盒包装纸中挥发性有机化合物的限量》《YC 171—2014 烟用接装纸》《YC 264—2014 烟用内衬纸》等烟用纸张类标准中均对挥发性有机化合物/溶剂残留提出了限量要求，所采用的测定方法为《YC/T 207—2014 烟用纸张中溶剂残留的测定 顶空-气相色谱/质谱联用法》。

GBW（E）082063 "三乙酸甘油酯中 21 种有机化合物溶液标准物质" 是一项国家二级混合溶液标准物质，溶液基体为三乙酸甘油酯，包含苯、甲苯、乙苯、二甲苯（邻、间、对）、甲醇、乙醇、正丙醇、异丙醇、正丁醇、丙酮、4-甲基-2-戊酮、丁酮、环己酮、乙酸乙酯、乙酸丙酯、乙酸丁酯、乙酸异丙酯、丙二醇甲醚（1-甲氧基-2-丙醇）、丙二醇乙醚（1-乙氧基-2-丙醇）和苯乙烯、乙酸甲酯等 21 种挥发性有机化合物，可与 YC/T 207—2014 配套使用。该标准物质常温下为液体，包装于 10mL 顶空瓶中，由中国烟草标准化研究中心研制并在烟草行业发行。

二、研制过程

"三乙酸甘油酯中 21 种有机化合物溶液标准物质" 选择了 Fisher Scientific、Alfa Aesar、TEDIA、ROE、aladdin 等公司生产的 21 种色谱纯级有

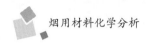

机化合物作为目标物，基质三乙酸甘油酯选用了云南环腾集团玉溪市溶剂厂有限公司生产的高纯三乙酸甘油酯，并经过分子筛进一步纯化处理。

制备过程在百级洁净间完成，控制温度为 20~22℃，相对湿度为 55%~65%，将纯化后的三乙酸甘油酯转移至储液瓶（德国 duran-group 公司）中，分别加入一定质量的 21 种目标物，充分摇匀后过夜。分装时在高纯氮保护下，利用瓶口分配器将 5mL 标准物质转移至顶空瓶中，立即用电子压盖器封口。

标准物质的均匀性检验按照 ISOguide 35 规定的方法，对封装后的 15 瓶样品进行了气相色谱分析，经 F 检验均匀性良好。运输稳定性考察了该标准物质在 60℃条件下，第 0 天、第 7 天、第 14 天各成分含量变化情况，采用平均值一致性检验法评价实验结果，显示运输稳定性良好。长期稳定性检验采用直线作为经验模型，考察了该标准物质在-18℃条件下，第 0 个月、1 个月、2个月、4 个月、6 个月时各成分含量变化情况，显示长期稳定性良好。

参照《JJG 1006—1994 一级标准物质技术规范》，该标准物质选取了烟草行业内 7 家通过实验室认可或计量认证的实验室，采用了多家实验室联合定值的方式对标准物质进行了定值和不确定度评定。以甲醇、乙醇、异丙醇等21 种标准物质作为量值传递基础，对"三乙酸甘油酯中 21 种有机化合物溶液标准物质"样品中的甲醇、乙醇、异丙醇等 21 种挥发性有机化合物含量定值，并对定值中用到的仪器设备进行计量检定。定值方法采用了气相色谱外标法定量，先配制一系列不同浓度的标样进行色谱分析，采用气相色谱火焰离子法做出峰面积后根据工作曲线，在严格相同的色谱条件下，注射相同量或已知量的试样进行色谱分析，求出峰面积后根据工作曲线求出被测组分的含量。

"三乙酸甘油酯中 21 种有机化合物溶液标准物质"的特性量值（表 4-1）为混合溶液中甲醇、乙醇、异丙醇等 21 种挥发性有机化合物成分含量。

表 4-1   标准物质的特性量值和不确定度

化学名称	标准值 ρ/（mg/mL）	相对不确定度/%
甲醇	0.96	6
乙醇	9.64	2
异丙醇	0.98	2

续表

化学名称	标准值 ρ/（mg/mL）	相对不确定度/%
丙酮	0.95	2
正丙醇	0.98	2
丁酮	0.95	2
乙酸乙酯	1.02	3
乙酸异丙酯	0.96	2
正丁醇	0.97	2
苯	0.089	3
1-甲氧基-2-丙醇	9.92	2
乙酸正丙酯	9.52	1
4-甲基-2-戊酮	0.96	2
1-乙氧基-2-丙醇	8.93	2
甲苯	0.095	4
乙酸正丁酯	1.00	2
乙苯	0.100	2
间、对二甲苯	0.097	2
邻二甲苯	0.099	2
苯乙烯	0.101	2
环己酮	0.98	2

注：不确定度为置信区间为95%，包含因子为2时的扩展不确定度。

三、使用方法

"三乙酸甘油酯中21种有机化合物溶液标准物质"可与YC/T 207—2014配套用于检测各类烟用纸张（条与盒包装纸、接装纸、内衬纸等）残留的挥发性有机化合物。

该标准物质需在-18℃条件下避光保存，使用时先将该标准物质从冰柜中取出，待其温度回升至室温后，再打开顶空瓶取用，打开包装后应一次性使用。按照YC/T 207—2014要求将标准物质稀释制备系列标准工作溶液，该系列标准工作溶液至少配制5级，根据样品实际含量配制合适浓度，制作标准曲线用于检测目标物（图4-1）。

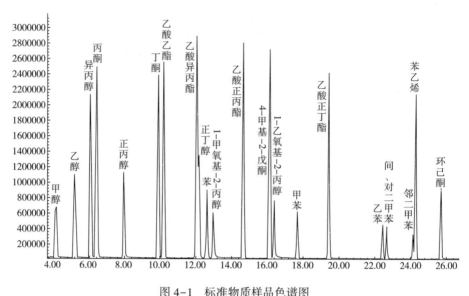

图 4-1　标准物质样品色谱图

第三节　三乙酸甘油酯纯度标准物质

一、简介

　　三乙酸甘油酯（分子式 $C_9H_{14}O_6$）是由丙三醇与乙酸或乙酸酐在酸性催化剂作用下经酯化反应制得的一种无色、无嗅的油状黏稠液体，在烟草行业主要作为醋纤滤棒成型过程中的增塑固化剂。为了达到足够的硬度，三乙酸甘油酯的目标用量一般为整个滤棒重量的 6%~10%，过少时滤棒硬度达不到生产要求，过大时会使三乙酸甘油酯向烟支内部转移，从而影响卷烟的抽吸质量。检测醋酸纤维滤棒中三乙酸甘油酯含量的方法是《YC/T 331—2010 醋酸纤维滤棒中三乙酸甘油酯的测定　气相色谱法》。三乙酸甘油酯质量的优劣也直接影响到滤棒的生产和质量，而三乙酸甘油酯的酯含量是影响其质量的主要决定因素之一，《YC/T 420—2011 烟用三乙酸甘油酯纯度的测定　气相色谱法》是一种检测其纯度的方法。YC/T 331—2010、YC/T 420—2011 在检测中都需要使用到"三乙酸甘油酯纯度标准物质"。

　　GBW（E）082265 "三乙酸甘油酯纯度标准物质"是一项国家二级纯度标准物质，主要成分为三乙酸甘油酯，可与 YC/T 331—2010、YC/T 420—

2011 配套使用。该标准物质常温下为液体，包装于 5mL 棕色安瓿瓶中，由中国烟草标准化研究中心研制并在烟草行业发行。

二、研制过程

"三乙酸甘油酯纯度标准物质"选用了云南环腾集团玉溪市溶剂厂有限公司生产的高纯三乙酸甘油酯，并进一步进行了实验室精细化处理，分离工序增加真空蒸馏，精制工序采用活性炭脱色和分子筛处理，确保候选物低色度、低酸度、高纯和较长的质保期，其制作工艺如图 1-15 所示。得到最终成品后，采用元素分析、紫外光谱分析、红外光谱分析以及核磁共振波谱等手段确定了产物主成分为三乙酸甘油酯。

标准物质分装过程在百级洁净间内完成，控制温度为 20~22℃，相对湿度为 55%~65%，在高纯氮保护下，将 5mL 样品转移至 5mL 棕色安瓿瓶中，立即热封。

标准物质的均匀性检验按照 ISO guide 35 规定的方法，对封装后的 15 瓶样品进行了气相色谱面积归一化法检验，经 F 检验均匀性良好。运输稳定性考察了三乙酸甘油酯纯度标准物质样品在 60℃和相对湿度 90%条件下，第 0 天、第 7 天、第 14 天纯度变化情况，采用平均值一致性检验法评价实验结果，显示运输稳定性良好。长期稳定性检验采用直线作为经验模型，考察了该标准物质常温避光条件下，第 0 个月、2 个月、4 个月、8 个月、12 个月时三乙酸甘油酯纯度的变化情况，显示长期稳定性良好。

参照《JJG 1006—1994 一级标准物质技术规范》，该标准物质选取了烟草行业内 7 家通过实验室认可或计量认证的实验室，采用了多家实验室联合定值的方式对标准物质进行了定值和不确定度评定（表 4-2）。主成分采用气相色谱面积归一化法确定，水分含量采用卡尔·费休法（通用方法）测定，无机元素含量采用 ICP-MS 方法测定。水分、无机元素在 GC-FID 实验条件下没有响应，因此三乙酸甘油酯纯度应为扣除水分和无机元素之后的测定结果。所使用的仪器和容量瓶经计量检定，可溯源到国家基准。

表 4-2　　　　　　　三乙酸甘油酯纯度的标准值和不确定度

标准物质名称	纯度认定值/%	置信概率/%	扩展不确定度/%	包含因子
三乙酸甘油酯纯度标准物质	99.9	95	0.2	2

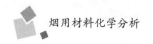

不确定度主要来源：样品的不均匀性引入的不确定度、样品的不稳定性引入的不确定度、样品的定值（主成分、水分）测量过程引入的不确定度。

三、使用方法

"烟用三乙酸甘油酯纯度标准物质"可与 YC/T 331—2010、YC/T 420—2011 配套使用，用于测定醋酸纤维滤棒中三乙酸甘油酯的含量和烟用乙酸乙烯酯的纯度。

该标准物质贮存时应室温避光保存，打开包装后应一次性使用。使用时可按照 YC/T 331—2010、YC/T 420—2011 要求作为三乙酸甘油酯标准品制作标准曲线，用于计算样品中三乙酸甘油酯的含量。

第四节　邻苯二甲酸酯类混合溶液标准物质

一、简介

邻苯二甲酸酯类是邻苯二甲酸形成的酯的统称，一般为挥发性很低的黏稠液体，沸点多在190℃以上，有特殊气味，常被作为增塑剂应用于包装、印染油墨和胶黏剂中。邻苯二甲酸酯可干扰内分泌，危害生理健康，近年来此类物质在国际范围受到普遍关注，很多国家和地区出台了相应的禁限用法律法规。我国烟草行业也加强了烟用材料中邻苯二甲酸酯类物质的监控，并制定了相关检测方法标准，如《YC/T 333—2010 烟用水基胶邻苯二甲酸酯的测定　气相色谱-质谱联用法》《YC/T 417—2011 聚丙烯丝束滤棒中邻苯二甲酸酯的测定　气相色谱-质谱联用法》等。

烟用材料分析用"邻苯二甲酸酯类混合溶液标准物质"是一类国家二级混合溶液标准物质，由三个标准物质组成，编号分别是 GBW（E）100446、GBW（E）100447、GBW（E）100447，三者溶液体系分别是乙醇、异丙醇和正己烷，都包含邻苯二甲酸二甲酯、邻苯二甲酸二乙酯、邻苯二甲酸二烯丙酯、邻苯二甲酸二异丁酯、邻苯二甲酸二丁酯、邻苯二甲酸双-4-甲基-2-戊酯、邻苯二甲酸双-2-乙氧基乙酯、邻苯二甲酸二戊酯、邻苯二甲酸二丁氧基乙酯、邻苯二甲酸二环己酯、双-2-乙基己基邻苯二甲酸酯、邻苯二甲酸二苯酯、邻苯二甲酸二正辛酯、邻苯二甲酸二壬酯、邻苯二甲酸双（2-甲氧基乙）

酯、邻苯二甲酸二己酯、邻苯二甲酸丁苄酯、邻苯二甲酸二异壬基酯共 18 种化合物，可以用于烟用胶黏剂、纸张和香精等烟用材料中的邻苯二甲酸酯类检测。该系列标准物质常温下为液体，包装于 1mL 棕色安瓿瓶中，由中国烟草标准化研究中心研制并在烟草行业发行。

二、研制过程

"邻苯二甲酸酯类混合溶液标准物质"选用了 Dr. Ehrenstorfer 生产的 18 种单一邻苯二甲酸酯类纯度标准物质作为制备原料，采用核磁共振、红外光谱、紫外光谱、气相色谱-质谱等手段对 18 个单一纯度标准物质主成分进行了结构验证，采用气相色谱对所有标准物质样品进行了纯度验证和互为杂质分析。采用德国 Merck 公司生产的色谱级乙醇、异丙醇和正己烷作为溶剂，并用气相色谱进行了溶剂空白试验证明了所选试剂对目标物无干扰。

在万级洁净间内，控制温度为 22℃±2℃，相对湿度为 60%±5%，称取一定量的 18 种邻苯二甲酸酯类到烧杯中，将该溶液充分摇匀后，转移至 500mL 容量瓶中，超声振荡 30min 后静置过夜，待混合溶液完全澄清后分别用乙醇、异丙醇和正己烷定容至刻度。分装时在高纯氮气保护下，将 1mL 制备的邻苯二甲酸酯类溶液样品转移至 1mL 棕色安瓿瓶中，立即热封。三种标准物质的特性量值和不确定度见表 4-3~表 4-5。

标准物质的均匀性检验按照 ISO guide 35 规定的方法，对封装后的 15 瓶样品进行气相色谱分析，经 F 检验均匀性良好。运输稳定性考察了该系列标准物质在 60℃条件下，第 0 天、第 7 天、第 14 天各组分含量变化情况，采用平均值一致性检验法评价实验结果，显示运输稳定性良好。长期稳定性检验采用直线作为经验模型，考察了该标准物质在-18℃条件下，第 0 个月、2 个月、4 个月、8 个月、14 个月时各组分含量变化情况，显示长期稳定性良好。

参照《JJG 1006—1994 一级标准物质技术规范》，该系列标准物质选取了由单一实验室采用单一基准方法定值，即利用天平称取一定质量标准品，用乙醇/异丙醇/正己烷定容到一定体积的容量瓶中。特性量参数选择为各种邻苯二甲酸酯的含量，各邻苯二甲酸酯的含量溯源到标准品和计量检定的天平、容量瓶。

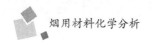

表4-3　　GBW（E）100446 标准物质的特性量值和不确定度

序号	化学名称（英文缩写）	标准值/（mg/mL）	扩展不确定度/（mg/mL）（k=2）
1	邻苯二甲酸二甲酯（DMP）	1.01	0.04
2	邻苯二甲酸二乙酯（DEP）	1.01	0.04
3	邻苯二甲酸二烯丙酯（DAP）	1.02	0.04
4	邻苯二甲酸二异丁酯（DIBP）	1.00	0.04
5	邻苯二甲酸二丁酯（DBP）	1.01	0.04
6	邻苯二甲酸双-4-甲基-2-戊酯（BMPP）	1.00	0.04
7	邻苯二甲酸双-2-乙氧基乙酯（DEEP）	1.00	0.04
8	邻苯二甲酸二戊酯（DPP）	1.00	0.04
9	邻苯二甲酸二丁氧基乙酯（DBEP）	1.00	0.04
10	邻苯二甲酸二环己酯（DCHP）	1.00	0.04
11	双-2-乙基己基邻苯二甲酸酯（DEHP）	1.01	0.04
12	邻苯二甲酸二苯酯（—）	1.00	0.04
13	邻苯二甲酸二正辛酯（DNOP）	1.01	0.04
14	邻苯二甲酸二壬酯（DNP）	1.00	0.04
15	邻苯二甲酸双（2-甲氧基乙）酯（DMEP）	(1.00)	—
16	邻苯二甲酸二己酯（DHXP）	(1.00)	—
17	邻苯二甲酸丁苄酯（BBP）	(1.00)	—
18	邻苯二甲酸二异壬基酯（DINP）	(1.00)	—

注：（1.00）表示信息值。

表4-4　　GBW（E）100447 标准物质的特性量值和不确定度

序号	化学名称（英文缩写）	标准值/（mg/mL）	扩展不确定度/（mg/mL）（k=2）
1	邻苯二甲酸二甲酯（DMP）	1.00	0.04
2	邻苯二甲酸二乙酯（DEP）	1.01	0.04
3	邻苯二甲酸二烯丙酯（DAP）	1.01	0.04
4	邻苯二甲酸二异丁酯（DIBP）	1.01	0.04
5	邻苯二甲酸二丁酯（DBP）	1.00	0.04
6	邻苯二甲酸双-4-甲基-2-戊酯（BMPP）	1.00	0.04
7	邻苯二甲酸双-2-乙氧基乙酯（DEEP）	1.00	0.04
8	邻苯二甲酸二戊酯（DPP）	1.00	0.04

续表

序号	化学名称（英文缩写）	标准值/ （mg/mL）	扩展不确定度/ （mg/mL）（$k=2$）
9	邻苯二甲酸二丁氧基乙酯（DBEP）	1.00	0.04
10	邻苯二甲酸二环己酯（DCHP）	1.00	0.04
11	双-2-乙基己基邻苯二甲酸酯（DEHP）	1.02	0.04
12	邻苯二甲酸二苯酯（-）	1.00	0.04
13	邻苯二甲酸二正辛酯（DNOP）	1.00	0.04
14	邻苯二甲酸二壬酯（DNP）	1.00	0.04
15	邻苯二甲酸双（2-甲氧基乙）酯（DMEP）	（1.00）	—
16	邻苯二甲酸二己酯（DHXP）	（1.00）	—
17	邻苯二甲酸丁苄酯（BBP）	（1.00）	—
18	邻苯二甲酸二异壬基酯（DINP）	（1.00）	—

表 4-5　　GBW（E）100448 标准物质的特性量值和不确定度

序号	化学名称（英文缩写）	标准值/ （mg/mL）	扩展不确定度/ （mg/mL）（$k=2$）
1	邻苯二甲酸二甲酯（DMP）	1.00	0.04
2	邻苯二甲酸二乙酯（DEP）	1.01	0.04
3	邻苯二甲酸二烯丙酯（DAP）	1.01	0.04
4	邻苯二甲酸二异丁酯（DIBP）	1.00	0.04
5	邻苯二甲酸二丁酯（DBP）	1.01	0.04
6	邻苯二甲酸双-4-甲基-2-戊酯（BMPP）	1.00	0.04
7	邻苯二甲酸双-2-乙氧基乙酯（DEEP）	0.99	0.04
8	邻苯二甲酸二戊酯（DPP）	1.00	0.04
9	邻苯二甲酸二丁氧基乙酯（DBEP）	0.99	0.04
10	邻苯二甲酸二环己酯（DCHP）	1.00	0.04
11	双-2-乙基己基邻苯二甲酸酯（DEHP）	1.01	0.04
12	邻苯二甲酸二苯酯（-）	1.00	0.04
13	邻苯二甲酸二正辛酯（DNOP）	1.00	0.04
14	邻苯二甲酸二壬酯（DNP）	1.00	0.04

续表

序号	化学名称（英文缩写）	标准值/（mg/mL）	扩展不确定度/（mg/mL）（k=2）
15	邻苯二甲酸双（2-甲氧基乙）酯（DMEP）	（1.00）	—
16	邻苯二甲酸二己酯（DHXP）	（1.00）	—
17	邻苯二甲酸丁苄酯（BBP）	（1.00）	—
18	邻苯二甲酸二异壬基酯（DINP）	（1.00）	—

三、使用方法

"邻苯二甲酸酯类混合溶液标准物质"可与 YC/T 333—2010、YC/T 417—2011 等标准配套用于检测烟用材料中的邻苯二甲酸酯类化合物。

该标准物质需在−18℃条件下避光保存，使用时先将该标准物质从冰柜中取出，待其温度回升至室温后，再开瓶取用，打开包装后应一次性使用。按照检测方法要求将标准物质稀释制备系列标准工作溶液，至少配制 5 级，根据样品实际含量配制合适浓度，制作标准曲线用于检测目标物。

标准物质样品色谱图如图 4-2 所示。

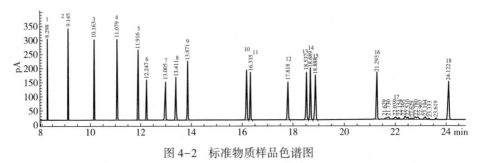

图 4-2　标准物质样品色谱图

1—DMP　2—DEP　3—DAP　4—DIBP　5—DBP　6—DMEP　7—BMPP　8—DEEP

9—DPP　10—DHXP　11—BBP　12—DBEP　13—DCHP　14—DEHP

15—邻苯二甲酸二苯酯　16—DNOP　17—DINP　18—DNP

参考文献

［1］王巧云，何欣，王锐．国内外标准物质发展现状［J］．化学试剂，2014，36（2）：289-296.

［2］曹宏燕，等．分析测试统计方法和质量控制［M］．北京：化学工业出版社，2016.

［3］JJF 1005—2016 标准物质通用术语和定义［S］.

［4］JJF 1342—2012 标准物质研制（生产）机构通用技术要求［S］.

［5］JJF 1343—2012 标准物质定值的通用原则及统计学原理［S］.

［6］JJF 1507—2015 标准物质的选择与应用［S］.

［7］陈钰，程义斌，孟凡敏，等．国内外标准物质发展现况［J］．环境卫生学杂志，2017，7（2）：156-163.

［8］JJF 1186—2007 标准物质认定证书和标签内容编写规则［S］.

第五章
烟用材料相关化学检测

第一节　概述

　　检验检测水平是烟用材料行政监管体系的重要依托。烟用材料的检测是卷烟消费品质量和安全控制、监督、评价的技术基础，是贯彻执行烟用材料产品标准的保证。当前，烟用材料的质量检测是化学分析、物理分析技术的有机统一，物理分析侧重于相关产品物理性能的测试，化学分析则侧重解决相关产品安全卫生指标的检测，其中尤以有害物质的化学分析为主要组成。

　　2006年，上海烟草集团等单位开发了"卷烟条与盒包装纸中16种挥发性有机化合物"的顶空-气相色谱测定方法[1]，该方法利用顶空技术对样品进行前处理，采用VOCOL毛细管气相色谱柱分离，氢离子火焰（FID）检测器外标法进行定量，成功实现了卷烟包装印刷品中16种挥发性有机化合物［苯、甲苯、乙苯、二甲苯（邻、间、对）、乙醇、异丙醇、正丁醇、丙酮、丁酮、4-甲基-2-戊酮、环己酮、乙酸乙酯、乙酸正丙酯、乙酸正丁酯、乙酸异丙酯和丙二醇甲醚］的定量分析。正是以该检测方法为标志，此后，烟用材料质量安全化学检验领域得到了迅速发展，并由此带动了我国相关纸制包装材料的环保绿色发展。

　　目前，烟用材料化学分析所涉及的检测指标很多，主要包括溶剂残留、无机元素、邻苯二钾酸酯、苯及苯系物、甲醛等。

第二节　溶剂残留的测定

一、简介

　　2006年，国家烟草专卖局发布实施了《YC/T 207—2006 卷烟条与盒包装纸中挥发性有机化合物的测定 顶空-气相色谱法》。此后实践证明，由于烟用纸张印刷工艺与使用原料添加剂存在较大的差异性和复杂性，而 FID 对于复杂体系定性容易出现假阳性，导致检测结果误判[2-3]。因此，为提高检测分析方法通用性和科学性，2014 年，国家烟草专卖局对该检测标准进行了修订，并发布了《YC/T 207—2014 烟用纸张中溶剂残留的测定 顶空-气相色谱/质谱联用法》[4]。利用质谱（MS）技术高选择性和辅助定性筛查的能力，该方法实现了商标纸、接装纸和内衬纸等烟用纸张产品中 25 种溶剂残留（苯、甲苯、乙苯、二甲苯、苯乙烯、甲醇、乙醇、异丙醇、正丙醇、正丁醇、丙酮、4-甲基-2-戊酮、丁酮、环己酮、乙酸乙酯、乙酸正丙酯、乙酸正丁酯、乙酸异丙酯、2-乙氧基乙基乙酸酯、1-甲氧基-2-丙醇、1-乙氧基-2-丙醇、2-乙氧基乙醇、丁二酸二甲酯、戊二酸二甲酯、己二酸二甲酯）的定量分析，并增加了针对潜在未知成分的定性筛查规范，从而提升了卷烟包装材料溶剂残留控制的能力与水平。

挥发性有机化合物（volatile organic compounds，VOCs）——熔点低于室温而沸点在 50~260℃ 的有机化合物。

二、顶空技术

YC/T 207 的方法原理是：在密闭容器中和一定温度下，试样中的溶剂残留物在气相和基质（液相或固相）之间达到平衡时，将气相部分导入气相色谱/质谱仪进行分离鉴定，经基质校正后，测定试样中的溶剂残留量。

顶空分析是通过样品基质上方的气体成分来测定这些组分在原样品中的含量。显然，这是一种间接分析方法，其基本理论依据是在一定条件下气相和凝聚相（液相和固相）之间存在着分配平衡。所以，气相的组成能反映凝聚相的组成。我们可以把顶空分析看成是一种气相萃取方法，即用气体作"溶剂"来萃取样品中的挥发性成分。传统的液液萃取以及 SPE 都是将样品溶在液体中，不可避免地会有一些共萃取物干扰分析。况且溶剂本身的纯度也是一个问题，这在痕量分析中尤为重要。而气体作溶剂就可避免不必要的干扰，因为高纯度气体很容易得到，且成本较低，这也是顶空-气相色谱法被广泛采用的一个重要原因。

静态顶空分析法是指对液体或固体中挥发性成分的蒸气相进行分析的一种间接测定方法，它是在热力平衡的蒸气相与被分析样品共存于同一密闭系统中进行的，其原理见图 5-1。顶空分析法通过分析样品基质上方的气体组分（称作顶空）来测定这些组分在样品中的含量。

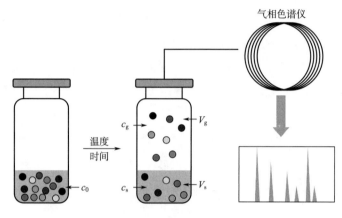

气相色谱仪

图 5-1 顶空分析原理

假设样品中某挥发性组分的浓度为 c_0，该组分在气相中的浓度为 c_g，体积为 V_g，在基质中的浓度为 c_s，体积为 V_s，则：

$$c_g = \frac{c_0}{K + \beta} \tag{5-1}$$

式中 K——分配系数（Partition Coefficient），$K = c_s / c_g$；

β——相比值（Phase Ratio），$\beta = V_g / V_s$。

在顶空分析条件的优化过程中，K 和 β 是两个非常关键的技术参数。从式（5-1）可以看出，K 和 β 越小，被分析挥发性组分在顶空中的浓度越大，被分析物的灵敏度也越高。其中，K 受被分析物质自身的理化性质、基质（如样品基质本身、基质改进剂的使用）、平衡温度等因素影响。β 受顶空瓶中顶空部分体积与样品部分体积的影响。需要特别指出的是，对于具有较高 K 值的被分析物，通过增加样品体积来降低 β 值的方式，并不会使其在顶空部分得浓度显著增加。因此，当顶空分析中有较高 K 值被分析物时，在顶空条件的优化确立过程中，应首先着眼于降低该类分析物在顶空分析的 K 值，然后再考虑调整优化 β 值。

在一定条件下，对于一个给定的平衡系统，K 和 β 均为常数，故可以得到：

$$c_g = K' c_0 \tag{5-2}$$

$$K' = 1 / (K + \beta) , \quad (K' 为常数)$$

因此，平衡状态下顶空气相的组成与原样品中挥发性有机化合物的组成呈正比关系。当气相分析得到 c_g 后，就可以算出原来样品的组成，这就是顶空-气相色谱/质谱联用法定量检测的基本理论依据。

顶空分析最大的优点就是不需要对样品进行复杂的预处理，而直接取其顶空气体进行分析，不用担心样品中不挥发组分对气相分析的影响，测定过程简便、快速。但是样品的理化性质对结果有直接影响，这里所说的"样品"是指置于样品瓶中的"原样品"，而非进入气相色谱仪的"挥发物"，因此要考虑整个样品瓶中所有物质（样品基质）的性质；特别是在样品基质中溶解度较大（分配系数大）的组分，样品基质的影响（基质效应）尤为明显。因此，必须考虑样品基质的影响，定量分析时通常需要进行基质校正，做标准曲线时也不能仅用目标化合物的标准品制样，还必须有与原样品尽可能相同的基质，这是顶空分析的一大特点，否则误差将会很大，失去定量分析的意义。

三、方法介绍

（一）范围

YC/T 207—2014 标准规定了烟用纸张中溶剂残留的顶空-气相色谱/质谱联用（HS—GC/MS）测定方法；其他溶剂残留可参考使用。

YC/T 207—2014 标准适用于卷烟条包装纸、盒包装纸（硬盒小盒、软包小包）、烟用接装纸、烟用内衬纸；其他烟用纸张可参考使用。检测的成分有苯、甲苯、乙苯、二甲苯、苯乙烯、甲醇、乙醇、异丙醇、正丙醇、正丁醇、丙酮、4-甲基-2-戊酮、丁酮、环己酮、乙酸乙酯、乙酸正丙酯、乙酸正丁酯、乙酸异丙酯、2-乙氧基乙基乙酸酯、1-甲氧基-2-丙醇、1-乙氧基-2-丙醇、2-乙氧基乙醇、丁二酸二甲酯、戊二酸二甲酯和己二酸二甲酯。

若采用 YC/T 207—2014 标准进行非烟用纸张的测定，应根据待测样品的特性重新建立标准曲线，同时要根据待测样品重新确定取样量，取样量的多少可参考本标准对不同样品的取样面积进行确定。

（二）试剂

1. 标样试剂

苯、甲苯、乙苯、二甲苯、苯乙烯、甲醇、乙醇、异丙醇、正丙醇、正丁醇、丙酮、4-甲基-2-戊酮、丁酮、环己酮、乙酸乙酯、乙酸正丙酯、乙酸正丁酯、乙酸异丙酯、2-乙氧基乙基乙酸酯、1-甲氧基-2-丙醇、1-乙氧基-2-丙醇、2-乙氧基乙醇、丁二酸二甲酯、戊二酸二甲酯和己二酸二甲酯。以上试剂除特殊要求外，应使用分析纯级或以上试剂。

2. 溶剂及基质校正剂

在本测试方法中，三乙酸甘油酯基质校正剂溶解能力强，沸点高，是一种较为理想的顶空分析用基质校正剂。其作用包括：

（1）用于对烟用纸张样品基质进行基质校正，降低基质效应，提高定量检测结果的准确性；

（2）作为标准工作溶液的配制用溶剂。

此外需要注意的是，在使用三乙酸甘油酯应用于本方法前，需要首先对三乙酸甘油酯进行纯度检测和试剂验证，若存在较大的干扰峰，则不能使用该三乙酸甘油酯作为基质校正剂。

3. 典型溶剂混合标准储备液推荐配制方法

在100mL容量瓶中分别准确称取乙醇、乙酸正丙酯、1-甲氧基-2-丙醇、1-乙氧基-2-丙醇、丁二酸二甲酯、戊二酸二甲酯和己二酸二甲酯各1000mg，苯、甲苯、乙苯、邻-二甲苯、间、对-二甲苯和苯乙烯各15mg，甲醇、异丙醇、正丙醇、正丁醇、丙酮、4-甲基-2-戊酮、丁酮、环己酮、乙酸乙酯、乙酸正丁酯、乙酸异丙酯、2-乙氧基乙基乙酸酯、2-乙氧基乙醇各150mg，分别精确至0.1mg，用三乙酸甘油酯定容，配制成混合标准储备液。所配制的混合标准储备液中乙醇、乙酸正丙酯、1-甲氧基-2-丙醇、1-乙氧基-2-丙醇、丁二酸二甲酯、戊二酸二甲酯和己二酸二甲酯的浓度为10mg/mL，苯、甲苯、乙苯、邻-二甲苯、间、对-二甲苯和苯乙烯的浓度为0.15mg/mL，其他物质浓度为1.5mg/mL。该混合标准储备液在-18℃条件下密封避光贮存，有效期6个月。

储备溶液（stock solution）——配制成的比使用时浓度大的、并为储存用的试剂溶液[5]。

系列标准工作溶液应以三乙酸甘油酯为溶剂，采用混合标准储备液稀释制备系列标准工作溶液，该系列标准工作溶液至少配制5级，根据样品实际含量配制合适浓度。取用时放置于常温下，达到常温后方可使用。

标准溶液（standard solution）——由用于制备该溶液的物质而准确知道

某种元素、离子、化合物或基团浓度的溶液[5]。

由于标准中用作标准物质的化学试剂具有一定的毒性，并且较易挥发，因此操作人员在配制标准溶液时，要按照安全操作规程进行操作，并佩戴防护手套及口罩。

为保证标样配制的准确性，操作应在实验室条件下（低于25℃）进行，并且制备样品处的风速不应该太大。混合标准储备液的配制应遵循下列原则：首先称量挥发性较弱的标准物质，而后称量挥发性较强的物质，最后称量毒性较强、质量最少的苯系物。

标准物质的称量：首先在100mL容量瓶中加入约30~50mL的三乙酸甘油酯，而后放在天平上，复零，加入标准物质、称量、记录读数、复零，再加入下一种标准物质、称量、记录读数、复零，以此类推，最后用三乙酸甘油酯定容至100mL。

（三）仪器及条件

1. 采用以下规格的仪器及工具

（1）配备顶空进样器的气相色谱-质谱联用仪；

（2）样品瓶：20mL专用顶空瓶；

（3）分析天平：感量0.1mg；

（4）活塞式移液枪：1000μL；

（5）裁纸刀。

2. 顶空仪（HS）条件

样品瓶平衡温度80℃，样品环温度160℃，传输线温度180℃，样品平衡时间45.0min，样品环体积3.0mL，样品瓶加压压力138kPa，加压时间0.20min，充气时间0.20min，样品环平衡时间0.05min，进样时间1.0min。

顶空仪的设置条件如标准中所示。在此需要注意以下三个问题。

（1）样品环体积为3.0mL，如果采用标准仪器配置是1mL样品环，则需要进行调整，以满足检测方法的灵敏度要求。

（2）样品瓶的加压压力为138kPa（即20psi），要求使用压力表，或采用气相色谱仪的EPC装置予以保证。

（3）建议采用气相色谱仪的载气作为顶空仪的载气，而后回流进气相色谱进样口，这样可以大幅度提高仪器的检测灵敏度（约10倍）。

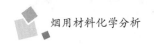

3. 气相色谱仪（GC）条件

色谱柱：VOC 专用毛细管柱（VOCOL 柱或等效柱），60m（长度）× 0.32mm（内径）×1.8μm（膜厚）；载气：氦气（He），恒流模式，流量 2.0mL/min；分流比：20∶1；进样口温度：180℃；程序升温：40℃，保持 2min，以 4℃/min 的速率升温至 200℃，保持 10min。

气相色谱仪的设置条件如标准中所示。在此需要注意以下两点：

（1）使用 VOC 毛细管柱（VOCOL 柱或等效柱），要求能将各物质色谱峰基本分离，并且各物质的出峰顺序不应改变，具体请参考标准中总离子流图。

（2）程序升温至 200℃后，应保持一段时间（标准为 10min），要求应保证所有物质完全流出色谱柱。一般以三乙酸甘油酯出峰时间加 5min，作为一次检测所需要的时间。

气相色谱法（gas chromatography，GC）——用气体作为流动相的色谱法[5]。

气相色谱 - 质谱联用仪（gas chromatography - mass spectrometer，GC - MS）——对气体或在一定温度范围内可气化的液体及固体具有高分离能力的气相色谱仪与高灵敏可提供丰富结构信息的质谱仪组合联机的分析仪器[5]。

色谱柱（chromatographic column）——内有固定相用以分离混合组分的柱管[5]。

毛细管柱（capillary column）——内径一般为 0.1~0.5mm 的色谱柱[5]。

分流比（split ratio）——在毛细管色谱中，利用分流器，使小部分组分进入色谱柱，大部分组分不经色谱柱而流出柱外以免柱过载，分流比是组分进入量与未进入量的比值[5]。

保留时间（retention time）——样品从进样开始到柱后出现峰极大值所需的时间。相当于样品到达柱磨端检测器所需要的时间，保留时间是色谱定性的基本依据。

4. 质谱检测器（MS）条件

离子源温度：230℃；四极杆温度：150℃；辅助接口温度：220℃；电离能量：70eV；电离方式：电子轰击源（EI）；监测模式：全扫描监测模式（扫描范围 29~350amu）和选择离子监测模式（典型溶剂残留物保留时间和离子选择参数见表 5-1）。

表 5-1 典型溶剂残留的定量离子示例

物质名称	保留时间/min	定量离子	定性离子
甲醇	4.49	31	29
乙醇	5.63	31	45
异丙醇	6.58	45	43
丙酮	6.95	43	58
正丙醇	8.61	31	59
丁酮	10.63	43	72
乙酸乙酯	10.97	43	61
乙酸异丙酯	12.87	43	61
正丁醇	12.99	56	41
苯	13.50	78	77
1-甲氧基-2-丙醇	13.79	47	45
乙酸正丙酯	15.53	43	61
2-乙氧基乙醇	15.76	59	72
4-甲基-2-戊酮	17.06	43	58
1-乙氧基-2-丙醇	17.29	59	45
甲苯	18.66	91	92
乙酸正丁酯	20.40	43	56
乙苯	23.47	91	106
间,对-二甲苯	23.72	91	106
邻-二甲苯	25.20	91	106
苯乙烯	25.33	104	78
2-乙氧基乙基乙酸酯	25.51	43	59
环己酮	26.71	55	98
丁二酸二甲酯	32.04	115	114
戊二酸二甲酯	36.36	100	129
己二酸二甲酯	40.54	114	143

质谱检测器的设置条件如标准所示。在此需要注意：

对于标准中未给出的非典型溶剂残留，其离子选择参数原则：在各个溶剂残留物的质谱离子碎片中，选择特异性和响应较高的离子作为定量离子；选择其他 1~2 个碎片离子作为辅助定性离子。

质谱仪（mass spectrometer）——试样被离子化后，按不同质荷比分离并记录质谱的装置[5]。

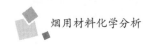

质荷比（mass charge rat，m/z）——离子的质量与离子所带的电荷数之比[5]。

电离能（ionization energy）——从一个中性原子或分子移去一个电子使之成为正离子所需要的最小能量[5]。

5. 其他要求

（1）1000μL 活塞式移液枪的精度≤5μL，变异系数≤0.5%。

（2）容量瓶等必须经过计量检定合格方可使用，尽量采用同品牌、同规格、同批次的产品。

（四）抽样

1. 抽样

各品种烟用纸张，按不同牌号规格、不同印刷工艺、不同商标原纸和不同供应方进行分类，进行抽样检验。相同供应方、同一品种、同一交货批的烟用纸张为一个抽样检验批。

对平张条与盒包装纸，随机抽取一包（扎或捆），从包中间位置抽取 10 张作为实验室样品。

对卷盘盒包装纸，随机抽取一卷，每卷弃去表面 3 层，取第 4、第 5 层包装纸，切取 10 张印刷完整的包装纸作为实验室样品。

对烟用内衬纸，随机抽取一盘，去掉每盘纸表面约 10 层纸后，裁切长度不少于 400mm，厚度不少于 30mm 的纸叠作为实验室样品。

对于烟用接装纸，随机抽取一盘，去掉每盘纸表面约 10 层纸后，裁切长度不少于 400mm，厚度不少于 30mm 的纸叠作为实验室样品。

抽取样品应放入专用洁净的铝箔袋进行密封，并确保样品不受污染。密封袋上清楚地标识产品名称、材料编号、生产厂家、生产日期、抽样日期等有关信息。

抽样过程中需要注意以下问题。

（1）抽样所使用的铝箔取样袋或塑料密封袋必须洁净、无污染（无影响检测结果的挥发性成分），由无吸附的材质制成。必要时，建议在抽样前对抽样包装材料进行检测。

（2）抽样时，样品的数量大概达到要求张数即可，抽样和密封动作要快，不建议为准确计算样品数目而逐张清点。

（3）取样袋密封后需仔细检查，确保封口严密、无漏气。否则检测结果会受到极大的影响。

检查批（inspection lot）——为实施抽样检查汇集起来的单位产品[6]。

实验室样品（laboratory sample）——为送往实验室供检验或试验而制备的样品[6]。

2. 试样制备

试样制备在常温常压下进行。制样应快速准确，并确保样品不受污染。每个样品制备 2 个平行试样。

（1）硬盒包装纸 取一张硬盒包装纸，参照印刷压痕准确裁取主包装面（见图 5-2），面积为 22.0cm×5.5cm，将所裁试样印刷面朝里卷成筒状，立即放入顶空瓶中，加入 1000μL 三乙酸甘油酯，密封后待测。

图 5-2　卷烟硬盒包装纸取样示意图

（2）软盒包装纸 取一张软盒包装纸（见图 5-3），面积为 15.5cm×10.0cm，将所取试样印刷面朝里卷成筒状，立即放入顶空瓶中，加入 1000μL 三乙酸甘油酯，密封后待测。

图 5-3　卷烟软盒包装纸取样示意图

（3）条包装纸 取一张条包装纸样品，在包装纸正面中央区域（见图 5-4）裁取面积为 22.0cm×5.5cm 的试样，将所裁试样印刷面朝里卷成筒状，立即放入顶空瓶中，加入 1000μL 三乙酸甘油酯，密封后待测。

图 5-4　卷烟条包装纸取样示意图

（4）烟用接装纸　取一张接装纸样品，裁取面积为 20.0cm×4.0cm 的试样，试样应包含一个单边，将所裁试样印刷面朝里卷成筒状，立即放入顶空瓶中，加入 1000μL 三乙酸甘油酯，密封后待测。

（5）烟用内衬纸　取一张内衬纸样品，裁取面积为 17.0cm×10.0cm 的试样，将所裁试样印刷面朝里卷成筒状，立即放入顶空瓶中，加入 1000μL 三乙酸甘油酯，密封后待测。

试样的制备需要注意以下问题：

①试样的制备应在实验室环境下（温度低于 25℃）进行，并尽量保持低温、低湿、低风速。

②样品应尽量根据要求进行裁剪。若包装纸的规格与标准有较大差异，不能完全按照标准所规定尺寸裁剪的，则在保证样品总面积不变（相对偏差小于 5%）的前提下，可以适当调整裁剪的尺寸，但裁剪区域必须覆盖包装纸的主印刷面。

试样（test sample）——由实验室样品制得的样品，并从它取得试料[6]。

试料（test portion）——用以进行检验或观测所取的一定量的试样[6]。

（五）分析步骤

1. 定性分析

以对应烟用纸张原纸（盒包装纸原纸、条包装纸原纸、烟用接装纸原纸、烟用内衬纸原纸，经 80℃烘烤 2h 后待用）为样品基质，分别制样、加入典型溶剂残留标样，按仪器条件进行顶空-气相色谱/质谱分析，确定典型溶剂残留标样的总离子流图、保留时间和定量离子峰。

对照标样的保留时间和总离子流图，确定试样中的目标化合物。当试样和标样在相同保留时间处（±0.2min）出现，并且对应质谱碎片离子的质荷比与标样一致，其丰度比与标样相符合（相对丰度>50%时，允许±10%偏差；相对丰度20%~50%时，允许±15%偏差；相对丰度10%~20%时，允许±20%偏差；相对丰度≤10%时，允许有±50%偏差），此时可定性确证目标分析物。

典型溶剂残留标准工作溶液和试样的色谱图参见图5-5；各典型溶剂残留的标准质谱图见图5-6~图5-32。

定性分析（qualiative analysis）——为检测物质中原子、原子团、分子等成分的种类而进行的分析[5]。

色谱图（chromatogram）——色谱柱流出物通过检测器系统时所产生的响应信号对时间或流动相流出体积的曲线图，或者通过适当方法观察到的纸色谱或薄层色谱斑点、谱带的分布图[5]。

质谱图（mass spectrum）——试样被离子化后，由离子的质荷比及其相对丰度构成的谱图[5]。

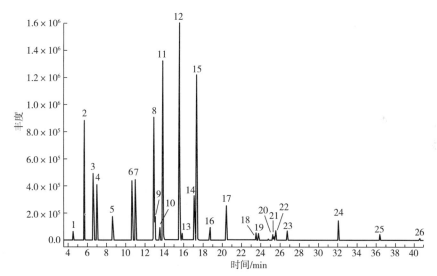

图5-5 典型溶剂残留标准工作溶液的顶空-气相色谱/质谱图

1—甲醇 2—乙醇 3—异丙醇 4—丙酮 5—正丙醇 6—丁酮 7—乙酸乙酯 8—乙酸异丙酯

9—正丁醇 10—苯 11—1-甲氧基-2-丙醇 12—乙酸正丙酯 13—2-乙氧基乙醇

14—4-甲基-2-戊酮 15—1-乙氧基-2-丙醇 16—甲苯 17—乙酸正丁酯 18—乙苯

19—间（对）-二甲苯 20—邻-二甲苯 21—苯乙烯 22—2-乙氧基乙基乙酸酯 23—环己酮

24—丁二酸二甲酯 25—戊二酸二甲酯 26—己二酸二甲酯

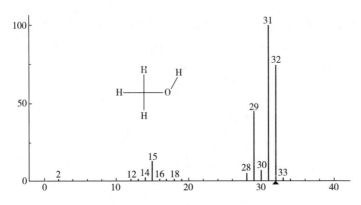

图 5-6　甲醇标准质谱图

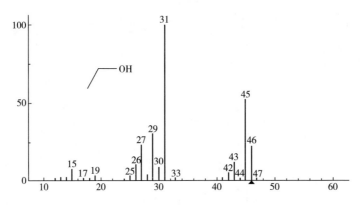

图 5-7　乙醇标准质谱图

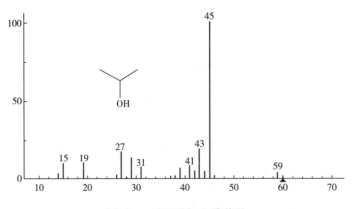

图 5-8　异丙醇标准质谱图

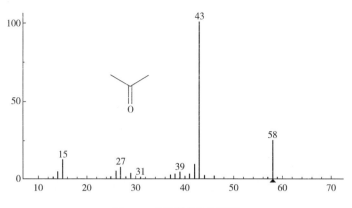

图 5-9　丙酮标准质谱图

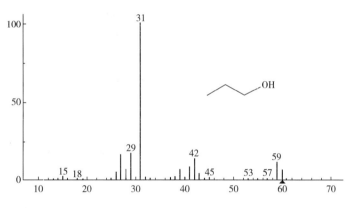

图 5-10　正丙醇标准质谱图

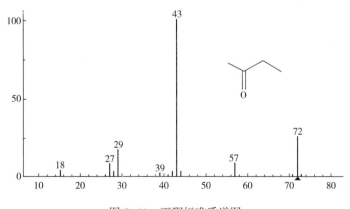

图 5-11　丁酮标准质谱图

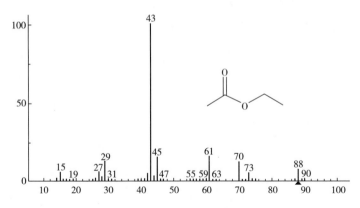

图 5-12　乙酸乙酯标准质谱图

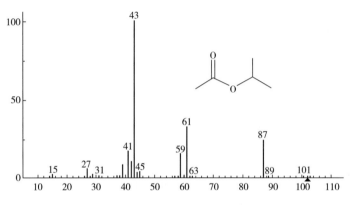

图 5-13　乙酸异丙酯标准质谱图

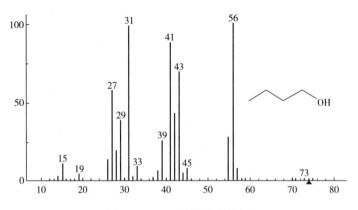

图 5-14　正丁醇标准质谱图

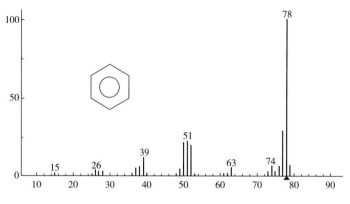

图 5-15　苯标准质谱图

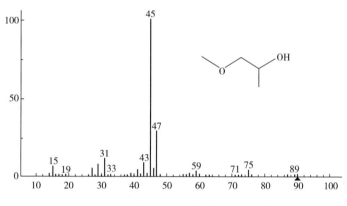

图 5-16　1-甲氧基-2-丙醇标准质谱图

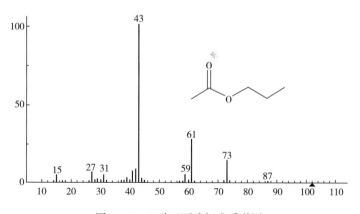

图 5-17　乙酸正丙酯标准质谱图

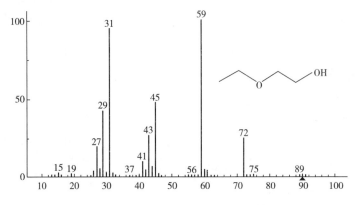

图 5-18　2-乙氧基乙醇标准质谱图

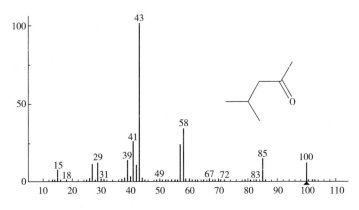

图 5-19　4-甲基-2-戊酮标准质谱图

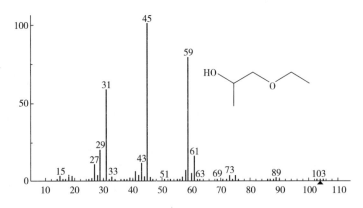

图 5-20　1-乙氧基-2-丙醇标准质谱图

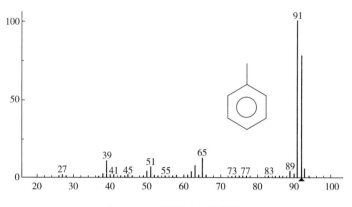

图 5-21 甲苯标准质谱图

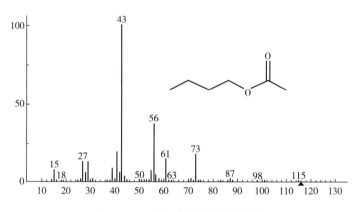

图 5-22 乙酸正丁酯标准质谱图

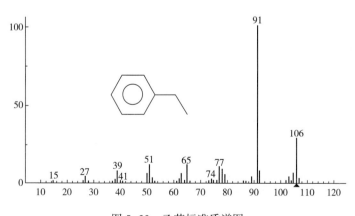

图 5-23 乙苯标准质谱图

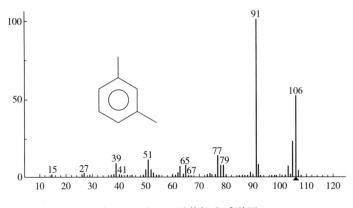

图 5-24　间-二甲苯标准质谱图

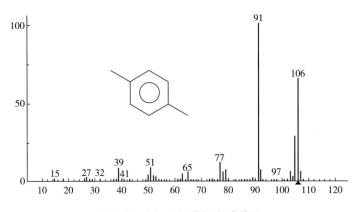

图 5-25　对-二甲苯标准质谱图

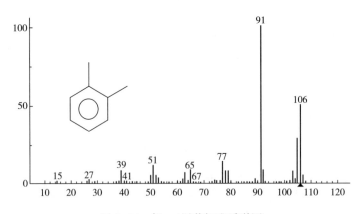

图 5-26　邻-二甲苯标准质谱图

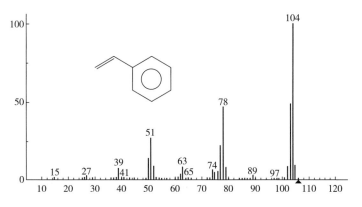

图 5-27　苯乙烯标准质谱图

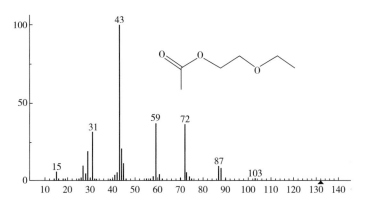

图 5-28　2-乙氧基乙基乙酸酯标准质谱图

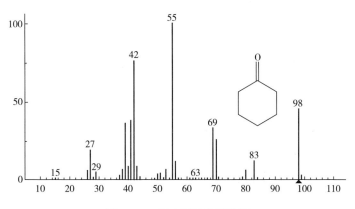

图 5-29　环己酮标准质谱图

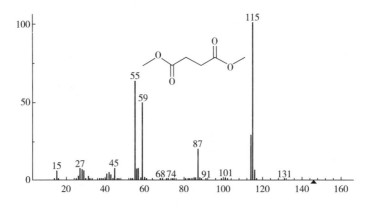

图 5-30　丁二酸二甲酯标准质谱图

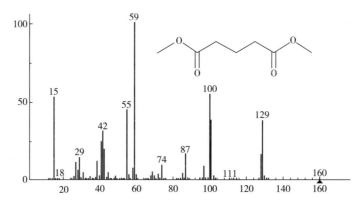

图 5-31　戊二酸二甲酯标准质谱图

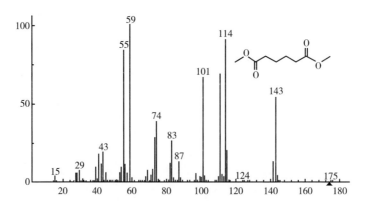

图 5-32　己二酸二甲酯标准质谱图

其他溶剂残留的定性鉴定：首先由试样质谱总离子流图中该色谱峰的离子碎片，调用质谱图谱库对照检索，得到溶剂残留的初步定性结果；根据该初步定性结果，取相对应的溶剂残留标样溶于三乙酸甘油酯中，将该标样溶液加入烟用纸张/原纸试样中，按仪器条件进行顶空-气相色谱/质谱分析，对照标样的保留时间和总离子流图，确定试样中的目标化合物。当试样和标样在相同保留时间处（±0.2min）出现，并且对应质谱碎片离子的质荷比与标样一致，其丰度比与标样相符合（相对丰度>50%时，允许±10%偏差；相对丰度20%~50%时，允许±15%偏差；相对丰度10%~20%时，允许±20%偏差；相对丰度≤10%时，允许有±50%偏差），此时可定性确证目标分析物。

各目标化合物应具有较好的分离度，峰形对称。需要注意：

（1）各物质所对应的气相色谱保留时间，在不同仪器、不同色谱柱上会有一定差异，但各物质的出峰顺序不变，所以仅做参考。

（2）空白原纸应洁净无异味。可先进行空白原纸的顶空-气相色谱分析，确认空白原纸中不存在干扰组分后，才进行目标化合物的定性定量分析。

2. 定量分析

（1）标准工作曲线绘制 以对应烟用纸张原纸为样品基质，制取检测试样，分别加入1000μL系列标准工作溶液，进行顶空-气相色谱/质谱分析，得到溶剂残留标样的总离子流图和定量离子峰。根据溶剂残留标样的定量离子峰面积及其含量（单位面积纸张中所含化合物的质量数，mg/m²），建立标准工作曲线，工作曲线强制过原点，工作曲线线性相关系数 $R^2 \geq 0.995$。每次试验均应制作标准工作曲线。20次样品测试后应测定一个中等浓度的标准工作溶液，如果测定值与原值相差超过5%，则应重新进行标准工作曲线的制作。

定量分析（quantitative analysis）——为测定物质中化学成分的含量而进行的分析[5]。

（2）空白试验 以对应对应烟用纸张原纸为样品制取空白试样，按仪器测试条件进行顶空-气相色谱/质谱分析。

空白试验（blank test）——不加试样，但用与有试样时同样的操作进行的试验[5]。

（3）样品测定 将样品按照上述方法制取样品，进行顶空-气相色谱/质谱分析，每个样品平行测定两次，每批样品做一组空白。根据相应组分的峰面积计算样品中各组分含量，取其平均值，当平均值大于等于1.00mg/m²时，两次测定值之间相对平均偏差应小于10%；当平均值小于1.00mg/m²时，两次测定值之间绝对偏差应小于0.10mg/m²，保留小数点后两位。

本标准采用的定量分析方法是外标法，其做法是对不同浓度的标准系列，在确定的色谱条件下，等体积、准确量进样，用各组分的峰面积响应值对标样的浓度绘制标准工作曲线。而后在完全相同的色谱条件下，对样品进行色谱分析，然后根据峰面积在标准工作曲线上直接算出样品组分的浓度。虽然本标准是对挥发性成分进行分析，但仍要求各目标化合物的标准曲线能达到0.995以上。

(六) 计算

试样中溶剂残留的含量按式 (5-3) 进行计算：

$$C_i = \frac{A_i - A_o}{K_i} \tag{5-3}$$

式中　C_i——试样中溶剂残留的含量，mg/m²；

　　　A_i——试样中溶剂残留的定量离子峰面积，U（积分单位）；

　　　A_0——空白样品中溶剂残留的定量离子峰面积，U（积分单位）；

　　　K_i——试样中溶剂残留的工作曲线斜率，U·m²/mg。

以两次平行测定结果的算术平均值为最终测定结果，精确至0.01mg/m²。

(七) 精密度和准确度

1. 方法的重复性和再现性

作为描述测量结果之间精密度的两个条件，重复性和再现性条件对描述测量方法的变异是有用的，对很多实际情形是必需的[7]。GB/T 6379.2—2004/ISO 5725-2：1994[8]是分析测试方法的一项重要的基础标准，规定了通过实验室间的协同试验，用数理统计方法计算并确定标准测量方法的重复性限（r）和再现性限（R）数值，并确定r和R与测量水平（M）的函数关系，简称方法精密度，用测试方法的"精密度"代替传统的"允许差"[9]。目前，作为解释测量结果、评价及选择测试方法的重要依据，采用r和R来表示方法的精密度，在实践中判断分析结果的可靠性，已为国际先进标准所广泛采用[10]。样品的重复性和再现性试验结果如表5-2所示。

基于上述背景，2016年，国家烟草质量监督检验中心（CTQTC）作为实施机构，广泛组织相关实验室开展了烟用纸张中溶剂残留测定共同实验，选取了6个代表性指标在三个浓度下的阳性加标样品（样品A、B、C），对实验室测量数据进行了统计分析，评价了该标准测量方法的重复性和再现性，旨在为YC/T 207—2014标准在相关领域的实际应用提供科学依据。

根据文献［11］报道，6个溶剂残留代表性指标的重复性和再现性结果如表5-2所示。

表5-2　　　　　　　6个代表性指标的重复性和再现性测定结果

溶剂残留指标	样品	M	S_r	S_R	r	R
甲醇	A	0.140	0.004	0.016	0.012	0.046
	B	1.232	0.026	0.092	0.073	0.258
	C	2.346	0.043	0.210	0.122	0.588
丁酮	A	0.147	0.003	0.019	0.009	0.054
	B	1.455	0.025	0.103	0.072	0.290
	C	2.755	0.053	0.153	0.151	0.429
苯	A	0.018	0.001	0.002	0.001	0.005
	B	0.165	0.003	0.017	0.010	0.048
	C	0.302	0.006	0.032	0.018	0.091
1-乙氧基-2-丙醇	A	0.849	0.026	0.345	0.073	0.967
	B	10.768	0.302	1.330	0.854	3.725
	C	20.646	0.434	1.416	1.227	3.964
乙酸正丁酯	A	0.112	0.003	0.016	0.009	0.045
	B	1.130	0.025	0.107	0.071	0.300
	C	2.146	0.049	0.191	0.140	0.535
邻二甲苯	A	0.009	0.000	0.003	0.001	0.010
	B	0.095	0.003	0.012	0.008	0.035
	C	0.173	0.005	0.021	0.013	0.058

从各指标S_r和S_R与M的关系（图5-33）可以看出，随着M值的增大，6个溶剂残留指标的S_r和S_R也相应增加。通常，分析方法的精密度与其测量水平M的数学关系可用线性方程表示[19,20]。因此，采用线性回归拟合模型，建立了S_r和S_R与M的拟合函数。从表5-3和表5-4的线性拟合结果可以看出，S_r和S_R的线性回归方程决定系数（R^2）分别大于0.96和0.81。由此说明，在各指标所考察的浓度范围内，YC/T 207—2014标准方法测量精密度与测量水平具有一定的

线性关系。其中，苯、乙酸正丁酯、邻-二甲苯指标的 S_r 和 S_R 与 M 的线性关系良好，R^2 均大于 0.99；1-乙氧基-2-丙醇指标的 S_R 与 M 的线性关系相对较弱。

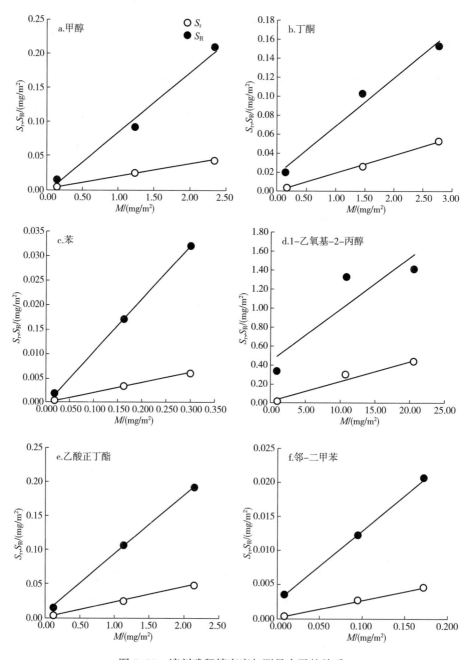

图 5-33　溶剂残留精密度与测量水平的关系

表 5-3 重复性与测量水平的线性回归方程

溶剂残留指标	M 线性范围	S_r	R^2
甲醇	0.140~2.346	0.0026+0.0176M	0.9956
丁酮	0.147~2.755	−0.0007+0.0193M	0.9954
苯	0.018~0.302	0.0002+0.0200M	1.0000
1-乙氧基-2-丙醇	0.849~20.65	0.0321+0.0206M	0.9604
乙酸正丁酯	0.112~2.146	0.0003+0.0227M	0.9989
邻-二甲苯	0.009~0.173	0.0003+0.0254M	0.9925

表 5-4 再现性与测量水平的线性回归方程

溶剂残留指标	M 线性范围	S_R	R^2
甲醇	0.140~2.346	−0.0028+0.0879M	0.9858
丁酮	0.147~2.755	0.0173+0.0514M	0.9791
苯	0.018~0.302	−0.0003+0.1080M	0.9998
1-乙氧基-2-丙醇	0.849~20.65	0.4486+0.0541M	0.8104
乙酸正丁酯	0.112~2.146	0.0076+0.0860M	0.9995
邻-二甲苯	0.009~0.173	0.0026+0.1041M	1.0000

2. 方法的重复性、回收率和检测限结果

硬盒及条包装纸样品的重复性、回收率和检测限结果见表 5-5。

表 5-5 硬盒及条包装纸的重复性、回收率和检测限结果

物质名称	相对标准偏差 （$n=5$）/%	回收率/%	检出限/ （mg/m^2）	定量限/ （mg/m^2）
甲醇	2.31	84.8~93.7	0.078	0.258
乙醇	1.43	88.2~107.8	0.051	0.171
异丙醇	3.04	90.8~96.1	0.016	0.053
丙酮	2.66	93.4~97.4	0.021	0.070
正丙醇	3.43	89.5~109.8	0.019	0.062
丁酮	5.11	87.5~93.3	0.020	0.066
乙酸乙酯	2.69	91.5~95.4	0.012	0.039
乙酸异丙酯	3.41	89.3~91.7	0.014	0.047
正丁醇	3.00	88.9~94.4	0.012	0.039

续表

物质名称	相对标准偏差（n=5）/%	回收率/%	检出限/（mg/m²）	定量限/（mg/m²）
苯	3.64	83.8~90.4	0.001	0.004
1-甲氧基-2-丙醇	4.16	85.9~99.9	0.160	0.534
乙酸正丙酯	1.00	89.2~95.8	0.038	0.127
2-乙氧基乙醇	5.68	80.2~117.0	0.206	0.620
4-甲基-2-戊酮	2.80	91.6~99.8	0.010	0.034
1-乙氧基-2-丙醇	2.52	91.5~101.4	0.075	0.251
甲苯	3.33	86.8~89.1	0.002	0.006
乙酸正丁酯	3.21	89.9~95.7	0.012	0.040
乙苯	3.15	91.6~95.6	0.001	0.004
间，对-二甲苯	3.11	87.8~92.1	0.001	0.004
邻-二甲苯	2.61	88.9~92.0	0.001	0.003
苯乙烯	3.93	88.2~106.1	0.002	0.007
2-乙氧基乙基乙酸酯	4.36	83.1~118.2	0.200	0.610
环己酮	2.30	94.5~107.0	0.016	0.052
丁二酸二甲酯	3.05	90.9~115.5	0.260	0.810
戊二酸二甲酯	3.22	83.3~116.6	0.270	0.860
己二酸二甲酯	3.68	82.8~119.2	0.310	0.920

软盒包装纸样品的重复性、回收率和检测限结果见表5-6。

表5-6　　软盒包装纸的重复性、回收率和检测限结果

物质名称	相对标准偏差（n=5）/%	回收率/%	检出限/（mg/m²）	定量限/（mg/m²）
甲醇	1.02	85.8~97.6	0.005	0.016
乙醇	0.93	87.1~95.3	0.031	0.102
异丙醇	1.52	92.8~97.2	0.004	0.014
丙酮	1.78	87.0~95.3	0.005	0.018
正丙醇	1.33	96.0~101.4	0.004	0.012
丁酮	1.47	85.5~94.2	0.004	0.013

续表

物质名称	相对标准偏差 （$n=5$）/%	回收率/%	检出限/ （mg/m²）	定量限/ （mg/m²）
乙酸乙酯	1.98	86.6~95.7	0.008	0.027
乙酸异丙酯	1.79	92.8~93.3	0.005	0.016
正丁醇	1.42	90.3~94.6	0.004	0.012
苯	4.56	86.1~94.3	0.001	0.004
1-甲氧基-2-丙醇	3.49	101.8~105.2	0.088	0.293
乙酸正丙酯	1.12	92.4~101.6	0.032	0.108
2-乙氧基乙醇	3.66	87.7~105.6	0.180	0.520
4-甲基-2-戊酮	0.92	93.5~96.9	0.003	0.008
1-乙氧基-2-丙醇	2.60	93.6~99.4	0.047	0.155
甲苯	2.17	91.3~92.7	0.001	0.002
乙酸正丁酯	0.84	90.2~95.6	0.002	0.007
乙苯	2.64	88.7~93.2	0.001	0.003
间，对-二甲苯	2.75	83.0~91.8	0.001	0.003
邻-二甲苯	4.62	87.9~95.4	0.001	0.004
苯乙烯	2.96	87.4~94.5	0.001	0.003
2-乙氧基乙基乙酸酯	3.51	86.9~108.9	0.150	0.470
环己酮	1.33	87.8~99.1	0.004	0.012
丁二酸二甲酯	3.68	90.6~108.6	0.190	0.620
戊二酸二甲酯	3.77	92.5~112.2	0.200	0.650
己二酸二甲酯	3.91	90.6~119.7	0.210	0.680

烟用接装纸样品的重复性、回收率和检测限结果见表5-7。

表5-7　　烟用接装纸的重复性、回收率和检测限结果

物质名称	相对标准偏差 （$n=5$）/%	回收率/%	检出限/ （mg/m²）	定量限/ （mg/m²）
甲醇	1.07	86.3~90.9	0.006	0.019
乙醇	0.92	92.9~102.1	0.053	0.177
异丙醇	0.84	87.2~89.6	0.004	0.013
丙酮	1.66	91.5~94.8	0.008	0.027

续表

物质名称	相对标准偏差 （$n=5$）/%	回收率/%	检出限/ （mg/m²）	定量限/ （mg/m²）
正丙醇	1.10	86.2~92.4	0.005	0.016
丁酮	1.23	89.9~92.2	0.006	0.019
乙酸乙酯	1.61	89.7~93.2	0.007	0.024
乙酸异丙酯	1.19	88.7~89.3	0.005	0.018
正丁醇	1.09	87.1~90.4	0.005	0.016
苯	2.88	87.3~92.6	0.001	0.004
1-甲氧基-2-丙醇	5.31	88.9~91.2	0.198	0.659
乙酸正丙酯	1.22	89.2~97.8	0.062	0.205
2-乙氧基乙醇	2.55	87.2~111.7	0.220	0.720
4-甲基-2-戊酮	0.92	87.5~89.8	0.004	0.015
1-乙氧基-2-丙醇	1.96	89.4~93.8	0.064	0.212
甲苯	1.67	88.6~91.4	0.001	0.003
乙酸正丁酯	1.32	90.8~97.4	0.006	0.020
乙苯	2.09	87.4~89.3	0.001	0.003
间,对-二甲苯	1.73	86.1~93.3	0.001	0.003
邻-二甲苯	3.01	85.0~88.3	0.001	0.005
苯乙烯	1.80	88.0~95.1	0.001	0.003
2-乙氧基乙基乙酸酯	3.08	83.6~115.6	0.200	0.660
环己酮	2.29	87.5~89.1	0.011	0.037
丁二酸二甲酯	3.32	84.3~115.6	0.257	0.850
戊二酸二甲酯	4.57	81.4~116.8	0.260	0.860
己二酸二甲酯	4.91	97.3~119.8	0.267	0.880

烟用内衬纸样品的重复性、回收率和检测限结果见表5-8。

表5-8　　　　烟用内衬纸的重复性、回收率和检测限结果

物质名称	相对标准偏差 （$n=5$）/%	回收率/%	检出限/ （mg/m²）	定量限/ （mg/m²）
甲醇	4.68	82.5~93.8	0.018	0.058
乙醇	3.15	102.0~114.4	0.093	0.308
异丙醇	1.97	106.4~110.2	0.008	0.027

续表

物质名称	相对标准偏差（$n=5$）/%	回收率/%	检出限/（mg/m²）	定量限/（mg/m²）
丙酮	2.18	91.6~99.1	0.027	0.089
正丙醇	3.24	86.1~99.1	0.007	0.025
丁酮	1.64	95.6~103.5	0.004	0.012
乙酸乙酯	1.31	99.8~105.6	0.003	0.009
乙酸异丙酯	2.47	89.7~100.2	0.005	0.016
正丁醇	1.87	85.6~103.2	0.004	0.012
苯	5.40	93.6~101.1	0.001	0.003
1-甲氧基-2-丙醇	2.98	99.1~102.7	0.045	0.149
乙酸正丙酯	1.88	103.4~111.9	0.043	0.144
2-乙氧基乙醇	3.85	82.6~104.0	0.145	0.480
4-甲基-2-戊酮	1.50	88.4~101.2	0.003	0.011
1-乙氧基-2-丙醇	2.13	89.0~106.6	0.028	0.093
甲苯	4.74	98.4~105.6	0.001	0.003
乙酸正丁酯	1.92	86.1~102.6	0.004	0.012
乙苯	4.20	100.4~111.0	0.001	0.003
间，对-二甲苯	4.40	82.9~93.0	0.001	0.003
邻-二甲苯	5.96	90.0~98.5	0.001	0.004
苯乙烯	5.17	98.6~107.4	0.001	0.003
2-乙氧基乙基乙酸酯	5.06	80.3~90.3	0.140	0.460
环己酮	2.15	100.3~107.8	0.005	0.018
丁二酸二甲酯	3.12	80.1~93.1	0.200	0.660
戊二酸二甲酯	3.68	82.4~95.0	0.188	0.620
己二酸二甲酯	3.98	82.2~105.9	0.182	0.600

第三节 无机元素的测定

一、简介

砷、铅、铬、镉、镍、汞是对人体有害的无机元素，烟草行业产品质量标准《YC/T 171—2014 烟用接装纸》[12]明确把砷、铅两个元素列为卫生指标，并且作为产品质量是否合格的一项判定指标。目前，对于烟用纸张中砷、铅元素的标准分析测试方法包括《YC/T 268—2008 烟用接装纸、接装原纸中砷铅的测定 石墨炉原子吸收光谱法》[13]和《YC/T 316—2014 烟用材料中铬、镍、砷、硒、镉、汞和铅的测定电感耦合等离子体质谱法》[14]。

砷化合物在自然环境中广泛存在，砷化合物的毒性大小顺序为：无机砷>有机砷>砷化氢。最普通的两种含砷无机化合物是 As_2O_3（砒霜）和 As_2O_5，一般三价砷的毒性大于五价砷。砷化合物可通过皮肤、呼吸道和消化道被人体吸收。砷对人的心肌、呼吸、神经、生殖、造血、免疫系统都有不同程度的损害，损害程度取决于摄入人体砷的数量及途径。

铅是一种对人体有害的微量元素，经呼吸道进入人体，在体内蓄积到一定程度后会危害健康。铅化合物进入人体后，积蓄于骨髓、肝、肾、脾和大脑等"贮存库"，以后慢慢放出，进入血液，再经血液扩散到其他组织，主要集中沉积在骨组织中，约占总量的 80%~90%。另外在肝、肾、脑等组织中的含量也较高，并使这些组织发生病变。经口摄取的铅被消化道吸收的量虽然只有 10% 以下，可是一经吸收，就有累积作用，不能迅速排出体外。铅是一种具有蓄积性、多亲和性的毒物，对人体各组织器官都有毒性作用，主要损害神经系统、造血系统、消化系统和肾脏，还损害人体的免疫系统，使机体抵抗力下降。婴幼儿和学龄前儿童对铅是易感人群。对于一般人群，人体内的铅主要来自食物，还有饮水、空气等其他途径的来源，儿童还可以通过吃非食品物件而接触铅。我国血铅中毒标准为≥100μg/L，发达国家儿童铅中毒诊断标准为≥60μg/L。

铬是人体必需的微量元素之一，但过量的铬对人体健康有害，铬的化合物以六价的毒性最强，且有致癌作用，三价铬次之，二价铬和金属铬的毒性较小。铬元素经呼吸道进入人体时，会侵害上呼吸道，引起鼻炎、咽炎、支气管炎，甚至会造成鼻中隔穿孔，长期作用还会引起肺炎、支气管扩张、肺硬化及肺癌等。铬经消化道进入人体，可引起口角糜烂、恶心、呕吐腹泻、腹疼和溃疡等病变。人口服重铬酸盐的致死剂量为 3g。铬经皮肤浸入，可使人发生皮炎、湿疹及"铬疮"。短时间接触可使人患各种过敏症，长期接触亦可引起全身性中毒。

镉不是人体必需的微量元素，金属镉无毒，但其化合物毒性很大，被国际癌症研究机构归纳为已知的人类致癌物质。镉被人体吸收后，在体内形成镉硫蛋白，选择性蓄积在肝、肾中，其中肾脏可以吸收进入体内 1/3 的镉，是镉中毒的靶器官，其他脏器如脾、胰、甲状腺和毛发等也有一定的蓄积。由于镉损伤肾小管，病者出现糖尿、蛋白尿和氨基酸尿。此外，由于骨骼代谢受阻，会造成骨质疏松、萎缩、变形等一系列症状。

镍及其盐类虽然毒性较低，但作为一种具有生物学作用的元素，镍能激活或抑制一系列的酶，如精氨酸酶、羧化酶等而发生毒性作用。动物吃了镍盐可引起口腔炎、牙龈炎和急性胃肠炎，并对心肌和肝脏有损害。镍及其化合物对人皮肤黏膜和呼吸道有刺激作用，可引起皮炎和气管炎，甚至发生肺炎。通过动物试验和人群观察证明：镍具有积存作用，在肾、脾、肝中积存最多，可诱发鼻咽癌和肺癌。

汞的毒性与汞的化学存在形式、汞化合物的吸收有很大的关系。无机汞不容易吸收，毒性小，而有机汞特别是烷基汞，容易吸收，毒性大，尤其是甲基汞，90%～100%可被吸收。微量的汞在人体不致引起危害，可经尿、粪和汗液等途径排出体外，如摄入量超过一定量，尤其甲基汞是属于蓄积性毒物，在体内蓄积到一定量时，将损害人体健康。根据日本熊本和新泻水俣病患者所摄入有毒鱼贝的汞浓度和估计摄取量，推算出体内 100mg 的蓄积量为中毒剂量。甲基汞还可通过胎盘进入胎儿体内，危害下一代。

二、样品前处理

在烟用材料的无机元素分析过程中，消解是最常用的样品前处理技术。传统的样品消解技术包括干法消解和湿法消解两种。干法消解又称为高温灰化，是将试样置于石英坩埚内，在马弗炉中以适当的温度灰化，灼烧除去有机成分，再用酸溶解，使其微量元素转化成可测定状态。湿法消解是把试样放在三角烧瓶中，先加入硝酸消解，再加入硫酸、高氯酸，加入的各种强酸体系结合加热来破坏有机物；整个消解过程需不时补加硝酸，直至样品完全消解。这两种方法都有耗时较长的缺点，湿法消解同时存在耗用试剂量大，产生危害性气体较多等缺点。

目前样品前处理通常采用的是微波消解的方法，该方法具有简便、快速、样品污染少、试剂用量小等优点。微波消解是把样品置于消解罐中，加入适量的酸体系。当微波通过试样时，极性分子随微波频率快速变换取向，分子来回转动，与周围分子相互碰撞摩擦，分子总能量增加产生高热。在加压条

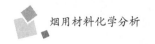

件下，样品和酸的混合物吸收微波能量后，在高压和高热下使样品得到消解。烟草行业早期样品消解采用的是湿法消解，后来随着技术及分析设备的进步，微波消解被采用，目前微波消解技术是烟草行业普遍使用的样品消解技术，而干法消解技术行业很少使用。

微波消解样品前处理通常分微波消解和样品赶酸两步。

1. 微波消解

微波消解是近年来产生的一种样品前处理技术，它结合了高压消解和微波加热两方面的性能。该法的优点包括：

（1）微波加热是"体加热"，具有加热速度快、加热均匀、无温度梯度和无滞后效应等特点；

（2）消解样品的能力强；

（3）溶剂用量少，一般只需要 5~10mL 溶剂；

（4）减少了劳动强度，改善了操作环境；

（5）由于样品采用密闭消解，有效减少了易挥发元素的损失。

微波消解的原理是称取适量样品置于消解罐中，加入适量的酸体系。当微波通过试样时，极性分子随微波频率快速变换取向，2450MHz 的微波，分子每秒钟变换方向 2.45×10^9 次，分子来回转动，与周围分子相互碰撞摩擦，分子的总能量增加产生高热。试液中的带电粒子（离子、水合离子等）在交变的电磁场中，受电场力的作用而来回迁移运动，也会与临近分子撞击，使得试样温度升高。同时，一些无机酸类物质溶于水后，分子电离成离子，在微波电场作用下，离子定向流动，形成离子电流，离子在流动过程中与周围的分子和离子发生高速摩擦和碰撞，使微波能转化为热能。微波消解的能量大多来自这一过程，这种加热方式使得密闭容器内的所有物质都可以得到均匀加热，特别是在加压条件下，样品和酸的混合物吸收微波能量后，酸的氧化反应速率增加，使样品表层搅拌、破裂，不断产生新的样品表面与酸溶剂接触直至样品消解完毕。

样品进行微波消解不仅与微波的功率有关，还与试样的组成、浓度以及所用试剂酸的种类和用量有关。要把一个试样在短的时间内消解完，应该选择合适的酸、合适的微波功率与时间。

2. 样品赶酸

微波消解处理后的样品一般要用原子吸收光谱法或电感耦合等离子体质

谱法进行检测。原子吸收光谱法对酸度有一定的要求，同时过高的酸度也会降低石墨管使用寿命；而电感耦合等离子体质谱法要求酸度低于 10%，由于设备进样系统多采用石英玻璃，如果酸体系中含有氢氟酸会对进样系统造成损毁，所以都需要对微波消解后的样品进行赶酸处理。需要注意的是，由于样品中含有砷汞等易挥发元素，过高的赶酸温度会造成这些元素的损失，但是较低的赶酸温度又会延长样品处理时间，所以选择合适的赶酸温度是一个关键，一般赶酸温度控制在 130~140℃，最高不得超过 150℃。

三、原子吸收光谱技术

原子吸收光谱（atomic absorption spectra，AAS）分析是基于试样蒸气中被测元素的基态原子对由光源发出的该原子的特征性窄频辐射产生共振吸收，其吸光度在一定范围内与蒸气相中被测元素的基态原子浓度呈正比，以此测定试样中该元素含量的一种仪器分析方法。原子吸收光谱具有检出限低、精密度高、选择性好、灵敏度高、抗干扰能力强、仪器简单、操作方便等特点，其应用几乎涉及人类生产和科研的各个领域，已发展成为分析实验室重要的检测技术[15]。

原子吸收光谱（atomic absorption spectra）——处于基态或能量较低的激发态的原子，受到光致辐射时，仅吸收其特征波长的辐射而跃迁至较高能级。把原子所吸收的特征谱线按波长或频率的次序进行排列的谱线组[5]。

1. 原子吸收光谱的基本原理

一切物质的分子均由原子组成，而原子是由一个原子核和核外电子构成。原子核内有中子和质子，质子带正电，核外电子带负电；其电子的数目和构型决定了该元素的物理和化学性质。电子按一定的轨道绕核旋转，根据电子轨道离核的距离，有不同的能量级，可分为不同的壳层。每一壳层所允许的电子数是一定的。当原子处于正常状态时，每个电子趋向占有低能量的能级，这时原子所处的状态称基态（E_0）。在热能、电能或光能的作用下，原子中的电子吸收一定的能量，处于低能态的电子被激发跃迁到较高的能态，原子此时的状态称激发态（E_q），原子从基态向激发态跃迁的过程是吸能的过程。处于激发态的原子是不稳定的，一般在 10^{-10}~10^{-8}s 内就要返回到基态（E_0）或较低的激发态（E_p）。此时，原子释放出多余的能量，辐射出光子束，其辐射能量的大小由下列公式表示：

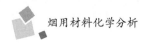

$$\Delta E = E_q - E_p(\text{或}E_0) = hf = hc/\lambda \tag{5-4}$$

式中　　h——普朗克常数为 6.6234×10^{-27} erg · s;

　　　f 和 λ——电子从 E_q 能级返回到 E_p（或 E_0）能级时所发射光谱的频率和波长;

　　　c——光速。

E_q、E_p 或 E_0 值的大小与原子结构有关，不同元素，其 E_q、E_p 或 E_0 值不相同，一般元素的原子只能发射由其 E_q、E_p 或 E_0 决定的特定波长或频率的光，即：

$$f = \frac{E_q - E_p(\text{或}E_0)}{h} \tag{5-5}$$

每种物质的原子都具有特定的原子结构和外层电子排列，因此不同的原子被激发后，其电子具有不同的跃迁，能辐射出不同波长光，即每种元素都有其特征的光谱线。在一定的条件下，一种原子的电子可能在多种能态间跃迁，而辐射不同特征波长的光，这些光是一组按次序排列的不同波长的线状光谱，这些谱线可作鉴别元素的依据，并对元素作定性分析，而谱线的强度与元素的含量成正比，以此可测定元素的含量作定量分析。

某种元素被激发后，核外电子从基态 E_0 激发到最接近基态的最低激发态 E_1 称为共振激发。当其又回到 E_0 时发出的辐射光线即为共振线（resonance line）。基态原子吸收共振线辐射也可以从基态上升至最低激发态。由于各种元素的共振线不相同，并具有一定的特征性，所以原子吸收仅能在同种元素的一定特征波长中观察，当光源发射的某一特征波长的光通过待测样品的原子蒸气时，原子的外层电子将选择性地吸收其同种元素所发射的特征谱线，使光源发出的入射光减弱。将特征谱线因吸收而减弱的程度用吸光度 A 表示，A 与被测样品中待测元素含量成正比，即基态原子的浓度越大，吸收的光量越多。通过测定吸收的光量，就可以求出样品中待测的金属及类金属物质的含量。对于大多数金属元素而言，共振线是该元素所有谱线中最灵敏的谱线，这就是原子吸收光谱分析法的原理，也是该法之所以有较好的选择性，可以测定微量元素的根本原因。

2. 朗伯-比尔定律

从理论和实践上都已证实，原子蒸气对共振辐射光的吸收度是和其中的样品基态原子数成正比，也就是和样品中原子浓度成正比。以光源灯发射的

共振线作为强度为 I_0 的入射光，当这束频率为 f 的共振辐射光通过厚度为 l，浓度为 c 的原子蒸气时，光被吸收一部分，透射光强度为 I_t，在频率为 f 下的吸收系数为 k（单位 cm^{-1}），I_0 与 I_t 之间符合朗伯-比尔定律，即：

$$I_t = I_0\, e^{-kfcl} \tag{5-6}$$

在实际测定时，原子蒸气的厚度 l 是一个定值，设 $K = kfl = $ 常数；K 由吸收介质的性质和入射光频率决定。则上式可写为：

$$I_t = I_0\, e^{-Kc} \tag{5-7}$$

为了测定方便，与比色分析一样，将 I_t / I_0 定为透光率，得到吸光度值 A：

$$A = -\lg\!\left(\frac{I_t}{I_0}\right) = Kc \tag{5-8}$$

可见，其吸光度 A 与浓度 c 成简单的线性关系，在实际分析测定中，只需测定样品的溶液的吸光度值 A_x 与相应标准溶液的吸光度值 A_1，便可根据标准溶液的已知浓度，由仪器自动计算出样品中待测元素的浓度或含量，这就是原子吸收光谱分析法定量测定元素含量的基础。

四、原子吸收光谱方法介绍

（一）方法范围

YC/T 268—2008 标准规定了接装纸、接装原纸中铅、砷的测定方法——原子吸收光谱法；YC/T 268—2008 标准适用于接装纸和接装原纸。

（二）试剂

65%硝酸（质量分数），优级纯；37%盐酸（质量分数），优级纯；40%氢氟酸（质量分数），优级纯；30%双氧水（质量分数），优级纯；超纯水。

标准溶液及标准工作溶液：标准溶液可使用砷、铅单一标准溶液或者多元素混合标准溶液（必须带有有证标准物质证书），标准工作溶液浓度推荐使用范围为 $1.0 \sim 10.0\mu g/L$，稀释剂使用由 65%硝酸配制的 2%稀硝酸（超纯水配制）。

（三）仪器设备及条件

（1）分析天平，感量 0.0001g。

（2）温控电热赶酸器。

（3）微波消解仪　微波消解罐在使用前需要保持洁净，可以加入65%硝酸10mL按照样品微波消解程序运行后用超纯水冲洗5遍，或者放入10%～20%硝酸（体积比）中浸泡24h后用超纯水冲洗5遍以备使用。推荐的微波消解程序为：初温，5min升到100℃，保持5min，5min升到130℃，保持5min，15min升到190℃，保持20min。

（4）原子吸收光谱仪　砷灯使用无机放电灯，铅灯使用空心阴极灯。石墨炉原子吸收推荐使用表5-9中条件进行分析测试。

表5-9　　　　　　　　　原子吸收光谱法测量砷铅条件

元素名称	As			Pb		
波长/nm	193.7			283.3		
光谱通带/nm	0.7			0.7		
灯电流/mA	360			10		
测定方式	吸收峰面积-背景吸收					
阶段	温度/℃	升温时间/s	保持时间/s	温度/℃	升温时间/s	保持时间/s
干燥	110	5	30	110	5	30
干燥	130	15	30	130	15	30
灰化	1320	10	20	850	10	20
原子化	2250	0	5	1600	0	5
净化	2450	1	3	2450	1	3
氩气流量	250mL/min					
原子化方式	停气原子化					
取样体积	20μL					
基体改进剂	硝酸钯5μL，硝酸镁5μL			磷酸二氢铵5μL，硝酸镁5μL		

（四）样品处理

分析天平准确称量0.2g样品放入消解罐中，再向消解罐中加入5mL的65%硝酸、1mL的37%盐酸、1mL的氢氟酸和1mL的双氧水，然后把消解罐放入微波消解炉中，按消解程序消解，消解完毕后，待炉温降到40℃以下后取出消解罐，在温控赶酸器上130℃赶酸至1mL以下，把消解液转移到容量瓶中，用超纯水冲洗消解罐3～4次，冲洗液转移到容量瓶中，定容至50mL，摇匀得到待测溶液，同时按照样品处理方法制备试样空白。

（五）分析步骤

当原子吸收光谱仪元素灯能量稳定后，分析标准工作溶液，得到元素各级浓度及相应的吸光度，绘制标准工作曲线，线性相关系数 $R^2 \geq 0.995$，然后分析待测试样，计算样品中砷、铅元素含量。当样品中砷、铅含量在 1.0mg/kg 以下时，两次平行测试结果极差小于 0.1mg/kg。当样品中砷、铅含量大于 1.0mg/kg时，两次平行测试结果相对标准偏差小于 10%。

（六）结果计算

烟用接装纸、接装原纸中砷、铅含量按照下式进行计算。

$$X = \frac{(\rho - \rho_0) \times V}{1000 \times m} \qquad (5-9)$$

式中　　X——样品中砷、铅含量，mg/kg；

ρ——待测试样溶液中砷、铅浓度，μg/L；

ρ_0——空白试样溶液中砷、铅浓度，μg/L；

V——样品定容体积，mL；

m——样品实际取样量，g。

（七）方法检出限和回收率

使用原子吸收光谱法测定烟用接装纸、接装原纸中砷、铅元素含量的检出限和回收率见表 5-10。

表 5-10　　　　　　　　　方法回收率和检出限

元素	回收率/%	检出限/（μg/L）
砷	101.5	0.37
铅	97.5	0.17

五、电感耦合等离子体质谱（ICP-MS）技术

电感耦合等离子体质谱（Inductively Coupled Plasma Mass Spectrometry，ICP-MS）是 20 世纪 80 年代发展起来的一种分析测试技术。它以独特的接口

技术将 ICP 的高温（7000K）电离特性与四极杆质谱的灵敏快速扫描的优点相结合而形成一种新型的元素和同位素分析技术，可分析几乎地球上所有元素。ICP-MS 法是目前公认的最强有力的元素分析技术，可对质量数从 6~260 的元素进行同时检测，浓度线性动态范围达 9 个数量级，可同时测定含量差别较大的多种元素。还可进行同位素测定，溶液检出限大部分为 ng/L 级。

ICP-MS 仪器主要由样品引入系统、离子源、质量分析器、离子检测器和辅助系统 5 个部分组成（图 5-34）。

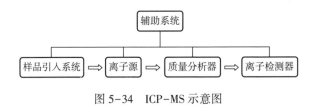

图 5-34　ICP-MS 示意图

1. 样品引入系统

将样品材料高效、不带任何副作用且重现地传输到等离子炬中是 ICP-MS 分析过程中的关键一步。选择合适的进样方法对降低或消除一些质谱和非质谱干扰、提高分析灵敏度、拓宽 ICP-MS 对样品的分析能力具有重要意义。按引入样品的形态分为气体、液体和固体进样法。为 ICP-MS 选择样品引入方法时应考虑如下因素：样品的形态（气态、液态或固态）；样品基体元素；被测元素的种类和浓度范围；需要的准确度和精密度；可能或应加以消除的质谱或非质谱干扰；附加的其他要求。

2. 离子源

ICP-MS 中所用的离子源是感应耦合等离子体（ICP），其与电感耦合等离子体原子发射光谱中所用的 ICP 是一样的，其主体是一个由三层石英套管组成的炬管，炬管上端绕有负载线圈，负载线圈由高频电源耦合供电，能产生垂直于线圈平面的磁场。图 5-35 是 ICP-MS 中通常使用的炬管示意图。通过高频装置使氩气电离，氩离子和电子在电磁场作用下又会与其他氩原子碰撞产生更多的离子和电子，形成涡流。强大的电流产生高温，瞬间使氩气形成温度可达 10000K 的等离子焰炬。样品由载气带入等离子体焰炬时发生蒸发、分解、激发和电离。所使用的气体通常为氩气，有时也使用氦气等。

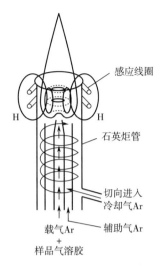

图 5-35 炬管示意图

(图中标注:感应线圈、石英炬管、切向进入冷却气Ar、辅助气Ar、载气Ar + 样品气溶胶、H H)

3. 质量分析器

电感耦合等离子体质谱仪的质量分析器可分为四极杆质量分析器、双聚焦质量分析器、飞行时间分析器、离子阱分析器等。现有商品化设备上常用的是四极杆质量分析器。

四极杆质量分析器由四根笔直的金属或表面镀有金属的极棒组成（图5-36）。极棒与轴线平行且等距离地悬置着。幅度为 U 和 V 的直流和射频电压分别施加在每根极棒上。施加在每对极棒上的电压幅度相同，但符号相反。分析时被分析的离子沿轴向被引进四极杆装置的一端，其速度由它们的能量和质量来决定。所施加的射频电压使所有离子偏转进入一个振荡路径而通过极棒。若适当地选择射频和直流电压，则只有给定的 m/z 离子能够以共振的路径通过极棒，从另一端射出。其他离子将被过分偏转，与极棒碰撞，并在极棒上被中和而丢失。

4. 离子检测器

离子的检测主要使用电子倍增器和法拉第杯。图 5-37 为一个通道式电子倍增器的示意图，来自质量分析器的离子被吸向加有正高压的锥口，当离子撞击在锥内表面时，就发射出一个或更多的二次电子。在管子内部电位随位置连续变化，因此，二次电子进一步向管子中接近地的区域运动，发射出更多的二次电子。其结果是，在一个离子撞击到检测器口的内壁时，在收集器

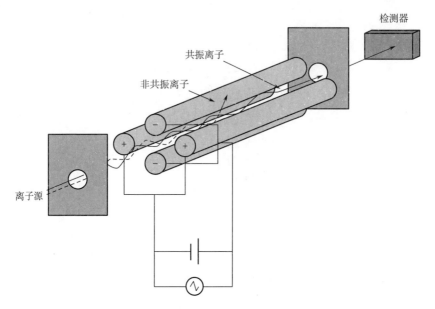

图 5-36　四极杆质量分析器原理示意图

上将产生一个含有多达 10^8 个电子的不连续脉冲。

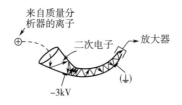

图 5-37　通道式电子倍增器

法拉第杯是一个没有增益的金属电极，可提供较高的灵敏度，用法拉第杯做检测器被认为是一个扩展动态线性范围上限的方法。

5. 辅助系统

辅助系统主要包括接口、透镜、真空及数据处理与控制系统等。

ICP 在大气压下工作，而质量分析器在真空下工作，为使 ICP 产生的离子能够进入质量分析器而不破坏真空，在 ICP 焰炬和质量分析器之间需有一个用于离子引出的接口装置，图 5-38 是这种接口装置的示意图。该装置主要由两个锥体组成，靠近焰炬的称为采样锥，靠近分析器的为截取锥，采样锥锥体材料通常为 Ni 和 Pt（在分析有机材料时最好使用 Pt 锥，因为在此情况下，通常需加氧气于雾化气流中以促进有机化合物的分解，而在这种高活性环境中，Pt 锥的抗剥蚀能力优于 Ni 锥），孔径通常为 0.5~1.2mm。截取锥与采样锥类似，经过锥体的阻挡和真空系统的抽气，截取锥后的压力可达到 10^{-3}Pa。ICP 气体以大约 6000K 的温度进入采样锥孔，由于气体极迅速的膨胀，使等离子体原子碰撞频率下降，气体的温度也迅速下降，等离子体的化学成分不再发生变化。通过截取锥后，依靠一个静电透镜将离子与中性粒子分开，中性粒子被真空系统抽离，离子则被聚焦后进入质量分析器。

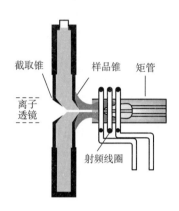

图 5-38　离子源和质量分析器的接口示意图

　　离子离开截取锥后，必须被传输至质量分析器。离子透镜的作用就是使截取锥后面的离子云尽可能多的在质量分析器的入口处形成圆锥面的轴向束，阻止中性原子和来自 ICP 的光子进入质量分析器。离子透镜的原理与电视机和电子显微镜中使用的电子透镜相同，其许多特性与光学透镜也非常相似。图 5-39 是 ICP-MS 仪器上所用的典型离子透镜系统。

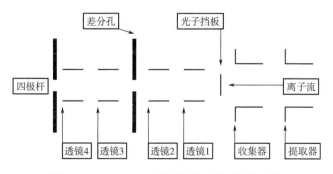

图 5-39　ICP-MS 上所用的典型离子透镜系统

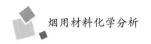

为保证离子在质量分析器等部件中正常运行，消减不必要的离子碰撞、散射效应和离子-分子反应等发生，ICP-MS 的质量分析器等部件必须在高真空中才能工作。也就是说，ICP-MS 必须有真空系统。一般真空系统由机械真空泵和涡轮分子泵或扩散泵等组成。

六、ICP-MS 方法介绍

（一）方法范围

YC/T 316—2014 标准规定了烟用材料中铬、镍、砷、硒、镉、汞和铅的电感耦合等离子体质谱测定方法。

YC/T 316—2014 标准适用于烟用接装纸、烟用接装原纸、烟用内衬纸、框架纸、卷烟纸、滤棒成型纸、烟用二醋酸纤维素丝束、烟用聚丙烯纤维丝束、烟用三一酸甘油酯、烟用水基胶等烟用材料中铬、镍、砷、硒、镉、汞和铅的测定。

（二）方法原理

试样经微波消解后转移定容，在选定的仪器参数下，在线加入内标，用电感耦合等离子体质谱仪测定，以质荷比强度与元素浓度的定量关系，测定样品溶液中元素浓度，分别计算得到样品中铬、镍、砷、硒、镉、汞和铅的含量。

（三）试剂和设备

65%硝酸（质量分数），优级纯；37%盐酸（质量分数），优级纯；40%氢氟酸（质量分数），优级纯；30%双氧水（质量分数），优级纯；超纯水；调谐液：锂、铈、钛、钴（5%硝酸溶液介质），采用其他调谐液应验证其适用性；内标溶液：铟（5%硝酸溶液介质）；标准溶液：汞单标溶液和含有除汞外其他待测元素的混合标准溶液（须使用有证标准溶液），标准溶液稀释配制成的标准工作溶液浓度应涵盖待测试样浓度。操作条件见表 5-11 和表 5-12。

表 5-11　　　　　　　ICP-MS 仪器设备推荐条件

项目	工作条件
射频功率	1300W

续表

项目	工作条件
载气流速	1.20L/min
进样速率	0.1rs/min
获取模式	全定量分析
重复次数	3

表 5-12 **待测元素质量、内标元素及积分时间**

元素	测量同位素	内标元素	积分时间/s
Cr	53		0.3
Ni	60		0.3
As	75		1.0
Se（碰撞模式）	78	^{115}In	2.0
Cd	111		0.5
Hg	202		2.0
Pb	208		0.3

（四）样品处理

烟用材料中无机元素分析都采用微波消解进行样品前处理，但针对每种具体的烟用材料，其前处理又略有不同。YC/T 316—2014 中的烟用材料按照前处理的不同基本可以分为纸张类、丝束、热熔胶、水基胶和三乙酸甘油酯等几个大类。

1. 纸张类

分析天平准确称量 0.2g 样品放入消解罐中，再向消解罐中加入 5mL 65%硝酸、1mL 37%盐酸、1mL 氢氟酸和 1mL 双氧水，然后把消解罐放入微波消解炉中，按消解程序消解，消解完毕后，待炉温降到 40℃ 以下后取出消解罐，在温控赶酸器上 130℃ 赶酸至 1mL 以下，把消解液转移到容量瓶中，用超纯水冲洗消解罐 3~4 次，冲洗液转移到容量瓶中，定容至 50mL，摇匀得到待测溶液，同时按照样品处理方法制备试样空白。如果 ICP-MS 设备使用耐氢氟酸进样系统，可以不用赶酸处理。

2. 丝束和热熔胶

用天平称取样品置于消解罐中，加入 5mL 65%硝酸、1mL 37%盐酸、1mL

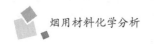

氢氟酸和 1mL 双氧水。直接采用超高压微波消解仪进行消解，后续样品处理同纸张类样品相同。

3. 水基胶和三乙酸甘油酯

用天平称取样品置于消解罐中，加入 5mL 65% 硝酸，消解罐先置于控温电加热器上 100℃ 下预消解 20min，取下消解罐冷却至室温，再加入 1mL 65% 硝酸和 1mL 双氧水，然后放入微波消解仪中进行消解，后续样品处理同纸张类样品。

（五）分析步骤

ICP-MS 开机点火预热 30min，然后用调谐液进行调谐，调谐通过后，建立分析方法（或者批处理方法文件），标准曲线要求 $R^2 \geqslant 0.999$，若试样溶液浓度超出标准工作曲线范围时，试样溶液稀释到一定浓度后重新测试。当样品中元素含量在 1.0mg/kg 以下时，两次平行测试结果极差小于 0.1mg/kg。当样品中元素含量大于 1.0mg/kg 时，两次平行测试结果相对标准偏差小于 10%。

当样品中各元素含量差异较大时，应依据样品中元素真实含量，标准曲线选择合适的浓度点进行定量数据处理，分析过程中内标元素响应（cps 计数）波动超出 20% 时，应重新进行分析。

（六）结果计算

烟用接装纸、接装原纸中铬、镍、砷、硒、镉、汞和铅含量按照式（5-10）进行计算。

$$X = \frac{(\rho - \rho_0) \times V}{1000 \times m} \qquad (5-10)$$

式中　X——样品中铬、镍、砷、硒、镉、汞和铅含量，mg/kg；

　　　ρ——待测试样溶液中铬、镍、砷、硒、镉、汞和铅浓度，μg/L；

　　　ρ_0——空白试样溶液中铬、镍、砷、硒、镉、汞和铅浓度，μg/L；

　　　V——样品定容体积，mL；

　　　m——样品实际取样量，g。

（七）方法回收率和检出限

该标准方法的回收率、检出限、定量限见表 5-13。

表 5-13 方法的回收率、检出限和定量限

性能指标	铬	镍	砷	硒	镉	汞	铅
回收率/%	99.8~104.0	99.3~102.1	99.7~100.9	97.2~103.5	99.0~104.8	96.2~103.7	96.1~100.8
检出限/（mg/kg）	0.014	0.012	0.011	0.019	0.013	0.016	0.015
定量限/（mg/kg）	0.047	0.040	0.037	0.063	0.043	0.053	0.050

七、石墨炉原子吸收光谱法介绍

（一）方法范围

YC/T 297—2009 规定了烟用香精和料液中砷、铅、镉、铬、镍的测定方法——石墨炉原子吸收光谱法。

YC/T 297—2009 适用于烟用香精和料液中砷、铅、镉、铬、镍的测定。

（二）方法原理

将处理后的试样注入石墨炉原子化器中，经干燥、灰化、原子化后，待测元素砷、铅、镉、铬、镍分别吸收 193.7nm、283.3nm、228.8nm、357.9nm 和 232.0nm 共振线，在一定浓度范围，其吸收值与待测元素含量成正比，与标准系列比较定量。

（三）试剂与设备

65%硝酸（质量分数），优级纯；无水乙醇；超纯水；硝酸钯，1g/L；硝酸镁，1g/L；磷酸二氢铵，1g/L；分析天平，感量 0.0001g；控温电加热器；原子吸收光谱仪，各元素仪器操作推荐条件见表 5-14~表 5-18。

表 5-14 砷元素原子吸收光谱仪操作推荐条件

项目		推荐条件	
波长/nm		193.7	
光谱通带/nm		0.7	
阶段	阶段温度/℃	升温时间/s	保持时间/s
干燥	110	5	30

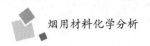

续表

项目	推荐条件		
干燥	130	15	15
空气氧化（直接进样采用）	150	15	15
灰化	1100	10	20
原子化	2100	0	5
净化	2450	1	3
基体改进剂	硝酸钯 5μL 和硝酸镁 3μL		
测定方式	吸收峰面-背景吸收		
线性方程	线性带截距		
进样量	20μL		
气流模式	干燥、灰化、净化阶段：氩气 250mL/min；空气氧化阶段：空气 250mL/min		
原子化方式	停气		

表 5-15   铅元素原子吸收光谱仪操作推荐条件

项目	推荐条件		
波长/nm	283.3		
光谱通带/nm	0.7		
阶段	阶段温度/℃	升温时间/s	保持时间/s
干燥	110	5	30
干燥	130	15	15
空气氧化（直接进样采用）	450	15	15
灰化	1000	10	20
原子化	2000	0	5
净化	2450	1	3
基体改进剂	硝酸钯 15μL		
测定方式	吸收峰面-背景吸收		
线性方程	线性带截距		
进样量	20μL		
气流模式	干燥、灰化、净化阶段：氩气 250mL/min；空气氧化阶段：空气 250mL/min		
原子化方式	停气		

表 5-16　　　　　　　　　　　**镉元素原子吸收光谱仪操作推荐条件**

项目	推荐条件		
波长/nm	228.8		
光谱通带/nm	0.7		
阶段	阶段温度/℃	升温时间/s	保持时间/s
干燥	110	5	30
干燥	130	15	15
空气氧化（直接进样采用）	450	15	15
灰化	500	10	20
原子化	1500	0	5
净化	2450	1	3
基体改进剂	磷酸二氢铵 5μL 和硝酸镁 5μL		
测定方式	吸收峰面-背景吸收		
线性方程	线性带截距		
进样量	20μL		
气流模式	干燥、灰化、净化阶段：氩气 250mL/min；空气氧化阶段：空气 250mL/min		
原子化方式	停气		

表 5-17　　　　　　　　　　　**铬元素原子吸收光谱仪操作推荐条件**

项目	推荐条件		
波长/nm	357.9		
光谱通带/nm	0.7		
阶段	阶段温度/℃	升温时间/s	保持时间/s
干燥	110	5	30
干燥	130	15	15
空气氧化（直接进样采用）	450	15	15
灰化	1350	10	20
原子化	2400	0	5
净化	2450	1	3
基体改进剂	硝酸镁 15μL		
测定方式	吸收峰面-背景吸收		
线性方程	线性带截距		

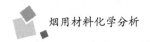

续表

项目	推荐条件
进样量	20μL
气流模式	干燥、灰化、净化阶段：氩气250mL/min；空气氧化阶段：空气250mL/min
原子化方式	停气

表 5-18 镍元素原子吸收光谱仪操作推荐条件

项目		推荐条件	
波长/nm		232.0	
光谱通带/nm		0.7	
阶段	阶段温度/℃	升温时间/s	保持时间/s
干燥	110	5	30
干燥	130	15	15
空气氧化（直接进样采用）	450	15	15
灰化	1100	10	20
原子化	2300	0	5
净化	2450	1	3
基体改进剂		—	
测定方式		吸收峰面—背景吸收	
线性方程		线性带截距	
进样量		20μL	
气流模式		干燥、灰化、净化阶段：氩气250mL/min；空气氧化阶段：空气250mL/min	
原子化方式		停气	

（四）样品前处理

烟用香精和料液中无机元素分析，YC/T 294—2009 规定了两种前处理方法，分别是直接进样和湿法消解。

1. 直接进样法

该样品前处理方法适用于能被 1% 硝酸或无水乙醇完全溶解的样品。准确称取 5.0g 试样，根据试样的溶解性，用 1% 硝酸或无水乙醇稀释溶解后定容于 50mL 的塑料容量瓶中，摇匀后得到待测试样，同时进行空白试验。

2. 湿法消解

对于不能被 1% 硝酸或无水乙醇完全溶解的样品，准确称取 5.0g 试样于 250mL 的聚四氟乙烯烧杯中，加入 5mL 纯水后置于 100℃ 控温电加热器上加热至试样近干，再缓慢加入 5mL 65% 硝酸，待反应缓和后置于 130℃ 控温电加热器上消解，并不断滴加 65% 硝酸直至有机质消解完全，消解完全后试样溶液应为无色或微带黄色。量取 10mL 纯水加入消解完全的试样中，置于 130℃ 控温电加热器上加热至约 0.5mL，以赶尽剩余的酸，然后将试样转移至 50mL 塑料容量瓶中，用 1% 硝酸定容，摇匀后得到待测溶液。

（五）分析步骤

当原子吸收光谱仪元素灯能量稳定后，分析标准工作溶液，得到元素各级浓度及相应的吸光度，绘制标准工作曲线，线性相关系数 $R^2 \geqslant 0.995$，然后分析待测试样。在采用直接进样法对样品进行分析时，由于无水乙醇具有一定的黏度，因此批量样品分析时，建议每隔 5 个待测试样插入 1 个纯水样品。

（六）结果计算

烟用接装纸、接装原纸中砷、铅含量按照式（5-11）进行计算。

$$X = \frac{(\rho - \rho_0) \times V}{1000 \times m} \tag{5-11}$$

式中　X——样品中砷、铅含量，mg/kg；

　　　ρ——待测试样溶液中砷、铅浓度，μg/L；

　　　ρ_0——空白试样溶液中砷、铅浓度，μg/L；

　　　V——样品定容体积，mL；

　　　m——样品实际取样量，g。

（七）方法检出限和回收率

本方法中砷、铅、镉、铬、镍各元素的检出限、定量限和回收率见表 5-19。

表 5-19　　　　　　　　　方法检出限、定量限和回收率

项目	砷	铅	镉	铬	镍
检出限/（mg/kg）	0.012	0.006	0.010	0.009	0.007

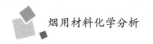

续表

项目	砷	铅	镉	铬	镍
定量限/（mg/kg）	0.04	0.02	0.03	0.03	0.02
回收率/%	95.5~98.7	95.0~98.1	94.5~98.2	91.8~101.4	97.5~100.0

第四节　烟用水基胶甲醛的测定

一、简介

烟用水基胶（water-borne adhesive for cigarette）是以水为分散介质的水溶性或水乳液型胶黏剂，按用途可分为卷烟搭口胶黏剂、卷烟接嘴胶黏剂、滤棒中线胶黏剂、卷烟包装用胶黏剂。其主要以乙酸乙烯酯为主要原料，在生产过程中由于受到生产原料、操作工艺等条件的影响，会有少量甲醛残留在烟用水基胶胶体中[17]。

甲醛，化学式 HCHO 或 CH_2O，相对分子质量 30.03，又称蚁醛。是一种无色，对人眼、鼻等有刺激作用的气体。气体相对密度 1.067（空气＝1），液体密度 0.815g/cm³（-20℃）。熔点-92℃，沸点-19.5℃。易溶于水和乙醇。水溶液的浓度最高可达 55%，通常是 40%，称作甲醛水，俗称"福尔马林"，是常用的组织防腐剂。甲醛属原生质毒物，能使细胞原生质的蛋白质发生不可逆凝固。高浓度的甲醛能导致耳、鼻和喉癌，在高甲醛含量环境中工作的工人比在低甲醛含量环境中工作的工人患白血病的可能性大 2.5 倍。食品中甲醛若经口腔进入人体，会对消化、神经、循环和泌尿系统产生影响，严重者将危及生命[18]。世界卫生组织的国际癌症研究机构中心（International Agency for Research on Cancer, IARC）公布的致癌物清单中，甲醛被列为一类致癌物[19]。

国内外相关标准和法规中对甲醛的限制要求如表 5-20 所示。可见，虽然有国内外食品接触材料（涂料和涂层、黏合剂、纸和纸版等）基础标准法规许可使用甲醛，但却规定了严格的特定迁移限量（SML：15mg/kg）要求；在国内外烟用材料和烟用添加剂基础标准法规中，均未许可使用甲醛；在烟用材料相关产品安全卫生要求标准中，对甲醛规定了明确的残留限量要求，烟用水基胶中甲醛的残留限量要求<20mg/kg。

表 5-20　　　　　　　　　　　甲醛的国内外相关标准法规限制要求

标准法规	甲醛
GB 9685—2016 食品安全国家标准　食品接触材料及其制品用添加剂使用标准	涂料和涂层、黏合剂、纸和纸板材料：15mg/kg（SML）
（EC）No 1935/2004 欧盟食品接触材料法规	涂料和涂层、纸和纸板、塑料、油墨：15mg/kg（SML）
英国烟草制品许可添加剂名单 permitted additives to tobacco product	未许可
德国烟草法 Tabakverordnung	铝箔：≤0.3mg/dm^2

　　如今甲醛的检测越来越受到关注，其检测方法也越来越多，近年来关于甲醛检测方法研究进展的综述也多有报道[20,21]。居室、纺织品、食品中甲醛的常规检测方法主要有分光光度法、电化学法、色谱法等。

　　分光光度法利用甲醛与某种试剂反应后，生成有色化合物，在一定波长下这些有色化合物的吸光度与其浓度遵从朗伯比尔定律，以此进行定量分析。常用的有乙酰丙酮法、酚试剂法、AHMT 法、品红-亚硫酸法、变色酸法、间苯三酚法、盐酸苯肼法等。分光光度法设备简单、操作简便，是检测甲醛最普遍适用的方法，但通常具有操作烦琐、选择性不强、灵敏度低的缺陷。

　　电化学法是根据化学反应所产生的电流、电量、电位的变化来测定反应物浓度进行定量分析的方法，常用的甲醛电化学检测方法主要有示波极谱法和电位法。电化学法的缺点是所受干扰物质多、重复性差。

　　色谱法是利用不同物质在不同相态的选择性分配，以流动相对固定相中混合物进行洗脱，混合物中不同物质会以不同的速度沿固定相移动，最终达到分离的效果。色谱法不易受样品基质和试剂颜色的干扰，对复杂样品检测灵敏度好、准确性高。色谱法检测甲醛主要有高效液相色谱法（HPLC）和气相色谱法（GC）。色谱法直接检测甲醛时，灵敏度较低，一般需要将甲醛进行衍生化后进行测定。常用的衍生化试剂包括 2，4-二硝基苯肼和五氟苄基-羟基胺盐。

　　文献中报道的烟用水基胶中甲醛检测方法主要为高效液相色谱法[22,23]和顶空-气相色谱法[24]。其中高效液相色谱法均是以水为溶剂振荡提取水基胶中的残留甲醛，以 2，4-二硝基苯肼为衍生化试剂生成甲醛-2，4-二硝基苯腙，以配备二极管阵列检测器的高效液相色谱仪进行测定。顶空-气相色谱法同样以水为溶剂振荡提取水基胶中的残留甲醛,提取完成后去上清液于顶空瓶中,加入五氟苄基胺衍生试剂生成弱极性的甲醛肟,以顶空-气相色谱法进行测定。

2010 年,国家烟草专卖局发布并实施了《YC/T 322—2010 烟用水基胶甲醛的测定　高效液相色谱法》[25],规范了烟用水基胶中甲醛的测定方法。下面将从方法原理和内容上对此标准方法进行介绍。

二、原理概述

YC/T 322—2010 所述的标准方法是基于甲醛的羰基官能团反应活性大,易与亲核试剂发生加成反应这一特点,采用水稀释萃取水基胶样品中的甲醛,通过与 2,4-二硝基苯肼在酸性条件下衍生化反应形成甲醛-2,4-二硝基苯腙(见图 5-40),然后用高效液相色谱仪/二极管阵列检测器测定。

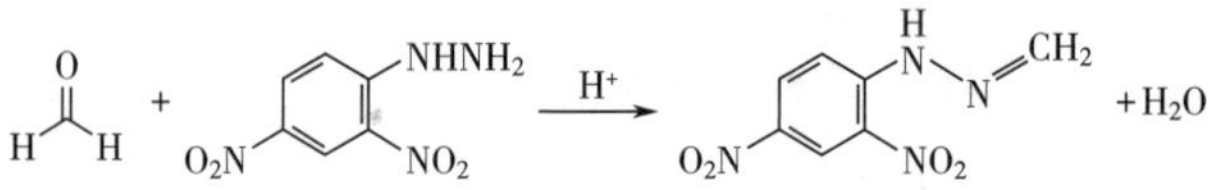

图 5-40　甲醛与 2,4-二硝基苯肼反应示意图

高效液相色谱法是在 20 世纪 60 年代末迅速发展起来的用于有机物定量分析的仪器分析方法。它是在经典液相色谱的基础上,采用了全多孔或非多孔高效微粒(1.7~10μm)固定相制备的色谱柱,由高压输液泵输送流动相,用高灵敏度检测器进行检测,实现了高柱效、高选择性、高灵敏度的快速分析,并成为有机物定量分析的主要分析工具[26]。

液相色谱法(liquid chromatography,LC)——用液体作为流动相的色谱法。

流动相(mobile phase)——在色谱过程中用以携带试样以及展开或洗脱组分的流体。

固定相(stationary phase)——色谱柱内、薄层板、薄层棒或纸上(包括纸本身)不移动的、起分离作用的物质。

关于高效液相色谱技术原理及应用的详细资料,读者可参阅相关专业书籍[26,27]。这里仅以水基胶中甲醛的应用分析为例,对高效液相色谱作简要介绍。该方法的分离原理是基于液固分配色谱的分离过程,流动相为液体,固定相为固体吸附剂,根据物质吸附作用的不同来实现分离。其作用机制是:

当试样进入色谱柱时，溶质分子（X）和流动相分子（M）在吸附剂表面呈现的吸附活性中心上进行竞争性吸附，形成不同溶质在吸附剂表面的吸附、解吸平衡。当溶质分子在吸附剂表面被吸附时，必然会置换已吸附在吸附剂表面的流动相分子，这种竞争性吸附可用下式表示：

$$X_m + n M_s \rightleftharpoons X_s + n M_m$$

式中　X_m 和 X_s ——分别表示在流动相中和吸附在吸附剂表面上的溶质分子；

　　　　M_m 和 M_s ——分别表示在流动相中和在吸附剂上被吸附的流动相分子；

　　　　n ——被溶质分子取代的流动相分子的数目。

当达到吸附平衡时，其吸附系数为：

$$K_a = \frac{[X_s][M_m]^n}{[X_m][M_s]^n} \qquad (5-12)$$

K_a 值的大小由溶质和吸附剂分子间相互作用力的强弱决定。当用流动相洗脱时，随流动相分子吸附量的相对增加，会将溶质从吸附剂上置换下来，即从色谱柱上洗脱下来。

当固定相的极性大于流动相的极性时，可称为正相分配色谱或简称正相色谱；若固定相的极性小于流动相的极性时，可称为反相分配色谱或简称反相色谱。本方法以极性溶剂水和乙腈为流动相，以非极性 C_{18} 烷基链键合硅胶色谱柱为固定相，因此是一种反相色谱分离方法。

简单来说，高效液相色谱仪通常由流动相及贮液器、高压输液泵、梯度洗脱装置和压力表共同构成的输液系统、进样器、色谱柱、检测器、记录仪（数据处理机）、组分收集器（废液回收罐）这几个部分组成。其分析流程如图 5-41 所示，贮液器中的流动相被高压泵吸入，经梯度洗脱装置控制一定的梯度进行混合后输出，经测压力和流量后，导入进样器，试样同样经进样器引进系统，经色谱柱分离后到检测器检测，由数据处理设备处理数据并记录色谱图，废液由组分收集器收集。

高效液相色谱仪中常见的检测器有紫外吸收检测器（UVD）、二极管阵列检测器（DAD）、折射率检测器（RID）、蒸发光散射检测器（ELSD）、荧光检测器（FLD）等。本方法中，采用的检测器为 DAD，它的作用原理与 UVD 类似，是基于被分析试样组分对特定波长紫外光的选择性吸收，组分浓度与吸光度的关系遵守朗伯比尔定律。而 DAD 是 UVD 重要进展产生的检测器，可由 1024 个光电二极管组成，可同时检测 180～600nm 的全部紫外光和可见

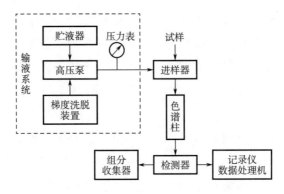

图 5-41　高效液相色谱仪的组成示意图

光的波长范围内的信号。它可绘制出随时间变化的进入检测器液体的光谱吸收曲线——吸光度随波长变化的曲线，获得三维空间的立体色谱图，可用于被测组分的定性分析及纯度测定。

本方法中的检测的目标物为甲醛-2，4-二硝基苯腙，其最大紫外吸收波长为 352 nm，因此试样溶液经配备二极管阵列的高效液相色谱分析后，得到其在 352 nm 的色谱信号图，再根据已知浓度的标准工作溶液建立的信号强度与浓度的校正曲线，可得到相应试样中甲醛的残留量。

三、方法介绍

(一) 范围

YC/T 322—2010 标准规定了烟用水基胶中甲醛的测定方法——高效液相色谱法。

YC/T 322—2010 标准适用于烟用水基胶中甲醛的测定。

(二) 试剂

除特别要求外，所用试剂均为分析纯，水应符合 GB/T 6682—2008 中一级水的要求。

乙腈（色谱纯）、磷酸（色谱纯，质量分数 85%）、2，4-二硝基苯肼（纯度大于 97%）、甲醛-2，4-二硝基苯腙（浓度 1.0mg/mL 的标准品溶液，或将固体标准品溶于乙腈配制成 1.0mg/mL 的溶液）。

衍生化试剂：称取 0.1g 的 2，4-二硝基苯肼于 1000mL 棕色容量瓶中，

加入6mL磷酸，乙腈定容。

标准溶液推荐配制方法：

准确移取0.5mL 1.0mg/mL甲醛-2，4-二硝基苯腙至50mL容量瓶中，乙腈定容，定为第1级标准溶液。

取第1级标准溶液20.00mL加入50mL容量瓶中，乙腈定容，定为第2级标准溶液。

取第2级标准溶液20.00mL加入50mL容量瓶中，乙腈定容，定为第3级标准溶液。

取第3级标准溶液20.00mL加入50mL容量瓶中，乙腈定容，定为第4级标准溶液。

取第4级标准溶液20.00mL加入50mL容量瓶中，乙腈定容，定为第5级标准溶液。

取第5级标准溶液20.00mL加入50mL容量瓶中，乙腈定容，定为第6级标准溶液。

各级标准溶液浓度示例如表5-21所示，各级标准溶液浓度须根据标准品标定浓度具体计算。具体计算方式如下：

$$\rho_{甲醛} = \rho_{甲醛腙} \times \frac{M_{r,甲醛}}{M_{r,甲醛腙}} = \rho_{甲醛腙} \times \frac{30.03}{210.15} \quad (5-13)$$

式中　$\rho_{甲醛}$ ——甲醛腙标准溶液对应的甲醛标准溶液的浓度，mg/L；

$\rho_{甲醛腙}$ ——甲醛腙标准溶液的浓度，mg/L；

$M_{r,甲醛}$ ——甲醛的相对分子质量，即30.03；

$M_{r,甲醛腙}$ ——甲醛腙的相对分子质量，即210.15。

表 5-21 　　　　　　　　　　　工作标准溶液系列

系列标准溶液	1	2	3	4	5	6
甲醛腙浓度/（mg/L）	10.000	4.000	1.600	0.640	0.256	0.102
相当于甲醛浓度/（mg/L）	1.429	0.571	0.229	0.0914	0.0366	0.0146

标准溶液贮存于0~4℃条件下，有效期3个月。取用时放置于常温下，达到常温后方可使用。

（三）仪器与耗材

高速离心机：转速12000r/min，可控制温度，配10mL离心管；

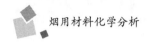
振荡仪；

微膜过滤器：配 0.45μm 有机相滤膜；

液相色谱柱：C_{18} 反相色谱柱；规格：150mm×4.6mm，5μm；

高效液相色谱仪：配二极管阵列检测器；

活塞式移液枪：1000μL；

容量瓶：1000mL、50mL；

移液管：20mL、25mL；

具塞三角瓶：50mL。

（四）抽样

1. 抽样工具

抽样工具包括搅拌器、取样器和样品容器等。

搅拌器、取样器和样品容器应清洁干燥，对烟用水基胶无任何影响，且不受烟用水基胶腐蚀。搅拌器、取样器建议使用玻璃器皿或不锈钢材质器具，样品容器应使用聚四氟乙烯容器、玻璃容器或其他不与烟用水基胶发生反应和不含有甲醛的容器盛放样品。

2. 抽样要求

以同一生产批、同一类型的烟用水基胶为一个检验批。

对于托盘产品，从检查批中随机抽三托盘，然后从每托盘中随机抽一桶（袋），共取三桶（袋），作为实验室样品，然后将每桶（袋）样品搅拌均匀后各抽取 1 瓶，每瓶 500mL，共取三瓶作为试样，取样后立即将样品容器密封，送到实验室待测。桶装（袋装）试样共抽三份，其中一份作为测定试样，另外两份作为复检试样备份。

对于罐装（搬运箱）产品，从检验批中随机抽取 1 罐（1 搬运箱）作为实验室样品，然后将每罐（搬运箱）样品搅拌均匀后随机抽取 3 瓶，每瓶 500mL 作为试样，取样后立即将样品容器密封，送到实验室待测。罐装（搬运箱）试样共抽三份，其中一份作为测定试样，另外两份作为复检试样备份。

对于桶（袋）装产品，从检验批中随机抽取 3 桶（袋），作为实验室样品，然后按照托盘产品的抽取的要求取样。

（五）分析步骤

1. 样品萃取

称取 0.5g 试样（精确至 0.1mg）于 50mL 具塞三角瓶中，加入 25.0mL 水后置于振荡器上，振荡萃取 15min。准确移取 5.0mL 萃取液至离心管中，于 20℃下离心 20min，转速为 12000r/min。静置后，准确移取 1.0mL 上层清液于 10mL 容量瓶中，加入 4mL 衍生化试剂后用乙腈定容，放置 15min 进行衍生化。然后用 0.45μm 有机滤膜过滤，滤液待高效液相色谱分析。

若待测试样溶液的浓度超出标准工作曲线浓度范围，则对样品前处理适当调整后重新测定。

2. 空白实验

不加样品，重复萃取步骤，进行高效液相色谱分析。

3. 仪器分析条件

柱温：30℃。

流速：0.5mL/min。

进样量：10μL。

检测波长：352.0nm。

流动相：A 为水，B 为乙腈。

梯度洗脱程序：见表 5-22。

表 5-22　　　　　　　　　　　梯度洗脱程序

时间/min	流动相 A 量/%	流动相 B 量/%
0.00	70	30
5.00	10	90
15.00	10	90
16.00	70	30
20.00	70	30

4. 标准工作曲线绘制

分别取系列标准工作溶液进高效液相色谱分析，标准溶液色谱图如图 5-42 所示。根据标准工作溶液的浓度及甲醛响应峰面积，作甲醛的标准工作曲线，工作曲线线性相关系数 $R^2 > 0.99$。

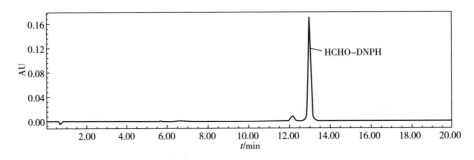

图 5-42　标准溶液色谱图（HCHO-DNPH：甲醛腙）

每次试验均应制作标准曲线，每 20 次样品测定后应加入一个中等浓度的标准溶液，如果测得的值与原值相差超过 3%，则应重新进行标准曲线的制作。

5. 样品测定

按照仪器测试条件测定样品，由保留时间定性，外标法定量；每个样品重复测定两次；同时每批样品做一组空白。

试样衍生色谱图如图 5-43 所示。

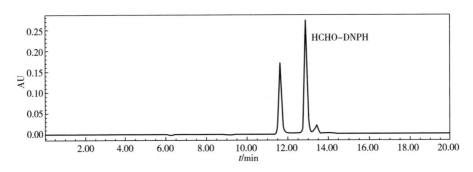

图 5-43　衍生液色谱图（HCHO-DNPH：甲醛腙）

（六）结果的计算与表述

样品中甲醛的含量按下式进行计算：

$$X = \frac{(\rho - \rho_0) \times V \times \int}{m} \tag{5-14}$$

式中　X ——试样中甲醛的含量，mg/kg；

ρ ——由标准曲线得出的甲醛浓度，mg/L；

ρ_0 ——由标准曲线得出的空白值，mg/L；

V ——萃取液体积，mL；

m ——试料质量，g；

$\int$ ——试样溶液的稀释因子。

以两次平行测定的平均值为最终测定结果，精确至 0.1mg/kg。

两次平行测量结果的相对平均偏差应小于 10%。

（七）回收率、检出限和定量限

本方法的回收率、检出限和定量限结果见表 5-23。

表 5-23　　　　方法的回收率、检出限和定量限结果

化合物	回收率/%	检出限/%	定量限/（mg/kg）
甲醛	91.0~105.7	1.6	5.3

第五节　聚丙烯丝束滤棒中邻苯二甲酸酯的测定

一、简介

邻苯二甲酸酯，是由邻苯二甲酸形成的酯的统称。邻苯二甲酸酯是一类能起到软化作用的化学品，被普遍应用于玩具、食品包装、清洁剂、洗发水和沐浴液等数百种产品中。研究表明，邻苯二甲酸酯在人体内发挥着类似雌性激素的作用，会干扰内分泌，造成男子生殖障碍等问题。2007 年 1 月起，欧盟已禁止在玩具和儿童用品中使用 DBP、DEHP、BBP 和限制使用 DINP、DIDP、DNOP。美国环保局（EPA）将 6 种邻苯二甲酸酯类化合物列入 129 种重点控制的污染物名单中。2011 年在台湾岛内引起广泛关注的"塑化剂事件"的罪魁祸首就是邻苯二甲酸酯。

现代卷烟生产中，烟嘴滤棒胶广泛应用于香烟制造过程中聚丙烯（PP）丝束滤棒的黏接，烟嘴滤棒胶主要由主体黏结树脂、增黏树脂、增塑剂、黏度调节剂、功能添加剂等组成。由于烟嘴滤棒胶在生产、储藏及运输的各个环节中均会接触到大量的塑料制品，某些生产商甚至会使用含有邻苯二甲酸

酯的添加剂，使得烟嘴滤棒胶中也可能含有邻苯二甲酸酯。而这些邻苯二甲酸酯可能会随着卷烟抽吸进入消费者体内，从而对消费者的人身健康造成危害。

由于邻苯二甲酸酯对人身健康的危害性比较大，已被列为食品中禁止使用的添加剂。2011 年，国家烟草专卖局发布实施了《YC/T 417—2011 聚丙烯丝束滤棒中邻苯二甲酸酯的测定　气相色谱-质谱联用法》。

二、原理概述

聚丙烯丝束滤棒经正己烷超声提取后，用气相色谱-质谱联用仪检测其中的邻苯二甲酸酯的含量。采用总离子流色谱图（TIC）进行定性，选择离子检测（SIM）内标法定量。

三、方法介绍

（一）范围

本标准规定了聚丙烯丝束滤棒中 7 种邻苯二甲酸酯的气相色谱-质谱联用测定方法；其他邻苯二甲酸酯化合物的检测可参照使用。检测的成分有邻苯二甲酸二甲酯、邻苯二甲酸二乙酯、邻苯二甲酸二异丁酯、邻苯二甲酸二丁酯、邻苯二甲酸丁基苄基酯、邻苯二甲酸二（2-乙基）己酯、邻苯二甲酸二辛酯。

（二）试剂

水，应符合 GB/T 6682—2008 中一级水的要求；丙酮，分析纯；正己烷，色谱纯；邻苯二甲酸二甲酯、邻苯二甲酸二乙酯、邻苯二甲酸二异丁酯、邻苯二甲酸二丁酯、邻苯二甲酸丁基苄基酯、邻苯二甲酸二（2-乙基）己酯和邻苯二甲酸二辛酯，纯度≥98%；苯甲酸苄酯（内标），纯度≥98%。

内标储备液：称取苯甲酸苄酯，用正己烷配制成 100mg/L 的储备液，于 0~4℃条件下避光保存，有效期 3 个月。

萃取溶液：将内标储备液用正己烷逐级稀释 500 倍，得到内标浓度为 0.2mg/L 的萃取溶液，于 0~4℃条件下避光保存，有效期 3 个月。

混合标准储备液推荐配制方法：在 100mL 容量瓶中分别准确称取邻苯二

甲酸二甲酯、邻苯二甲酸二乙酯各 200mg，邻苯二甲酸二异丁酯、邻苯二甲酸二丁酯、邻苯二甲酸丁基苄基酯、邻苯二甲酸二（2-乙基）己酯和邻苯二甲酸二辛酯各 400mg，分别精确至 0.1mg，以萃取溶液定容，配制成混合标准储备液。所配制的混合标准储备液中邻苯二甲酸二甲酯、邻苯二甲酸二乙酯浓度为 2.0mg/mL，邻苯二甲酸二异丁酯、邻苯二甲酸二丁酯、邻苯二甲酸丁基苄基酯、邻苯二甲酸二（2-乙基）己酯和邻苯二甲酸二辛酯浓度为 4.0mg/mL。该混合标准储备液在 0~4℃条件下避光保存，有效期 3 个月。

系列标准工作溶液：分别移取不同体积的混合标准储备液，使用萃取溶液稀释定容，配制合适浓度的系列标准工作溶液，该系列标准工作溶液至少配制 5 级，根据样品实际含量配制合适浓度。

标准物质的称量：首先将 100mL 容量瓶放在天平上，复零，加入标准物质、称量、记录读数、复零，再加入下一种标准物质、称量、记录读数、复零，以此类推，最后用萃取溶液定容至 100mL。

由于本标准中用作标准物质的化学试剂具有一定的毒性，因此操作人员在配制标准溶液时，要按照安全操作规程进行操作，并佩戴防护手套及口罩。

（三）仪器及条件

1. 采用以下规格的仪器及工具

（1）气相色谱-质谱联用仪，具备选择离子检测功能；

（2）分析天平：感量 0.1mg；

（3）超声萃取仪，超声频率 40kHz；

（4）锥形瓶，具塞口塞，规格为 100mL；

（5）移液管，1.0mL，5.0mL，50mL；

（6）容量瓶：50mL，100mL，250mL，2000mL；

（7）剪刀。

注：试验所使用的所有器皿应为玻璃制品，所使用玻璃器皿洗净后，丙酮浸泡 1h，再用水淋洗三次，干燥备用。

2. 气相色谱仪（GC）条件

色谱柱：弹性毛细管柱，5%苯基/95%甲基聚硅氧烷，30m（长度）×0.25mm（内径）×0.25μm（膜厚）；载气：氦气（He），恒流模式，流量 1.2mL/min；分流比：10∶1；进样量：1μL；进样口温度：280℃；程序升温：

100℃，保持 1min，以 15℃/min 的速率升温至 180℃，再以 10℃/min 的速率升温至 280℃保持 10min。

3. 质谱检测器（MS）条件

离子源温度：230℃；辅助接口温度：250℃；电离能量：70eV；电离方式：电子轰击源（EI）；监测模式：全扫描监测模式（扫描范围 29～350amu）和选择离子监测模式（保留时间和离子选择参数见表 5-24）；溶剂延迟：4min。

表 5-24　　　　　　　　　7 种邻苯二甲酸酯定性和定量离子

物质名称	保留时间/min	定性离子及其丰度比	定量离子	辅助离子
邻苯二甲酸二甲酯	6.25	163：77：135：194 （100：18：7：6）	163	77
邻苯二甲酸二乙酯	7.43	149：177：121：222 （100：28：6：3）	149	177
邻苯二甲酸二异丁酯	9.87	149：223：205：167 （100：10：5：2）	149	223
邻苯二甲酸二丁酯	10.71	149：223：205：121 （100：5：4：2）	149	223
邻苯二甲酸丁基苄基酯	14.09	149：91：206：238 （100：72：23：4）	149	91
邻苯二甲酸二（2-乙基）酯	15.61	149：167：279：113 （100：29：10：9）	149	167
邻苯二甲酸二辛酯	17.05	149：279：167：261 （100：7：2：1）	149	279
苯甲酸苄酯（内标）	9.01	105：91：212：194 （100：46：17：9）	105	212

4. 其他注意事项

（1）由于塑化剂广泛存在于塑料制品中，所以试验全过程应避免使用塑料制品。

（2）容量瓶等必须经过计量检定合格方可使用，尽量采用同品牌、同规格、同批次的产品。

（四）抽样

1. 抽样

抽样过程中需要注意以下问题。

（1）以一次交货的同一名称、同一规格、同一类型的滤棒为一个检查批。

（2）从检查批产品的不同部位随机抽取 5 箱（或托盘），每箱（或托盘）随机抽取一盒，共 5 盒，组成聚丙烯丝束滤棒中邻苯二甲酸酯的检测样本。

（3）打开盒包装，从检测样本中随机抽取 20 支滤棒，立即装入洁净的铝箔袋密封贮存，标识清楚后尽快送往检测实验室，以免样本损坏或污染，作为测试滤棒中邻苯二甲酸酯的试料。

2. 试样制备

从上述抽取的试样中随机抽取 5 支滤棒，剪成长度为 5mm 左右的小段，然后随机称量约 2.5g 的小段滤棒试样（精确至 0.0001g），置于 100mL 锥形瓶中，加入 50mL 萃取溶液，超声萃取 45min，静置后取适量上清液进行 GC-MS 分析。

试样的制备需要注意以下问题。

（1）试样制备在常温常压下进行。每个样品制备 2 个平行试样。

（2）每次试验均应制作标准工作曲线，每 20 次样品测定后应加入一个中等浓度的标准工作溶液，如果测得的值与原值相差超过 3%，则应重新进行标准工作曲线的制作。

（五）分析步骤

1. 定性分析

按仪器条件进行气相色谱-质谱分析，对照标样的保留时间和总离子流图，确定试样中的目标化合物。当试样待测液和标准品的选择离子色谱峰在相同保留时间处（±0.05min）出现，并且对应质谱碎片离子的质荷比与标样品一致，其丰度比与标准品相比应符合（相对丰度>50%时，允许±10%偏差；相对丰度 20%~50%时，允许±15%偏差；相对丰度 10%~20%时，允许±20%偏差；相对丰度≤10%时，允许有±50%偏差），此时可定性确证目标分析物。

典型标准工作溶液的选择离子色谱图参见图 5-44；各邻苯二甲酸酯的标准质谱图见图 5-45~图 5-52。

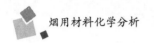

色谱图（chromatogram）——色谱柱流出物通过检测器系统时所产生的响应信号对时间或流动相流出体积的曲线图，或者通过适当方法观察到的纸色谱或薄层色谱斑点、谱带的分布图。

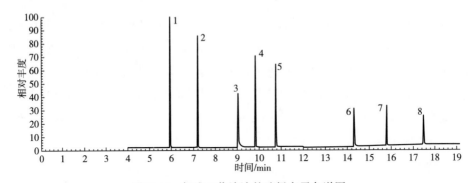

图 5-44　标准工作溶液的选择离子色谱图

1—邻苯二甲酸二甲酯　2—邻苯二甲酸二乙酯　3-内标　4—邻苯二甲酸二异丁酯

5—邻苯二甲酸二丁酯　6—邻苯二甲酸丁基苄基酯

7—邻苯二甲酸二（2-乙基）己酯　8—邻苯二甲酸二辛酯

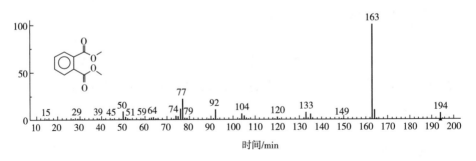

图 5-45　邻苯二甲酸二甲酯标准质谱图

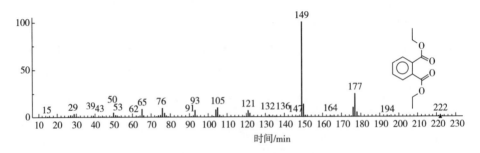

图 5-46　邻苯二甲酸二乙酯标准质谱图

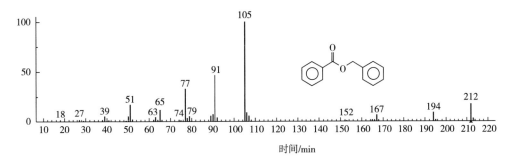

图 5-47　内标标准质谱图

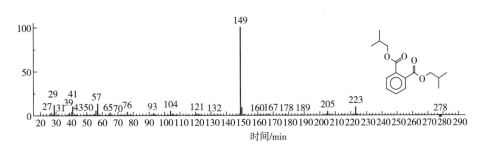

图 5-48　邻苯二甲酸二异丁酯标准质谱图

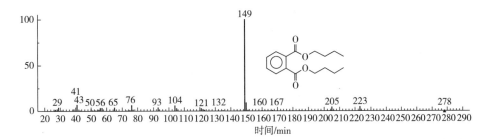

图 5-49　邻苯二甲酸二丁酯标准质谱图

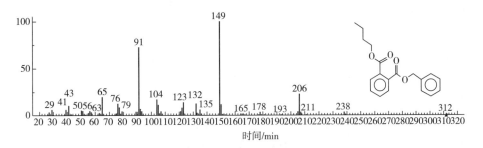

图 5-50　邻苯二甲酸丁基苄基酯标准质谱图

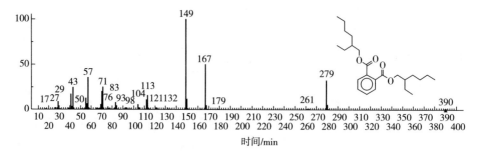

图 5-51 邻苯二甲酸二（2-乙基）己酯标准质谱图

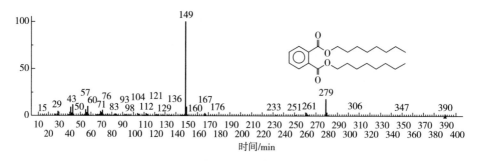

图 5-52 邻苯二甲酸二辛酯标准质谱图

2. 定量分析

（1）标准工作曲线绘制　按照上述气相色谱-质谱联用仪测试条件分别分析标准工作溶液，纵坐标为各邻苯二甲酸酯的定量离子峰面积与内标物定量离子峰面积比值，横坐标为各邻苯二甲酸酯的浓度和内标物浓度的比值，建立标准工作曲线，标准工作曲线线性相关系数 $R^2 \geq 0.99$。

每次试验均应制作标准工作曲线。每 20 次样品测试后应测定一个中等浓度的标准工作溶液，如果测定值与原值相差超过 5%，则应重新进行标准工作曲线的制作。

（2）空白试验　不加试样，按上述"试样制备"要求制取空白试样，按仪器测试条件进行气相色谱-质谱分析。

空白试验（blank test）——不加试样，但用与有试样时同样的操作进行的试验。

（3）样品测定　将样品按照上述方法制取样品，进行气相色谱-质谱分析，根据相应组分和内标的峰面积比计算样品中各组分含量，每个样品平行测定两次，取其算术平均值，精确至 0.01mg/kg。两次平行测定结果相对平均偏差小于10%。每批样品做一组空白。

本标准采用的定量分析方法是内标法，其做法是对不同浓度的标准系列，在确定的色谱条件下，等体积、准确量进样，用各组分和内标的峰面积比值对分析物和内标的浓度比值绘制标准工作曲线。而后在完全相同的色谱条件下，对样品进行色谱分析，然后根据峰面积比值在标准工作曲线上直接算出样品组分的浓度。

（六）计算

试样中各邻苯二甲酸酯的含量按式（5-15）进行计算：

$$X_i = \frac{(\rho_i - \rho_{i0}) \times V}{m} \tag{5-15}$$

式中　X_i ——试样中邻苯二甲酸酯的含量，mg/kg；

$\quad$　V ——萃取溶液体积，mL；

$\quad$　ρ_i ——由标准工作曲线得出的试样中邻苯二甲酸自的浓度，mg/L；

$\quad$　ρ_{i0} ——由标准工作曲线得出的空白中邻苯二甲酸自的浓度，mg/L；

$\quad$　m ——试样质量，g。

以两次平行测定结果的算术平均值为最终测定结果，精确至0.01mg/kg。

（七）方法的回收率、检出限和定量限

方法的回收率、检出限和定量限结果见表5-25。

表5-25　　　　　　　　方法的回收率、检出限和定量限结果

物质名称	回收率/%	检出限/（mg/m²）	定量限/（mg/m²）
邻苯二甲酸二甲酯	92.3	0.96	3.20
邻苯二甲酸二乙酯	95.8	1.02	3.40
邻苯二甲酸二异丁酯	100.9	1.96	6.53
邻苯二甲酸二丁酯	99.5	2.00	6.67
邻苯二甲酸丁基苄基酯	101.8	2.04	6.80
邻苯二甲酸二（2-乙基）酯	101.7	2.14	7.13
邻苯二甲酸二辛酯	99.0	2.23	7.43

第六节　烟用三乙酸甘油酯含量的测定

一、简介

　　三乙酸甘油酯是醋酸纤维滤棒常用的增塑剂，为了达到足够的硬度，三乙酸甘油酯的目标用量一般为整个滤棒重量的 6%~10%，三乙酸甘油酯含量可能会影响滤棒成型后的硬度；三乙酸甘油酯及其所含的杂质对卷烟的抽吸质量也有较大影响，所用三乙酸甘油酯的纯度越高，其所含杂质就会越少，卷烟吸味产生不利的影响就会越低。所以三乙酸甘油酯纯度的测定具有重要的意义。

　　2017 年，国家烟草专卖局发布实施了《YC/T 144—2017 烟用三乙酸甘油酯》，本标准规定了烟用三乙酸甘油酯的术语和定义、技术要求、抽样、测试方法以及包装、标志、运输和贮存等内容。对于烟用三乙酸甘油酯含量的测定，规定的是气相色谱法。

二、原理概述

　　样品经溶剂稀释后注入气相色谱仪，氢火焰离子化检测器（FID）检测，面积归一化法定量。

　　氢火焰离子化检测器（FID）是以氢气和空气燃烧生成的火焰为能源，使有机物发生化学电离，并在电场作用下产生电信号来进行检测的。灵敏度高、检出限低、响应速度快、线性范围宽，而且结构操作简单，是目前应用最广泛的气相色谱检测器之一。

　　如果待测样品各组分在色谱操作条件下都能出峰，而且已知其相对定量校正因子，则可以用归一化法测定 n 个组分中组分 i 的含量。

$$w_i = \frac{m_i}{m_1 + m_2 + \cdots + m_i + \cdots + m_n} = \frac{A_i f'_i}{\sum A_i f'_i} \times 100\% \qquad (5-16)$$

式中　w_i——组分 i 在样品中的含量；

　　　m_i——组分 i 的质量；

　　　A_i——组分 i 的峰面积；

　　　f'_i——组分 i 的相对定量校正因子。

归一化法不需要称样和定量进样，操作简单方便，仪器及操作条件的轻微变动对结果的影响小，适用于多组分同时定量测定。但缺点也同样明显，样品中各组分都必须洗出且可测得其峰面积，不能有不产生信号或未洗出的组分，而且所有组分的定量校正因子都必须已知，这让归一化法的应用受到了一定的限制。

三、方法介绍

(一) 范围

　　YC/T 144—2017 标准规定了烟用三乙酸甘油酯的三乙酸甘油酯含量测定的气相色谱法，其他溶剂的含量测定可参考使用。

　　YC/T 144—2017 标准适用于烟用三乙酸甘油酯。

(二) 试剂

　　丙酮，色谱纯。采用其他溶剂应验证其适用性。

(三) 仪器及条件

　　气相色谱仪，配备分流进样口和氢火焰离子化检测器（FID）。

　　以下分析条件可供参考，采用其他条件应验证其适用性：

　　色谱柱：熔融石英毛细管柱，推荐固定相为 5%苯基甲基聚硅氧烷，规格为 30m（长度）× 0.32mm（内径）× 1.0μm（膜厚）。

　　柱温箱升温程序：初始温度 130℃，保持 2min，以 10℃/min 的速率升至 250℃，保持 5min；

　　进样口温度：250 ℃；

　　载气：99.999%以上纯度的氮气或氦气，恒流模式，流速 1.5mL/min；

　　进样量：1μL，分流进样，分流比 30：1；

　　检测器温度：280 ℃。

(四) 分析步骤

1. 样品制备

　　移取 0.1mL 样品于 50mL 锥形瓶中，加入 10mL 丙酮，密封并摇匀，即得样品溶液。

同时每批样品做一组空白。

2. 样品测定

取样品溶液按照仪器测试条件进行分析，记录样品中三乙酸甘油酯和杂质的色谱峰面积。每个样品应平行测定两次。

丙酮空白溶剂和三乙酸甘油酯样品的典型色谱图参见图 5-53 和图 5-54。

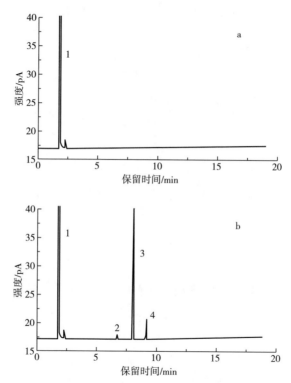

图 5-53　丙酮纯溶剂（a）、丙酮稀释三乙酸甘油酯后（b）的样品色谱图

1—丙酮　2—二乙酸甘油酯和单乙酸甘油酯

3—三乙酸甘油酯　4—二乙酸单丙酸甘油酯

3. 结果的计算与表述

三乙酸甘油酯含量按式（5-17）计算得出：

$$w = \frac{A}{\sum_1^n A_i} \times 100 \tag{5-17}$$

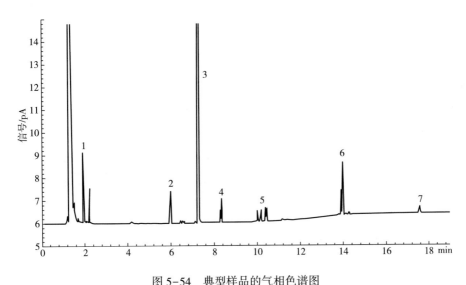

图 5-54 典型样品的气相色谱图

1—丙酮 2—二乙酸甘油酯和单乙酸甘油酯 3—三乙酸甘油酯

4—二乙酸单丙酸甘油酯 5，6，7—其他杂质

式中 w ——三乙酸甘油酯含量,%；

A ——三乙酸甘油酯的峰面积；

A_i ——各组分的峰面积（溶剂峰除外）。

取两次平行测定结果的算术平均值作为测试结果，保留小数点后 1 位。两次平行测定结果的绝对偏差应不大于 0.1%。

（五）方法的重复性

选取 3 个不同三乙酸甘油酯含量水平的样品进行方法重复性测定，每个样品平行测定 6 次，测定结果见表 5-26，计算方法的日内重复性，可以看出，测定值的相对标准偏差（RSD）小于 0.009%，测定值之极差不大于 0.02%。在不同日期对 3 个样品分别测定，测定结果见表 5-27，计算方法的日间重复性，测定值的相对标准偏差（RSD）小于 0.015%，测定值之极差不大于 0.03%。说明本方法的重复性较好，能满足测定的需要。

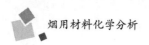

表 5-26			方法的日内重复性 （*n*=6）					单位:%	
	1	2	3	4	5	6	平均值	极差	RSD
样品 1	99.81	99.82	99.81	99.81	99.82	99.81	99.81	0.01	0.005
样品 2	99.47	99.46	99.48	99.46	99.46	99.46	99.47	0.02	0.008
样品 3	99.34	99.36	99.35	99.34	99.36	99.36	99.35	0.02	0.010

表 5-27			方法的日间重复性 （*n*=6）					单位:%	
	1	2	3	4	5	6	平均值	极差	RSD
样品 1	99.81	99.81	99.82	99.8	99.81	99.82	99.81	0.02	0.008
样品 2	99.47	99.48	99.46	99.45	99.47	99.47	99.47	0.02	0.010
样品 3	99.35	99.33	99.36	99.36	99.34	99.35	99.35	0.03	0.012

第七节 烟用三乙酸甘油酯酸度的测定

一、简介

如果加入的三乙酸甘油酯本身就有酸味或其他杂气，在烟气抽吸过程中就会给抽烟者增加不舒适刺激，破坏该种卷烟的吃味，造成卷烟品质的下降；且三乙酸甘油酯能与水发生皂化反应（即酯化反应的可逆反应），在酸、碱、高温或其他杂质存在的情况下，反应速度大大加快，生成二乙酸甘油酯和醋酸，使产品含量降低、酸度增加。所以三乙酸甘油酯酸度的测定具有重要的意义。

2017 年，国家烟草专卖局发布实施了《YC/T 144—2017 烟用三乙酸甘油酯》，对于烟用三乙酸甘油酯酸度的测定，规定的是常规酸碱滴定法和自动电位滴定法。电位滴定法采用与常规酸碱滴定法不同的终点判别方法，不依赖指示剂颜色的变化。自动电位滴定仪通过记录每次添加的滴定剂的体积 *V* 和相应的电极电位 *E*，绘制 *E-V*，$\Delta E/\Delta V$-*V* 以及 $\Delta 2E/\Delta 2V$-*V* 曲线，并根据电极电位的突变自动判别滴定终点、停止滴定，而且自动计算测定结果。电位滴定法具有终点检测敏锐，人为误差小，分析速度快，精密度高等优点。

二、常规酸碱滴定法

(一) 原理

通过采用氢氧化钠溶液滴定烟用三乙酸甘油酯乙醇溶液中的乙酸，测定烟用三乙酸甘油酯的酸度。

(二) 试剂

除特别要求以外，均应使用分析纯试剂。

无水乙醇，酸度（以 H^+ 计）≤0.04mmoL/100g。

酚酞。

氢氧化钠。

邻苯二甲酸氢钾基准物质，105~110℃烘箱中干燥至恒重，置于干燥器中冷却至室温。

水，GB/T 6682—2008，三级；用前煮沸至少 10min，加盖放冷，即制得无二氧化碳纯水。

酚酞指示剂，浓度为 10g/L，按 GB/T 603—2002 配制，即称取 1g 酚酞，以无水乙醇溶解，并定容至 100mL。

氢氧化钠标准滴定溶液，浓度为 0.1mol/L，按 GB/T 601—2016 配制，即称取 4g 氢氧化钠，置于聚乙烯容器中，加少量水溶解，然后以水稀释定容至 1000mL。以工作基准物质邻苯二甲酸氢钾标定，常温密闭保存，有效期 2 个月。

氢氧化钠标准滴定溶液，浓度为 0.02mol/L，移取 50mL NaOH 溶液至 250mL 聚乙烯容量瓶中，以水定容。常温密闭保存，有效期 2 周。

(三) 仪器

电子天平，感量 0.1mg。

碱式滴定管，10mL，或等同设备。

(四) 分析步骤

取 50mL 无水乙醇于 250mL 锥形瓶中，加 3 滴酚酞指示剂，摇匀；用碱

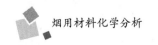

式滴定管中的氢氧化钠标准滴定溶液滴至刚显粉红色，读数为V_1。

然后加 40g 三乙酸甘油酯样品于三角烧瓶中，精确至 0.1mg，摇匀，以氢氧化钠标准滴定溶液滴至刚显粉红色，保持 5 s 不褪色即为终点，读数为V_2。

（五）结果的计算与表述

三乙酸甘油酯酸度按式（5-18）计算得出：

$$w = \frac{(V_1 - V_2) \times c \times 60.05}{1000 \times m} \times 100 \tag{5-18}$$

式中　w ——三乙酸甘油酯酸度，%；

　　　V_1 ——滴定三乙酸甘油酯前滴定管的读数，mL；

　　　V_2 ——滴定三乙酸甘油酯后滴定管的读数，mL；

　　　c ——氢氧化钠标准滴定溶液的浓度，mol/L；

　60.05——乙酸的摩尔质量，g/mol；

　　　m ——样品质量，g。

取两次平行测定结果的算术平均值为测定结果，结果精确至 0.001%。

两次平行测定结果的绝对偏差应不大于 0.001%。

（六）精密度和回收率

手动酸碱滴定法仪器设备简单，精密度和回收率结果见表 5-28~表5-30。在测定不同酸度水平时的方法日内精密度为 1.1%~4.5%，日间精密度为 2.5%~5.6%，在低、中、高三种加标浓度下得到的方法回收率为 99.3%~99.6%，方法具有良好的精密度和较高的回收率。

表 5-28　　　　　　　　方法的日内重复性 （$n=6$）　　　　　单位:%

	1	2	3	4	5	6	平均值	极差	RSD
样品 1	0.0031	0.0032	0.0035	0.0034	0.0033	0.0032	0.0033	0.0004	4.5
样品 2	0.0074	0.0073	0.0075	0.0076	0.0074	0.0076	0.0075	0.0003	1.6
样品 3	0.0108	0.0107	0.0106	0.0108	0.0105	0.0106	0.0107	0.0003	1.1

表 5-29　　　　　　　　方法的日间重复性 （$n=6$）　　　　　单位:%

	1	2	3	4	5	6	平均值	极差	RSD
样品 1	0.0033	0.0035	0.0032	0.0031	0.0036	0.0033	0.0033	0.0004	5.6

续表

	1	2	3	4	5	6	平均值	极差	RSD
样品2	0.0075	0.0077	0.0074	0.0076	0.0072	0.0073	0.0075	0.0005	2.5
样品3	0.0107	0.0109	0.011	0.0105	0.0103	0.0104	0.0106	0.0007	2.6

表 5-30　方法的回收率

加标浓度	样品质量/g	加入乙酸量/$\times 10^{-5}$ mol	测得酸度/%	回收乙酸量/$\times 10^{-5}$ mol	回收率/%
低	40.0164	2.682	0.006	2.666	99.4
中	39.9718	5.364	0.01	5.324	99.3
高	40.0761	10.728	0.018	10.681	99.6

需要注意的是：在三乙酸甘油酯酸度的滴定过程中，同时会发生三乙酸甘油酯的水解反应，生成乙酸，且随着氢氧化钠标准滴定溶液的不断加入，在氢氧化钠的作用下，该水解反应速率加快，若慢慢滴入碱液，就会出现"滴入—变红—摇动—褪色—再滴入—变红—摇动—退色—"的循环现象，以致得不到酸值的准确结果。因此滴定速率不能过慢，并且需要准确把握突变点，在滴定变色后保持5s不退色，即认为是终点。

三、自动电位滴定法

(一) 原理

采用自动电位滴定仪，使用氢氧化钠-乙醇标准溶液滴定烟用三乙酸甘油酯中的乙酸，测定烟用三乙酸甘油酯的酸度。

(二) 试剂

除特别要求以外，均应使用分析纯试剂。

水，GB/T 6682—2008，三级；用前煮沸至少10min，加盖放冷，即制得无二氧化碳纯水。

pH标准缓冲溶液，pH分别为4，7，10。

无水乙醇，酸度（以H^+计）≤0.04mmoL/100g。

95%乙醇。

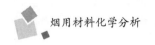

氢氧化钠。

邻苯二甲酸氢钾基准物质，105~110℃烘箱中干燥至恒重，置于干燥器中冷却至室温。

氢氧化钠-乙醇标准滴定溶液，浓度为 0.1mol/L，参照 GB/T 601—2016 配制。称取 4g 氢氧化钠，置于聚乙烯容器中，加 10mL 水溶解，用 95 %乙醇稀释并定容至 1000mL，密闭放置 24 h，转移上清液至另一聚乙烯容器中。以工作基准物质邻苯二甲酸氢钾标定，常温密闭保存，有效期 2 个月。

氢氧化钠-乙醇标准滴定溶液，浓度为 0.01mol/L，移取 100mL 氢氧化钠-乙醇溶液至 1000mL 的聚乙烯容量瓶中，以 95 %乙醇稀释并定容至 1000mL。常温密闭保存，有效期 10 天。

(三) 仪器设备和条件

电子天平，感量 0.1mg。

自动电位滴定仪，配备温度传感器和非水滴定复合电极。

以下的滴定仪分析条件可供参考，采用其他条件时应验证其适用性：

搅拌器速度：1900r/min；

样品的预搅拌时间：30s；

滴定剂添加模式：等体积增量添加，体积增量 0.05mL，间隔 5s；

电位限定范围：-240~-150mV；

等当点个数：1；

阈值：100；

滴定电极在水中活化时间：30s；

电极的校准：使用前电极应在水中活化（浸泡）1~2h，活化后电极用 pH 标准缓冲溶液校准。

(四) 分析步骤

1. 无水乙醇的滴定

准确移取 3 份 50mL 无水乙醇作空白溶剂，用 0.01mol/L 氢氧化钠-乙醇标准溶液作滴定剂分别滴定至等当点，滴定仪自动记录滴定剂的消耗体积，取平均值 V_1，并贮存。

2. 氢氧化钠-乙醇标准滴定溶液的标定

准确称取 3 份 0.01g 的邻苯二甲酸氢钾，精确至 0.1mg，分别加入 1mL

水，振摇溶解，再加 50mL 无水乙醇，用氢氧化钠-乙醇标准滴定溶液分别滴定至等当点。

滴定过程中，滴定仪同时绘制 $E - V$ 和 $\Delta E/\Delta V - V$ 曲线。仪器根据等当点消耗的滴定剂体积 V，用式（5-19）计算氢氧化钠-乙醇标准溶液的浓度 c_{NaOH}，并求平均值 $\overline{c}_{NaOH}$。由 $\overline{c}_{NaOH}$ 和预配的氢氧化钠-乙醇标准溶液的浓度 0.01mol/L 的比值，即得标准溶液的浓度校正系数 t。将 t 值输入到滴定仪中，仪器可以在后续的计算过程调用。

$$c_{NaOH} = \frac{m \times 1000}{M \times (V - V_1)} \quad\quad (5-19)$$

式中　c_{NaOH} ——由每份基准物质求得的滴定剂的浓度，mol/L；

　　　m ——称取的基准物质的质量，g；

　　　M ——$KHC_8H_4O_4$ 的摩尔质量（204.22）；

　　　V ——每份基准物质消耗的滴定剂的体积，mL；

　　　V_1 ——空白溶剂所消耗的滴定剂的体积平均值，mL。

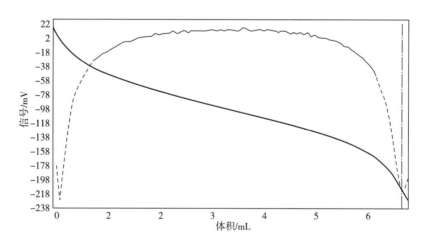

图 5-55　邻苯二甲酸氢钾基准物质标定氢氧化钠-乙醇标准溶液的滴定曲线

3. 样品的测定

准确称取 20g 三乙酸甘油酯样品，精确至 0.1mg，加入 50mL 无水乙醇，用已标定的氢氧化钠-乙醇标准溶液滴定至等当点，绘制 $E - V$ 和 $\Delta E/\Delta V - V$ 曲线。

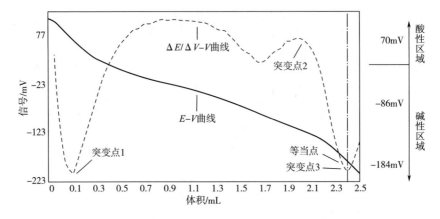

图 5-56 氢氧化钠-乙醇标准溶液滴定三乙酸甘油酯的滴定曲线

滴定仪根据预配的滴定剂的浓度和浓度校正系数、等当点所消耗的滴定剂体积，以及空白溶剂耗用的滴定剂体积平均值（内置值 V_1），按照式（5-20）自动计算样品的酸度。

（五）结果的计算与表述

烟用三乙酸甘油酯的酸度按照式（5-20）计算得出：

$$w = \frac{(V_2 - V_1) \times c \times t \times 60.05}{1000 \times m} \times 100 \tag{5-20}$$

式中　w——三乙酸甘油酯酸度，%；

　　　V_1——空白溶剂所消耗滴定剂体积的平均值，mL；

　　　V_2——待测样品所消耗滴定剂的体积，mL；

　　　c——预配的氢氧化钠-乙醇标准滴定溶液的浓度，mol/L；

　　　t——标准溶液的浓度校正系数；

　60.05——乙酸的摩尔质量，g/mol；

　　　m——样品质量，g。

取两次平行测定结果的算术平均值为测定结果，结果精确至 0.001%。

两次平行测定结果的绝对偏差应不大于 0.001%。

（六）精密度、线性范围、回收率和定量限

方法的精密度结果见表 5-31 和表 5-32。在测定不同酸度水平时的方法日内精密度为 1.6%～3.0%，日间精密度为 2.9%～5.7%，方法具有良好的精密度。

表 5-31			方法的日内重复性（$n=6$）					单位：%	
	1	2	3	4	5	6	平均值	极差	RSD
样品 1	0.0027	0.0026	0.0027	0.0028	0.0026	0.0027	0.0027	0.0002	2.8
样品 2	0.0064	0.0066	0.0064	0.0065	0.0063	0.0064	0.0064	0.0003	1.6
样品 3	0.0092	0.0091	0.0090	0.0092	0.0097	0.0096	0.0093	0.0007	3.0

表 5-32			方法的日间重复性（$n=6$）					单位：%	
	1	2	3	4	5	6	平均值	极差	RSD
样品 1	0.0027	0.0029	0.0030	0.0027	0.0028	0.0031	0.0029	0.0004	5.7
样品 2	0.0064	0.0062	0.0066	0.0063	0.0065	0.0067	0.0065	0.0005	2.9
样品 3	0.0093	0.0090	0.0095	0.0094	0.0091	0.0098	0.0094	0.0008	3.1

　　准确称取 10~50g 三乙酸甘油酯样品 7 份，分别滴定至等当点，由所消耗的滴定剂的体积（已扣除空白溶剂消耗的滴定剂体积）对样品质量作图，并进行线性拟合，得线性方程 $y = 0.0915x + 0.0025$，相关系数 $r = 0.99916$。由此看出，线性关系良好，y 轴的截距仅为 2.5μL（图 5-57）。同时，酸度值对样品重量线性曲线（图 5-58）的斜率仅为 $4×10^{-6}$，说明酸度在样品质量 10~50g 内不随样品质量的变化而变化。

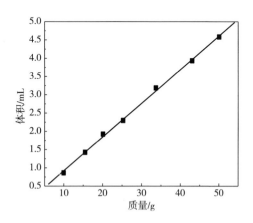

图 5-57　滴定体积与样品质量的线性曲线

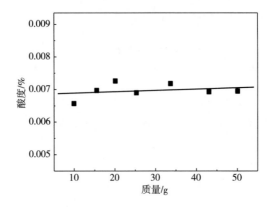

图 5-58　酸度与样品质量的线性曲线

　　称取一定重量的三乙酸甘油酯，加 50mL 无水乙醇稀释，再加入浓度已知、体积 ≤0.5mL 乙酸水溶液，测定混合溶液的酸度。根据已知的三乙酸甘油酯酸度和所加乙酸的物质的量，计算乙酸加标回收率，结果如表 5-33 所示。由表 5-33 可知，平均回收率为 101.1%，标准偏差 1.36，相对标准偏差（RSD）1.35%。说明本方法的准确性较高，适合定量分析。

表 5-33　　　　自动电位滴定法测定三乙酸甘油酯酸度* 的加标回收率

三乙酸甘油酯的质量/g	加标乙酸物质的量/×10⁻⁵mol	加标后的酸度/%	酸度的差值/%	回收乙酸物质的量/×10⁻⁵mol	加标回收率/%
18.8998	1.603	0.01162	0.00526	1.656	103.3
19.9231	3.206	0.01626	0.00990	3.285	102.5
21.7189	4.810	0.01986	0.01350	4.884	101.5
25.0860	6.413	0.02177	0.01541	6.439	100.4
19.8497	2.405	0.01360	0.00724	2.394	99.5
20.8686	4.008	0.01791	0.01155	4.015	100.2
20.3564	5.611	0.02298	0.01662	5.635	100.4

注：* 加乙酸前三乙酸甘油酯样品的酸度为 0.00636 %。

　　配制一系列不同浓度的乙酸标准溶液，同一浓度的乙酸溶液平行测定 3 份，获得相应的 RSD。将乙酸的含量换算成 20g 三乙酸甘油酯的酸度，以 RSD 对酸度作图，并进行拟合，结果如图 5-59 所示。由此可见，以 RSD = 3% 作为准确定量的界限，则相应的三乙酸甘油酯的酸度为 0.00175%（图中点划线的交点）。这说明方法的定量限足够低，适合定量测定。

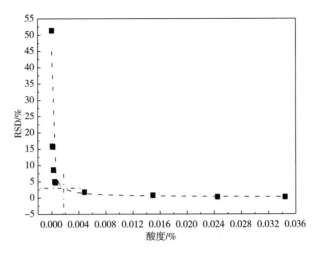

图 5-59　相对标准偏差和酸度的关系

第八节　烟用丝束残余丙酮含量的测定

一、简介

在丝束的生产过程中需要用丙酮溶解木浆，丝束成型后虽挥发丙酮，但残留的微量丙酮仍然可以引起过滤嘴异味，危害人体健康，因此需严格控制，其含量越少越好。

2017 年，国家烟草专卖局发布实施了《YC/T 26—2017 烟用丝束》，本标准规定了烟用丝束（以下简称丝束）的术语和定义、要求、抽样方法、试验方法以及包装、标志、运输和贮存等内容。对于烟用丝束残余丙酮含量的测定，规定的是气相色谱法，即《YC/T 169.10—2009 烟用丝束理化性能的测定 第 10 部分：残余丙酮含量》。

二、原理概述

将丝束试样放入含有内标物的萃取剂中萃取，用气相色谱法测定萃取液中的丙酮含量，计算出丝束中的丙酮含量，内标法定量。

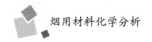 烟用材料化学分析

三、方法介绍

(一) 范围

YC/T 169.10—2009 规定了烟用丝束残余丙酮含量的测定方法。

YC/T 169.10—2009 适用于烟用二醋酸纤维素丝束。

(二) 试剂

除特殊注明外，应使用分析纯级试剂。

标准物质：丙酮。

蒸馏水。

内标物：乙醇（纯度 99% 以上）。

萃取剂：含有适当浓度内标物的蒸馏水，一般浓度为 0.1mL/L。

标准储备液（约 0.07g/mL）：移取 9mL 丙酮于 100mL 容量瓶中，用萃取剂定容，摇动混合均匀。具体浓度根据所用丙酮的纯度、密度计算。

工作标准溶液：分别移取 0.01，0.05，0.1，0.2，0.3，0.5mL 的标准储备溶液于 6 个 200mL 容量瓶中，用萃取剂定容，摇动混合均匀。得到不同浓度的丙酮标准溶液，其浓度范围应覆盖预计在试样中检到的丙酮浓度。

(三) 仪器及条件

常用实验仪器及下述各项：

气相色谱仪配火焰离子化检测器（FID）。

分析天平：感量 0.01g。

振荡器。

三角瓶：500mL。

(四) 分析步骤

1. 取样

随机抽取 30g 左右的样品置于 250mL 的玻璃容器内，快速密封后作为待测试样。为了避免样品污染，在任何情况下，瓶塞上不应直接用火漆、石蜡或胶水纸封口。本实验所需的样品应在取样时单独抽取。

2. 萃取

量取 200mL 萃取剂于 500mL 三角瓶中，准确称取 7.0g（准确至 0.01g）试样置于含有萃取剂的三角瓶，密封后置于振荡器上，振荡萃取 20min。静置后取上层清液进行气相色谱分析。

3. 仪器准备

按操作说明设置并操作气相色谱仪，应确保内标峰、丙酮峰分离完全。以下气相色谱仪分析条件可供参考，采用其他条件或其他类型色谱柱应验证其适用性。

色谱柱：不锈钢填充色谱柱，内径 4.0mm，长度 1.5m，固定相：CHRO-MOSORB 102，粒度 60~80 目；

载气：氮气；

进样口温度：150℃；

检测器温度：250℃；

恒温模式，炉温：150℃；

柱流速：25mL/min；

进样量：2.0 μL；

运行时间：8.0min。

4. 标准曲线的制作

分别取标准溶液 2.0μL 注入气相色谱仪，记录丙酮和内标物的峰面积（或峰高），计算每个标准溶液丙酮与内标物的峰面积比（或峰高比），做出丙酮含量与峰面积比的关系曲线或计算出回归方程，应为直线关系，且通过坐标原点。相关系数 R^2 应不小于 0.999。

5. 试样测定

注入一份（2.0μL）试样于气相色谱仪，计算丙酮与内标物的峰面积比（或峰高比）。同一试样重复测定两次。

试样萃取液色谱图参见图 5-60。

（五）结果的计算与表述

试样中的残余丙酮含量 w，结果以质量百分数表示，按式（5-21）计算：

$$w = \frac{\rho \times V}{1000 \times m} \times 100 \qquad (5-21)$$

式中　　w ——试样中的残余丙酮含量，%；

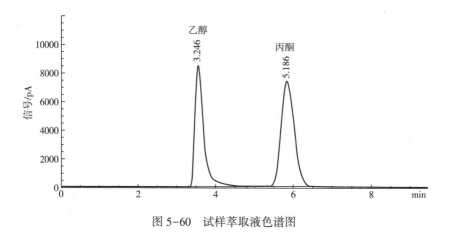

图 5-60　试样萃取液色谱图

ρ ——萃取液中的丙酮含量，mg/mL；

V ——萃取液体积，mL；

m ——试样的质量，g。

结果以两次平行测定的平均值表示，精确至 0.01%。

两次平行测定结果绝对值之差不应大于 0.04%。

（六）方法的回收率、重复性

1. 方法的回收率

选择一个丝束样品，用移液管加入不同浓度的标准溶液，对原样品和加标后的样品利用建立的方法进行检测，考察方法的回收率，由表 5-34 可见，方法平均回收率为 102.3%，回收率结果满意。

表 5-34　　　　　　　　　　回收率实验结果

编号	F1	F2	F3
样品中丙酮含量/%		0.11	
加标量/%	0.10	0.20	0.40
测量值/%	0.22	0.31	0.52
回收率/%	104.8	100.0	102.0
平均回收率/%		102.3	

2. 方法的重复性

选择一个样品，平行测定 6 次，验证方法的重复性，结果见表 5-35。由

表5-35可以看出，方法的变异系数为0.52%，说明本方法具有良好的重复性。

表 5-35			重复性实验结果			单位:%	
编号	1	2	3	4	5	6	RSD
001	0.11	0.11	0.11	0.10	0.11	0.10	5.60

参考文献

［1］YC/T 207—2006 卷烟条与盒包装纸中挥发性有机化合物的测定　顶空-气相色谱法［S］.

［2］李中皓，边照阳，魏甲欣，等. GC/MS 法分析烟用内衬纸中挥发性有机化合物［J］. 烟草科技，2010（1）：22-26.

［3］刘楠，张洪非，李中皓，等. GC /MS 法分析烟用接装纸中挥发性有机化合物［J］. 中国烟草学报，2010，18（4）：10-16.

［4］YC/T 207—2014 烟用纸张中溶剂残留的测定　顶空-气相色谱/质谱联用法［S］.

［5］GB/T 14666—2003 分析化学术语［S］.

［6］GB/T 5606.1—2014 卷烟 第 1 部分：抽样［S］.

［7］GB/T 6379.1—2014/ISO 5725-1：1994 测量方法与结果的准确度（正确度和精密度）第 1 部分：总则与定义［S］.

［8］GB/T 6379.2—2004/ISO 5725-2：1994 测量方法与结果的准确度（正确度和精密度）第 2 部分：确定标准测量方法重复性和再现性的基本方法［S］.

［9］闻向东，邵梅，曹宏燕. 测量方法精密度共同试验测量数据的统计分析［J］. 中国无机分析化学，2014，4（1）：69-75.

［10］Zanobini A, Sereni B, Catelani M, et al. Repeatability and reproducibility techniques for the analysis of measurement systems［J］. Measurement, 2016, 86: 125-132.

［11］李中皓，邓惠敏，杨飞，等. 烟用纸张中溶剂残留标准测量方法的精密度共同实验［J］. 烟草科技，2017，50（2）：33-41.

［12］YC171—2014 烟用接装纸［S］.

［13］YC/T 268—2008 烟用接装纸、接装原纸中砷铅的测定　石墨炉原子吸收光谱法［S］.

［14］YC/T 316—2014 烟用材料中铬、镍、砷、硒、镉、汞和铅的测定　电感耦合等离子体质谱法［S］.

［15］朱明华. 仪器分析［M］. 北京：高等教育出版社，2000.

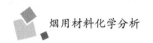

[16] Thomas R. A beginner's guide to ICP-MS [J]. Spectroscopy, 2001, 16 (4)：38-42.

[17] 王颖，王奕，王冲，等．烟用水基胶中甲醛含量的不确定度评定 [J]．广州化工，2013，41 (17)：137-139.

[18] 邵兵，王国民，赵舰，等．食品中非食用物质检测技术与应用 [M]．北京：中国质检出版社，中国标准出版社，2014.

[19] IARC. https：//monographs. iarc. fr/list-of-classifications-volumes/

[20] 陈雨琴，谭文渊，付大友，等．甲醛检测方法研究进展 [J]．应用化工，2018，47 (6)：1258-1262.

[21] 尹延柏，韩嘉，张雅莉，等．甲醛检测方法研究进展 [J]．山东化工，2016，45 (24)：55-57，62.

[22] 贺春霞，蒋腊梅，戴云辉，等．高效液相色谱法同时测定烟用水基胶中的甲醛和乙醛 [J]．分析试验室，2010，29 (5)：69-72.

[23] 陈益才，吴英伟．高效液相色谱法测定烟用水基胶中 5 种羰基化合物 [J]．化学工程与装备，2014，2：178-179，168.

[24] 游金清，李韵，陆成飞，等．衍生-顶空气相色谱法测定烟用水基胶中的甲醛、乙醛和丙酮 [J]．烟草科技，2018，51 (1)：59-63，69.

[25] YC/T 322—2010 烟用水基胶甲醛的测定高效液相色谱法 [S].

[26] 于世林．图解高效液相色谱技术与应用 [M]．北京：科学出版社，2009.

[27] 李昌厚．高效液相色谱仪器及其应用 [M]．北京：科学出版社，2014.